U0173665

深空探测技术前沿系列

Introduction to Deep
Space Exploration
Technology

深空探测技术概论

徐 瑞 朱圣英 崔平远 等著

高等教育出版社·北京

内容提要

　　随着科学技术水平的发展，人类已经具备了通过航天活动来探索深空天体和行星际空间的能力。2020 年 7 月"天问一号"火星探测器的成功发射，开启了中国人走向深空、探索宇宙奥秘的新时代，标志着我国已经进入具备深空探测能力的国家行列。为了进一步开展深空探测，需要对深空探测的目标天体、科学目标、关键技术进行系统的了解和分析，本书在近地卫星技术的基础上，从深空探测的特点出发，比较系统地介绍了深空探测器面临的特殊问题和解决方法。

　　本书适合航天类相关专业的本科生和研究生阅读，也可供深空探测领域的相关研究人员参考。

图书在版编目（CIP）数据

深空探测技术概论 / 徐瑞等著． -- 北京：高等教育出版社，2021.4
　ISBN 978-7-04-055832-6

　Ⅰ.①深…　Ⅱ.①徐…　Ⅲ.①空间探测　Ⅳ.① V11

中国版本图书馆 CIP 数据核字（2021）第 038647 号

SHENKONG TANCE JISHU GAILUN

策划编辑　黄慧靖　　　责任编辑　张　冉　　　封面设计　李树龙　　　　　版式设计　童　丹
插图绘制　邓　超　　　责任校对　高　歌　　　责任印制　赵义民

出版发行	高等教育出版社	网　　址	http://www.hep.edu.cn
社　　址	北京市西城区德外大街4号		http://www.hep.com.cn
邮政编码	100120	网上订购	http://www.hepmall.com.cn
印　　刷	北京盛通印刷股份有限公司		http://www.hepmall.com
开　　本	787mm×1092mm 1/16		http://www.hepmall.cn
印　　张	16.25		
字　　数	280千字	版　　次	2021 年 4 月第 1 版
购书热线	010-58581118	印　　次	2021 年 4 月第 1 次印刷
咨询电话	400-810-0598	定　　价	96.00 元

前　　言

随着科学技术水平的发展,人类已经具备了通过航天活动来探索深空天体和行星际空间的能力。深空探测一般是指脱离地球引力场,进入太阳系空间和宇宙空间的探测活动。我国在《2016 中国的航天》白皮书中把深空探测作为未来的主要任务之一,并"实施中国首次火星探测任务,突破火星环绕、着陆、巡视探测等关键技术 …… 开展火星采样返回、小行星探测、木星系及行星穿越探测等的方案深化论证和关键技术攻关,适时启动工程实施"。我国月球探测任务的圆满成功是继人造地球卫星、载人航天飞行取得成功之后我国航天事业发展的又一座里程碑。2020 年 7 月"天问一号"火星探测器的成功发射,开启了中国人走向深空、探索宇宙奥秘的新时代,标志着我国已经进入具备深空探测能力的国家行列。

深空探测是人类对深空环境和天体开展的探测活动。其主要目的是:了解太阳系的起源、演变和现状;通过对太阳系内的各主要行星及其卫星的比较研究,进一步认识地球环境的形成和演变;了解太阳系的变化历史;探索生命的起源和演变。为了进一步开展深空探测,需要对深空探测的目标天体、科学目标、关键技术进行系统的了解和分析,本书在近地卫星技术的基础上,从深空探测的特点出发,比较系统地介绍了深空探测器面临的特殊问题和解决方法。

全书共 8 章。第 1 章对深空探测的概念做出了解释,介绍了人类已经开展的深空探测活动,并对深空探测的发展趋势进行了分析。第 2 章主要介绍了深空探测的对象 —— 天体目标和空间环境,以及目前主要的深空探测科学目标,并以 OSIRIS-REx 任务为例介绍了相关载荷和科学目标。第 3 章详细阐述了深空探测轨道的基本理论知识,介绍了轨道动力学模型以及通过轨道机动、引力辅助等进行轨道设计的方法。第 4 章建立了深空探测的自主导航模型、介绍了自主导航原理,详细说明了深空探测任务中自主导航的设计方法。第 5 章在建立姿态动力学与运动学模型的基础上介绍了姿态控制器的设计,另外给出了多约束条件下深空探测器的姿态机动规划算法。第 6 章对推进系统的基本原理进行了说明,详细讨论了发动机的工作原理,并介绍了新型深空推进系统的概念和原理。第 7 章综述了深空探测器自主管理技术,介绍了深空探测器星务系统,对自主管理系统的结构进行了说明，并且详细阐述了自主任务规划技术、智能执行技术及故障诊断技术。第 8 章从整个深空探测任务设计的角度进行了分析，在进行顶层任务设计的条件下给出了发射窗口选择、任务轨道设计、航天器系统总体设计等，最后对深空探测任务设计结果做出了分析。

　　作者所在团队是我国最早从事深空探测技术研究的团队之一，重点开展深空探测器自主控制、轨道设计、任务规划、自主导航、姿态规划与控制等方面的研究工作，其中一些技术成果已应用到我国"嫦娥工程"、火星探测任务计划中，并开展了小行星探测任务的论证工作。本书是在参考深空探测领域国内外科学研究成果的基础上，总结前期研究工作而成。本书的主要读者为高等院校航天类相关专业的本科生和研究生，也可作为从事深空探测领域相关工作的研究人员和科技工作者的参考书。

　　本书作者均为从事深空探测基础理论研究的科研人员。第 1 章、第 2 章、第 7 章由徐瑞、李朝玉撰写；第 3 章、第 5 章、第 6 章由朱圣英、尚海滨撰写；第 4 章、第 8 章由崔平远、王棒撰写；附录由徐瑞、王棒、李朝玉撰写。全书由徐瑞、朱圣英统稿。研究团队中的李超博、耿子阳、田若冰、万怡星、王卓、赵宇庭、陈超、修义、周俊辉、胡先达等多位研究生也参与了本书的资料收集和整理工作。

　　本书相关的研究工作得到了国家重点研发计划、国家自然科学基金、民用航天预研、北京理工大学科技创新计划等项目的支持。本书在编写过程中还得到了深空探测领域多位专家的帮助指导，在此表示感谢。

　　由于编写时间紧促，加之作者学识和水平有限，书中难免有错误或疏漏之处，诚请读者批评指正。

作者

2020 年 9 月

目　　录

第 1 章 绪 论

1.1 深空探测的概念

探索浩瀚宇宙是人类千百年来的美好梦想。我国在古时候就有嫦娥奔月的神话，代表了人们对宇宙苍穹的美好想象。自 1957 年 10 月 4 日世界上第一颗人造地球卫星成功发射以来，俄罗斯（苏联）、美国、法国、中国、日本、印度、以色列、欧洲航天局（以下简称欧空局）等国家和机构先后研制出各种运载火箭，修建大型航天发射场，建立了完善的地球测控网，成功发射了各类无人地球卫星、载人航天器、深空探测器等，获得了大量太阳系天体的科学数据，相关探测技术的发展也日新月异，航天活动已经成为国民经济和社会发展的重要组成部分。

航天技术是现代科学技术的结晶，汇集了众多科学理论和工程技术的新成就。力学、热力学、材料学、医学、电子、自动控制、能源动力、计算机、半导体、制造工艺等对航天技术的发展起到了至关重要的作用。这些学科在航天应用中互相交叉和渗透，产生了一些新学科，使航天科学技术形成了完整的体系。航天技术不断提出新要求，又促进了其他学科的发展和进步。

随着航天技术的发展，人类的脚步必将离地球越来越远，人类探索未知世界的本能及好奇心决定了人类开展深空探测活动的必然性。从地球资源有限的角度来看，人类也必将进入地外空间，开发新的空间资源。那么究竟多"深"才能称之为"深空"呢？国际上对于"深空探测"一词主要有以下三种定义[1]：

定义一：月球及月球以远的空间探测活动称为深空探测。

定义二：距离地球超过 200 万公里以远的空间探测活动称为深空探测。

定义三：脱离地球引力，进入太阳系空间和宇宙空间的探测活动称为深空探测。

本书以第三种定义作为深空探测的定义。从目前人类的航天技术水平和探测能力来看，深空探测还局限于以八大行星、矮行星及小天体等为代表的太阳系空间内的探测活动。

1.2 深空探测的发展概况

深空探测的主要目的是：研究太阳系的起源、演变和现状；通过对太阳系内的大行星及其卫星的探测分析，进一步认识地球环境的形成和演变；了解太阳系的演化历史；探索宇宙及生命的起源等。深空探测器实现了对太阳系内八大行星、部分矮行星和小天体的近距离探测，并实现了小行星的取样返回探测，开启了人类探索太阳系天体的新阶段。

近 60 年来，美国、俄罗斯（苏联）、欧空局及日本等先后开展了深空探测活动，获取了大量关于太阳系的详细数据，大大改变了过去数千年来我们对人类自身、太阳系及宇宙的认识。至 2020 年，人类已经发射了 250 多颗地外天体探测器，对类地行星、类木行星及其卫星、小行星和彗星均进行了探测[2-3]。

早期人类长期借助于天文望远镜观测行星表面的细节，发现了土星光环、木星卫星和天王星；运用万有引力定律发现了海王星和冥王星；借助于近代照相术、分光术和光度测量技术对行星表面的物理特性与化学组成有了一定的认识[3]。

然而，在地面隔着大气层观测行星已经不能满足深入研究行星的要求，深空探测为行星和行星际空间的研究提供了新的手段。

深空探测的方式主要有[4-6]：

（1）飞越探测：从目标天体附近飞过，获取影像和数据，测定它们的大小、形状、磁场等；

（2）硬着陆探测：在目标天体表面硬着陆，在探测器接近目标天体、坠毁前直接探测目标天体的大气温度、气压、磁场、重力场等数据；

（3）环绕探测：绕目标天体飞行，成为目标天体的人造卫星，从而对天体进行较长时间的持续观测；

（4）软着陆探测：着陆器、巡视器等在目标天体上实现软着陆，对行星表面一定区域进行细致的分析和探测，将科学数据传回地球；

（5）取样返回探测：软着陆探测的进一步任务，着陆器或巡视器等采集目标天体表面样本，用返回舱运送回地球做深度研究。

下面对目前人类已经实施的深空探测活动和获得的成果分别进行介绍。

1.2.1 太阳探测

太阳发出的光和热是地球的生命之源，虽然它为人类提供能量，但是黑子爆发、日冕物质抛射、太阳风暴等太阳活动也会给人类的生活带来不便，造成卫星故障、通信网络瘫痪等，严重时甚至会危害到人类的生存。因此我们有必要研究太阳活动的特点，揭示太阳的运行规律，了解太阳与行星、地球和人类的关系。探测太阳也对高能粒子物理学、核能学等学科的发展有着积极的促进作用。截至 2020 年 8 月，有 24 颗探测器曾探测过太阳，其中 22 颗成功、1 颗失败、1 颗（于 2020 年 2 月发射）正在任务执行过程中。表 1-1 列出了 11 颗太阳探测器的相关信息，其中部分典型探测器介绍如下。

表 1-1　太阳探测器

序号	探测器名称	发射时间	国家和机构	备注
1	先锋 5 号	1959 年	美国	详细测量太阳风和太阳磁场
2	天空实验室	1973 年	美国	观测太阳过渡区和日冕物质抛射
3	太阳神号	1974 年	美国	研究太阳风和日冕
4	SMM	1980 年	美国	观测来自太阳耀斑的辐射
5	尤利西斯号	1990 年	美国	观测太阳极区和太阳风磁场
6	阳光卫星	1991 年	日本	观测日冕动态和太阳耀斑
7	SOHO	1995 年	美国	提供各种波段上的太阳观测图
8	起源号	2001 年	美国	采集太阳风样本并带回研究
9	STEREO	2006 年	美国	在不同的角度对太阳进行立体观测
10	帕克号	2018 年	美国	日冕结构成像和穿越日冕
11	太阳轨道器	2020 年	欧空局	确定太阳风源处磁场的结构和动力学

1990 年 10 月 6 日，美国国家航空航天局（NASA）和欧空局联合研制的"尤利西斯号"太阳探测器（如图 1-1 所示）由"发现号"航天飞机携带发射升空，

图 1-1　"尤利西斯号"太阳探测器

它的探测任务是研究太阳的各种特性，加强对太阳极区、太阳风和太阳磁场的认识与了解。"尤利西斯号"探测器成功观测到了太阳极区的冕洞和太阳磁场的精细结构，如图 1-2 所示，远远超出了最初设计的探测任务要求。此外，它并没有在两极地区发现预料中的宇宙射线，但是为太阳两极温度略有不同找到了强有力的证据[7-8]。图 1-3 显示了"尤利西斯号"探测到的不同年份的太阳风环境。

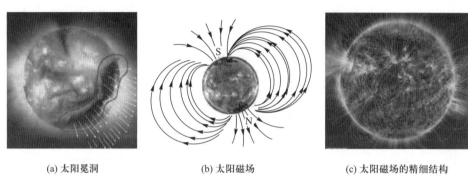

(a) 太阳冕洞　　　　　　(b) 太阳磁场　　　　　　(c) 太阳磁场的精细结构

图 1-2　"尤利西斯号"探测到的太阳冕洞和太阳磁场

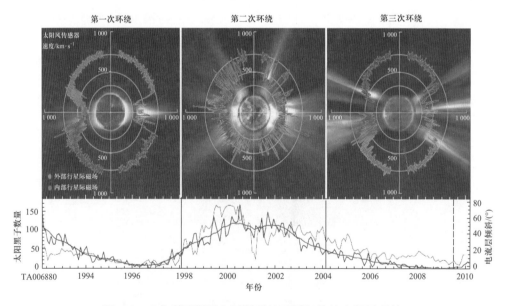

图 1-3　"尤利西斯号"探测到的不同年份的太阳风环境

1995 年 12 月 2 日，以阿斯特里姆公司为首的欧洲工业财团制造的太阳和太阳圈探测器（Solar and Heliospheric Observatory，SOHO）由"擎天神二号"运载火箭发射升空，如图 1-4 所示。它不仅承担着研究太阳和发现彗星的科学任务，也为能够及时预测太空天气提供了可靠有力的信息资料[9]。探测器上安装了 12 台主要的科学仪器，每一台都能够独立地观察太阳或者太阳的某个局部，获得了大量的观测图片和资料。图 1-5 显示了其观测到的太阳图片。

图 1-4 SOHO

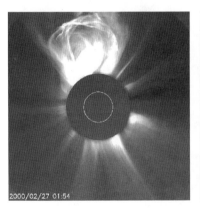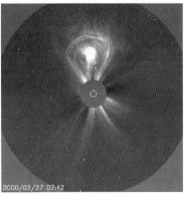

图 1-5 SOHO 观测到的太阳

2018 年 8 月 12 日，NASA 研制的"帕克号"太阳探测器由德尔塔 Ⅳ 型重型火箭发射升空，如图 1-6 所示，是目前最接近太阳的飞行任务，也是第一个飞入太阳日冕的飞行器。"帕克号"探测器不仅探测了等离子波、磁场和粒子，还对日冕结构进行了准确成像，为人类理解太阳风的起源和探索物理学中的高能粒子提供了有效的数据。图 1-7 显示了其拍摄到的太阳等离子风图片。

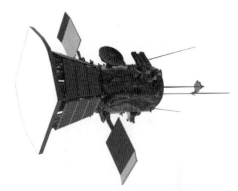

图 1-6　"帕克号"太阳探测器

图 1-7　太阳等离子风

2020 年 2 月 10 日，欧空局研制的太阳轨道器由"擎天神五号"运载火箭发射升空，如图 1-8 所示，将执行内太阳圈和新生太阳风的详细测量、太阳极区的观测等任务。太阳轨道器携带有太阳风分析仪、磁强计、极化和日震影像仪、日

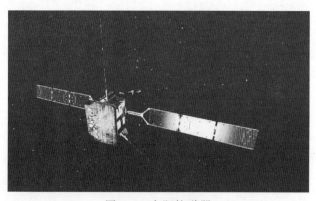

图 1-8　太阳轨道器

冕仪等多种载荷，主要研究太阳风的等离子体和磁场在日冕中的起源与形成、加速和运输高能粒子的机制、太阳风源处磁场的结构和动力学等问题[10]。目前通过探测器上搭载的各类载荷已经获取了一系列太阳图像，如图 1-9 所示。

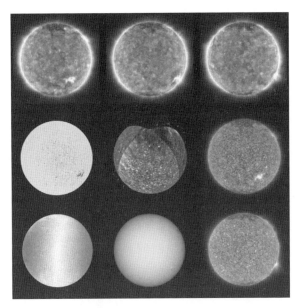

图 1-9　太阳轨道器上不同载荷获取的图像

1.2.2　类地行星探测

1）水星

水星是距离太阳最近的行星，由于没有大气的保护，水星受到无数次的陨石撞击，其表面与月球相似，凹凸起伏，环形山星罗棋布，同时昼夜温差巨大。

探测水星并研究其磁场有助于研究其起源及演化，同时也可以在另一层面上帮助人类更好地保护地球。截至 2020 年 8 月，有 3 颗探测器曾探测过水星，其中 2 颗成功、1 颗正在任务执行过程中，如表 1-2 所示。典型探测器介绍如下。

表 1-2　水星探测器

序号	探测器名称	发射时间	国家和机构	备注
1	水手 10 号	1973 年	美国	提供了第一批的水星表面特写影像
2	信使号	2004 年	美国	首颗水星环绕探测器
3	贝皮·哥伦布号	2018 年	欧空局 – 日本	环绕水星获取图像和研究水星磁场

　　1973 年 11 月 3 日，美国的"水手 10 号"探测器由宇宙神－半人马运载火箭发射升空，它携带有紫外线分光仪、磁力计、粒子计数器、电视摄像机等，以飞越的方式对水星进行了观测。"水手 10 号"绕太阳公转一圈，水星正好公转两圈。通过这样的轨道设计，"水手 10 号"共对水星进行了三次近距离探测，拍摄了超过 2 500 张图片，涵盖了水星表面积的 40%～45%。在此之后由于轨道维持的推进剂耗尽，探测器结束了它的使命。"水手 10 号"发现水星拥有稀薄的大气层，主要由氦组成，还发现水星拥有磁场与巨大的铁质核心，其磁场强度是地球磁场的 1%。

　　2004 年 8 月 3 日，美国研制的人类首颗水星环绕探测器 ——"信使号"由德尔塔 Ⅱ 型运载火箭发射升空，如图 1–10 所示。该探测器在 2008—2009 年三次飞掠水星，绘出了水星表面 98%的地形图，图 1–11 为"信使号"拍摄到的水星陨石坑。"信使号"在 2011 年 3 月结束了 6 年半的飞行旅程进入环绕水星的运行轨道。该探测器携带水星成像系统、伽马射线和中子谱仪、磁力计和水星激光高度计等科学载荷，获取了水星表面的钾元素丰度，如图 1–12 所示。为避免高温和强太阳辐射，"信使号"配备了具有高反射性的耐热遮阳罩，可以抵御水星轨道附近的 400 ℃ 高温。在遮阳罩的作用下，探测器本体温度只有 20 ℃ 左右，各种仪器可以正常工作。但为了使遮阳罩一直对着太阳，"信使号"必须不断进行姿态调整，这对姿态控制系统提出了很高的要求。

图 1–10　"信使号"探测器

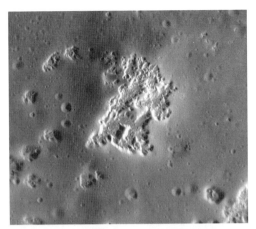

图 1-11 "信使号"拍摄的水星陨石坑

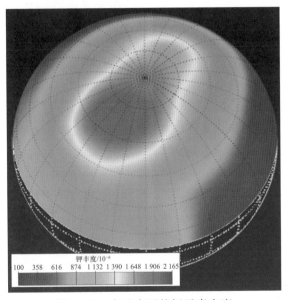

图 1-12 水星表面的钾元素丰度

　　"信使号"首次拍摄了水星的全貌,并更好地了解了水星外壳与核心的组成。根据探测器获得的数据,在水星极地区域的永久阴暗区,陨坑深处可能存在水冰。水星双重成像设备拍摄的图像显示,水星南极附近的所有明亮沉积物都位于永久阴暗区,水星北极附近的明亮沉积物也处在阴暗区,为水冰假设提供了佐证。由于燃料消耗问题,"信使号"逐渐无法维持运行轨道,最终于 2015 年 4 月 30 日通过硬着陆的方式以 3.9 km/s 的速度撞击到水星表面,结束了它的使命。

2018 年 10 月 20 日，由欧空局和日本联合研制的"贝皮·哥伦布号"通过阿丽亚娜 5 型运载火箭发射升空，如图 1-13 所示。此计划包含了两颗轨道器：水星轨道器和水星磁层轨道器。在发射后，"贝皮·哥伦布号"通过一次飞越地球、两次飞越金星、五次飞越水星最终计划在 2024 年被水星俘获进入水星轨道。水星轨道器将在环绕轨道上获取影像，测绘水星地图；而水星磁层轨道器主要执行水星磁场的研究任务。

图 1-13　"贝皮·哥伦布号"探测器

2）金星

金星的结构与地球大致相似，表面地势平坦，既有山脉也有平原，但是两者环境却有着天壤之别。金星表面覆盖着又厚又密的大气层，时常有腐蚀性的酸雨降落，这为金星表面探测带来了巨大的挑战。

近年来，全球变暖、温室效应等环境问题日渐成为国际社会的关注热点，金星的独特环境为此类科学研究提供了良好的参照对象。近距离观测金星，可以获得详细的科学数据，研究其大气温室效应和逆向自转等问题，对人类更好地认识地球、保护地球有很大的启发性作用。另外，在探测金星的过程中，探测器将遇到更为复杂的热流与空间环境，对热控及可靠性的要求更为严格，这也推动了相关技术的不断创新和发展。开展金星探测对于验证深空探测新技术、推动深空探测技术的进展有着重要的意义。截至 2020 年 8 月，有 46 颗探测器曾探测过金星，其中 28 颗成功、1 颗部分成功、17 颗失败。表 1-3 列出了 24 颗金星探测器的相关信息，其中部分典型探测器介绍如下。

表 1-3 金星探测器

序号	探测器名称	发射时间	国家	备注
1	金星 1 号	1961 年	苏联	通信中断, 未得到探测结果
2	水手 2 号	1962 年	美国	飞跃金星并传回数据
3	金星 2 号	1965 年	苏联	通信中断
4	金星 3 号	1965 年	苏联	遥测失灵
5	金星 4 号	1967 年	苏联	探测金星大气层数据
6	水手 5 号	1967 年	美国	传回丰富的金星大气、磁场数据
7	金星 5 号	1969 年	苏联	测量大气数据
8	金星 6 号	1969 年	苏联	测量大气数据
9	金星 7 号	1970 年	苏联	实现软着陆, 获取表面温度
10	金星 8 号	1972 年	苏联	着陆探测了金星表面土壤
11	金星 9 号	1975 年	苏联	环绕金星并传回科学数据
12	金星 10 号	1975 年	苏联	环绕金星并传回科学数据
13	金星 11 号	1978 年	苏联	分离着陆器并作为中继传输数据
14	金星 12 号	1978 年	苏联	分离着陆器并作为中继传输数据
15	先驱者 1 号	1978 年	美国	拍摄图像、探测大气组成
16	先驱者 2 号	1978 年	美国	释放 4 个金星大气探测器接收数据
17	金星 13 号	1981 年	苏联	在金星上采集岩石样品
18	金星 14 号	1981 年	苏联	在金星上采集岩石样品
19	金星 15 号	1983 年	苏联	探测金星表面以及大气层的情况
20	金星 16 号	1983 年	苏联	探测金星表面以及大气层的情况
21	维加号	1984 年	苏联	对金星土壤和云层进行了考察
22	麦哲伦号	1989 年	美国	首次获得完整的金星地图
23	金星快车	2005 年	欧洲	证明金星表面火山的活动
24	拂晓号	2010 年	日本	首个地外天体气象卫星

　　1970 年 8 月 17 日, 苏联研制的"金星 7 号"探测器实现了金星表面的软着陆, 首次向地球传回了金星表面的资料。

　　1989 年 5 月 4 日, 美国研制的"麦哲伦号"探测器由"亚特兰蒂斯号"航天飞机发射升空, 这是金星探测器中的经典。"麦哲伦号"上搭载了先进的电视摄像雷达系统, 透过金星厚密的大气层测绘其表面图像, 获得了第一张完整的金星地图, 为金星的地质地貌研究提供了详细的资料。

2005 年 11 月 9 日，"联盟号"飞船带着"金星快车"成功升空，如图 1-14 所示，这也是欧洲对金星开展的首次任务。2006 年 4 月，"金星快车"顺利进入环金星轨道，携带设备有金星监视照相机、空间等离子体和活性原子分析器等，其主要任务是：精确探测金星大气层，分析化学成分，观测金星气候变化，并就太阳风对金星大气和磁场的影响进行分析。探测结果揭示了金星与地球的气候存在巨大差异的原因，证实了温室效应、磁场和闪电对金星气候的影响，还发现了金星上火山喷发的迹象，这有助于揭示金星的成因。该探测器还获取了金星南极影像及表面风速变化，如图 1-15 和图 1-16 所示。

图 1-14　"金星快车"

图 1-15　"金星快车"获取的金星南极影像

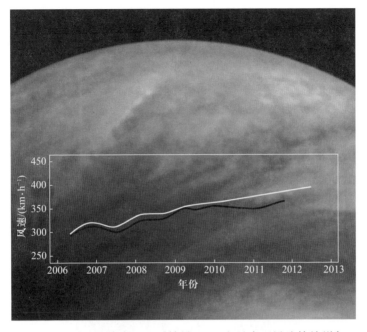

图 1–16 "金星快车"观测结果 —— 金星表面风速持续增加

2010 年 5 月 21 日,日本的"拂晓号"探测器由 H–IIA 火箭成功发射升空,如图 1–17 所示,但在到达金星时由于主发动机故障未能顺利入轨,在此后的 5 年里"拂晓号"只能绕着太阳公转。2015 年 12 月,探测器的 4 台小型发动机点火,成功降低了探测器的速度使其被金星的引力场捕获。"拂晓号"主要研究

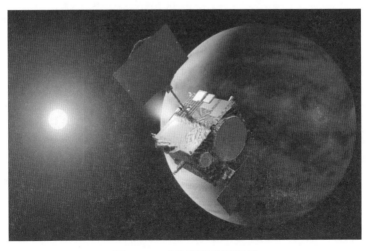

图 1–17 "拂晓号"探测器

金星的云层和大气情况，其获取的金星大气层影像如图 1-18 所示。其在轨道高度降低后对金星表面的火山进行了探测，但是由于探测器上的天线存在故障，与地球的联系时断时续。它还通过探测器获取的数据分析了金星弓形特征的原因，如图 1-19 所示。

图 1-18　"拂晓号"获取的金星大气层影像

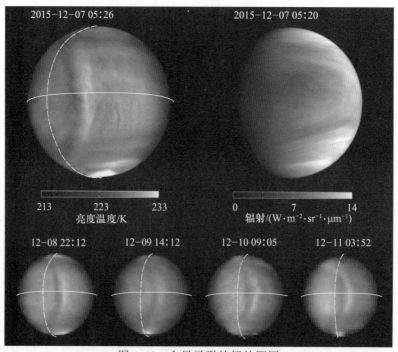

图 1-19　金星弓形特征的原因

3）火星

作为地球的姊妹星，火星一直是人类关注的焦点。自人类进入太空时代之初，火星就是主要目的地之一，人类向火星发射了多颗探测器，有的进行环绕探测，有的在火星表面着陆。开展火星探测具有十分重要的科学意义和工程意义：研究火星地形地貌、大气演化、磁场演变等问题，了解火星演化的历程，借助于火星与地球的相似性，可以从侧面研究地球的形成与演化。此外，就目前获得的观测结果及数据来看，火星表面曾经有水存在，因此也可能存在过生命，这给寻找地外生命提供了高价值信息。截至 2020 年 8 月，有 52 颗探测器探测过火星，其中 21 颗成功、5 颗部分成功、23 颗失败、3 颗正在任务执行过程中。表 1-4 列出了 20 颗火星探测器的相关信息，其中部分典型探测器介绍如下。

表 1-4　火星探测器

序号	探测器名称	发射时间	国家	备注
1	水手 4 号	1964 年	美国	首次传回火星照片
2	水手 7 号	1969 年	美国	拍摄火星表面图像
3	水手 9 号	1971 年	美国	第一个环绕地球以外行星的探测器
4	火星 3 号	1971 年	苏联	第一个登陆火星的探测器（撞毁）
5	海盗 1 号	1975 年	美国	着陆器第一个成功着陆在火星表面
6	海盗 2 号	1975 年	美国	基本与海盗 1 号相同
7	福布斯 2 号	1988 年	苏联	成功拍摄火星和火卫一
8	火星全球勘测者	1996 年	美国	火星全球测绘
9	火星探路者	1996 年	美国	分析火星大气层、气候、地质和岩石与土壤的组成
10	火星奥德赛	2001 年	美国	寻找水与火山活动的迹象
11	火星快车号	2003 年	欧洲	检测出火星大气中含有甲烷
12	勇气号	2003 年	美国	传回火星过去有水存在的证据
13	机遇号	2003 年	美国	传回火星过去有水存在的证据
14	凤凰号	2007 年	美国	登陆火星探测火星地表物质成分
15	好奇号	2011 年	美国	探索火星的盖尔撞击坑
16	火星轨道探测器	2013 年	印度	"技术示范"项目，发展行星际探测任务必须的设计、规划、管理和操作相关技术
17	MAVEN	2013 年	美国	研究火星大气
18	火星微量气体任务卫星	2016 年	欧空局-俄罗斯	绘制火星大气层地图，了解甲烷和其他气体
19	洞察号	2018 年	美国	研究火星内部结构
20	天问一号	2020 年	中国	利用一次发射完成"环绕""着陆""巡视"三大任务

1964 年 11 月 28 日，美国的"水手 4 号"火星探测器由宇宙神 – 阿金纳 D 运载火箭发射升空，是第一个成功飞越火星的探测器，传回了第一张火星表面的图像。

2003 年 6 月 10 日，美国研制的"火星探测漫游者"由德尔塔 II 型运载火箭发射升空。探测器于 2004 年 1 月飞抵火星轨道，"勇气号"火星车以降落伞和气囊缓冲的方式成功着陆火星，首次执行了火星土壤取样分析任务，并且从火星上拍摄了地球的照片，这是人类第一张从其他行星表面拍摄到的地球照片。"勇气号"火星车的"孪生兄弟"——"机遇号"火星车于同年 7 月 7 日成功升空，如图 1–20 所示，于 2004 年 1 月 25 日安全着陆在火星表面。图 1–21 显示了"机遇号"

图 1–20　"机遇号"火星车

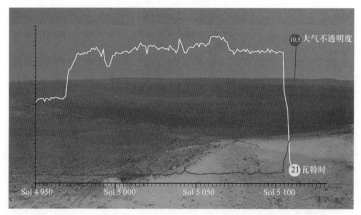

图 1–21　"机遇号"火星车在火星表面的能量利用情况

火星车在火星表面的能量利用情况，其在着陆不久就利用所携带的微型辐射分光计发现了着陆地点附近可能存在赤铁矿，这种矿物质通常是在有液态水的环境下生成的，从而证实火星上曾经可能有水存在。

2007 年 8 月 4 日，美国的"凤凰号"火星着陆探测器由德尔塔 Ⅱ 型运载火箭发射升空，于 2008 年 5 月 25 日利用反推装置安全地降落在火星北极附近。其在着陆区域发现有不明发亮物质，NASA 科学家分析了这些不明物质成分后正式宣布："'凤凰号'在着陆地点附近挖到的发亮物质是冰冻水"，从而证实火星上的确存在水，这也是人类通过探测器在地球以外首次获得冰冻水样本。

2018 年 5 月 5 日，NASA 研制的"洞察号"火星无人着陆探测器搭载宇宙神运载火箭成功发射，如图 1-22 所示。"洞察号"（InSight）的名字来自它的探测任务的英文首字母缩写："Interior Exploration using Seismic Investigations, Geodesy, and Heat Transport"（运用地震调查、测地学与热传导对火星内部进行探测）。同年 11 月 26 日，"洞察号"无人探测器成功在火星表面着陆。着陆后，部署热探测器和地震计等相关设备，展开无线电科学实验装置，绘制了火表附近的大气温度数据图，如图 1-23 所示，并于 2019 年 4 月 6 日首次探测到了火星地震[11]。图 1-24 所示为其着陆点附近的火表照片。

图 1-22   "洞察号"无人着陆探测器

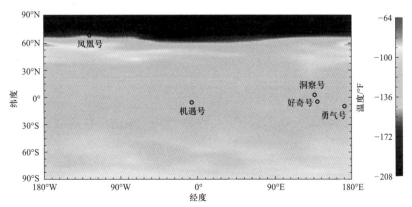

图 1-23   "洞察号"绘制的火表附近的大气温度分布图

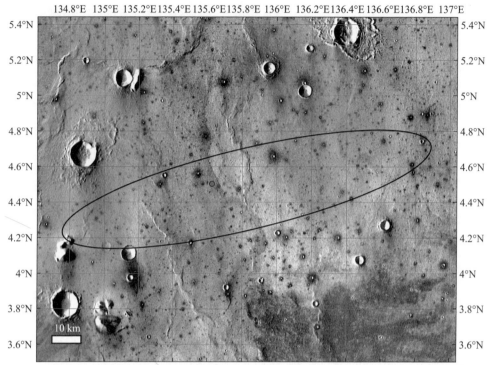

图 1-24　"洞察号"着陆点附近的火表照片

1.2.3　类木行星探测

1）木星

木星是太阳系中质量和体积最大的行星，拥有众多的卫星，整个行星系统在结构上与太阳系十分相似，研究木星及其卫星系统，有助于了解太阳系的起源与演化，完善人类对太阳系的认知。截至 2020 年 8 月，有 9 颗探测器曾探测过木星（如表 1-5 所示），9 颗全部成功，部分典型探测器介绍如下。

表 1-5　木星探测器

序号	探测器名称	发射时间	国家和机构	备注
1	先驱者 10 号	1972 年	美国	获得木星及其伽利略卫星的影像
2	先驱者 11 号	1973 年	美国	借木星引力飞向土星
3	旅行者 1 号	1977 年	美国	飞越木星并获得清晰照片
4	旅行者 2 号	1977 年	美国	飞越木星并获得清晰照片
5	伽利略号	1989 年	美国	专用探测木星和木星大气层

续表

序号	探测器名称	发射时间	国家和机构	备注
6	尤利西斯号	1990 年	美国 – 欧空局	研究木星磁层
7	卡西尼 – 惠更斯号	1997 年	美国 – 欧空局 – 意大利	拍摄木星大气层的详细图像
8	新视野号	2006 年	美国	经过木星并获取木星及其卫星的参数测量结果
9	朱诺号	2011 年	美国	精确测绘木星磁场和物质分布

1972 年 3 月 2 日，美国研制的"先驱者 10 号"探测器由擎天神运载火箭发射升空。它是第一颗接近木星的探测器，发送回木星及其几颗卫星的影像，并探测到木星的一些物理参数。

1989 年 10 月 18 日，美国研制的"伽利略号"无人探测器由"亚特兰蒂斯号"航天飞机搭载升空，如图 1-25 所示，它于 1995 年 12 月 7 日接近木星，也是第一颗围绕木星并开展木星大气探测的探测器，获取了木星环上细微的波纹图（如图 1-26 所示）。"伽利略号"在进入木星轨道后，释放了一个冲入木星大气的探测器，在被热力烧毁前，返回了大量木星大气数据。

图 1-25　"伽利略号"探测器

图 1-26　木星环上细微的波纹图

　　2011 年 8 月 5 日，美国研制的"朱诺号"探测器由"擎天神五号"发射升空，如图 1-27 所示，并于 2016 年 7 月 5 日进入木星轨道。探测器在木星的极轨道上运行，主要研究木星的组成、重力场、磁场、磁极和磁层，获得了史上最清晰的木星影像[12]，图 1-28 所示为"朱诺号"拍摄的木星南极旋转的云层。

图 1-27　朱诺号

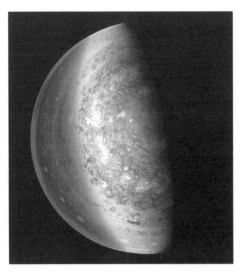

图 1-28 "朱诺号"拍摄的木星南极旋转的云层

2) 土星

土星体积仅次于木星,并且和木星同属于气体(类木)行星。土星有一个显著的环系统,也拥有众多的卫星,其中土卫六是唯一拥有明显大气层的卫星。研究土星系统对于认识太阳系的形成和演化具有重要的意义。截至 2020 年 8 月,有 4 颗探测器曾探测过土星,4 颗全部成功,探测器介绍如下。

1973 年 4 月 6 日,美国研制的"先驱者 11 号"探测器由阿特拉斯 – 半人马座火箭发射升空,成为第一个飞越土星的人造天体。由于技术的限制,它仅仅获得了低分辨率的土星及其一部分卫星的影像,并且影像并不足以分辨土星表面的特征。此外,"先驱者 11 号"还发现了土星环中有稀薄的物质,也证实了环缝不是空无一物的。

1977 年 9 月 5 日,美国研制的"旅行者 1 号"探测器由泰坦三号 E 运载火箭成功发射,1980 年 8 月 22 日开始土星观测阶段,传回了一批高质量的土星及其卫星的影像。这是人类历史上第一次看清土星及其表面物质的变化,同时,也证实了可见光是无法穿透土卫六大气层的。

1977 年 8 月 20 日,同样由美国发射的"旅行者 2 号"再次拜访了土星,但由于其速度比"旅行者 1 号"慢,因此直到 1981 年 8 月 25 日才最接近土星,拍摄了多幅近距离影像,获取了土星上层大气的气温及密度等资料。

1997 年 10 月 15 日,由 NASA、欧空局和意大利航天局联合研制的"卡西尼 – 惠更斯号"探测器搭载泰坦四号运载火箭发射升空,如图 1-29 所示。整个探测任务分为两部分：环绕土星的卡西尼号和在土星最大卫星 —— 土卫六上登陆的惠更斯号。这是第一个环绕土星的探测器，它完成了对土星环的三维结构和动态行为的测量、卫星表面探测、暗物质起源、磁层的三维结构以及土星大气层的动态行为探测，此外它还新发现了 7 颗土星卫星，完善了人类对土星的认知。图 1-30 和图 1-31 分别展示了土卫二的"红外眼"图像及土星环的成分分布。

图 1-29　"卡西尼 – 惠更斯号"探测器

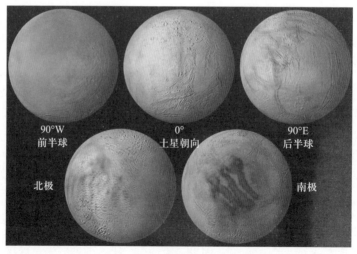

图 1-30　土卫二的"红外眼"图像

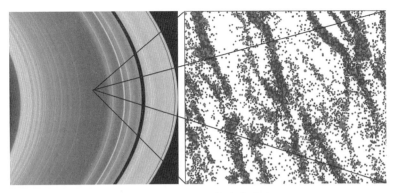

图 1-31 土星环的成分分布

3) 天王星

天王星是太阳系中由内向外的第七颗行星，其亮度是肉眼可见的。天王星有一个暗淡的行星环系统，由直径约 10 m 的黑暗粒状物组成。它是继土星环之后在太阳系内发现的第二个环系统。探测天王星对太阳系的形成与演化问题的研究同样有至关重要的作用。

迄今为止，仅有"旅行者 2 号"飞越了天王星。在 1977 年 8 月 20 日，"旅行者 2 号"由泰坦三号 E - 半人马座运载火箭发射升空，飞越了天王星。这是目前唯一一次近距离的天王星探测，并且目前也还没有新的探测计划。"旅行者 2 号"于 1986 年 1 月 24 日最接近天王星，距离近达 81 500 km。"旅行者 2 号"研究了天王星大气层的结构和化学组成，发现了 10 颗新卫星，还研究了天王星因为自转轴倾斜 97.77° 所造成的独特气候，并观察了天王星的环系统。

4) 海王星

海王星是太阳系中由内向外的第八颗行星，也是远日行星，它的亮度较暗，只能在望远镜中看到。海王星的大气层中还有微量的甲烷，导致其呈现淡蓝色。海王星也是八大行星中唯一一个通过数学预测发现的行星，天文学家利用天王星轨道的摄动推测出海王星的存在与可能的位置，迄今只有美国的"旅行者 2 号"探测器拜访过海王星。1989 年 8 月 25 日，"旅行者 2 号"到达距海王星最近的地点。这是"旅行者 2 号"探测器探测的最后一个主要行星，没有后续的轨道限制，它的轨道非常接近海王星的卫星 —— 海卫一。探测器发现了海王星表面的大黑斑，但后来哈勃空间望远镜观察海王星时发现大黑斑已经消失。大黑斑起初被认为是一大块云，分析后续观测结果推断，它应该是可见云层上的一个孔洞。

1.2.4 矮行星探测

矮行星是指具有行星质量，但既不是行星也不是卫星的天体。冥王星就是典型的矮行星，探测矮行星研究天体特性，获取更多的矮行星相关数据有助于研究矮行星的形成与演化，对于完善矮行星的定义有着至关重要的作用。国际天文学联合会认证的矮行星还有谷神星、阅神星、妊神星和鸟神星等。截至 2020 年 8 月，仅有两颗探测器执行过矮行星的探测任务，均获得成功。

2006 年 1 月 19 日，美国研制的"新视野号"探测器搭载"擎天神五号"运载火箭发射升空，如图 1-32 所示。"新视野号"探测器是第一个造访冥王星的探测器，它借助木星引力场提升自身速度，2015 年接近冥王星及其卫星卡戎，其携带有紫外线成像光谱仪、远程勘测成像仪、太阳风分析仪等科学载荷，获取了大量的冥王星及其矮行星系统的照片，绘制了冥王星表面甲烷冰的光谱图和表面影像图，如图 1-33 和图 1-34 所示。

图 1-32 "新视野号"探测器

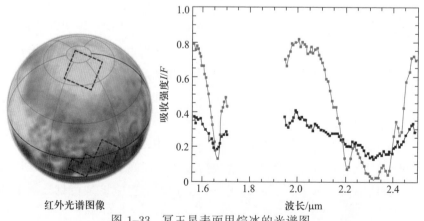

红外光谱图像

图 1-33 冥王星表面甲烷冰的光谱图

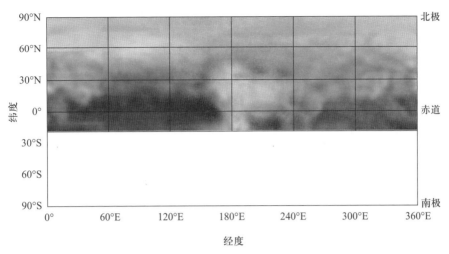

图 1-34 "新视野号"绘制的冥王星地图

2007 年 9 月 27 日,美国研制的"黎明号"探测器由"三角洲二号"运载火箭发射升空,其目的是探索灶神星和谷神星,是第一颗环绕矮行星的探测器,首次近距离获得灶神星、谷神星的表面图像和重力场等相关数据。

1.2.5 小天体探测

在深空探测任务中,小天体主要指的是太阳系中的小行星及彗星。小行星直径可从数米至 1 000 km 不等。小行星被认为含有太阳系早期的物质信息,有助于研究太阳系的形成与演化。彗星与小行星最大的区别就在于存在着包围彗核的可见气层,这是由于太阳辐射和太阳风共同对彗核作用造成的,由此产生了彗星的彗发和彗尾。彗星的轨道周期范围很大,短则几年,长的甚至有几百万年。截至 2020 年 8 月,有 19 颗探测器曾探测过小天体,其中 16 颗成功、1 颗失败、2 颗正在任务中。表 1-6 列出了 9 颗典型的小天体探测器的相关信息,其中部分探测器介绍如下。

表 1-6 小天体探测器

序号	探测器名称	发射时间	国家和机构	备注
1	NEAR	1996 年	美国	研究爱神星内部组成、质量分布、磁场、风化层特性等
2	深空 1 号	1998 年	美国	研究彗星、小行星成分
3	星尘号	1999 年	美国	首次采集星际尘埃和彗星物质
4	隼鸟 1 号	2003 年	日本	第一个小行星着陆采样返回的任务

续表

序号	探测器名称	发射时间	国家和机构	备注
5	罗塞塔号	2004 年	欧空局	首个进入彗星轨道的探测器
6	深度撞击号	1989 年	美国	第一个激起彗星表面物质的探测器
7	嫦娥二号	2010 年	中国	首次获取图塔蒂斯小行星近距离影像
8	隼鸟 2 号	2014 年	日本	采集小行星表面以下样品并返回地球
9	OSIRIS-REx	2016 年	美国	小行星采样返回

　　第一颗专门探测小行星的探测器是美国于 1996 年 2 月 17 日由德尔塔 Ⅱ 型运载火箭发射的"尼尔 – 舒梅克"（Near Earth Asteroid Rendezvous-Shoemaker）探测器（以下简称 NEAR 探测器），如图 1–35 所示，其搭载了多光谱成像仪、近红外光谱仪、三轴磁力计等科学设备。NEAR 探测器的总体目标是与爱神星交会，并进入爱神星的轨道。1997 年 6 月 27 日，NEAR 探测器在 1 200 km 处飞越 Mathilde 小行星，传回了 500 多张照片及测量数据。1998 年 1 月 23 日，NEAR 探测器借助地球引力改变轨道，达到缓慢接近爱神星的最佳几何角度；2000 年 7 月 14 日，NEAR 探测器进入爱神星环绕轨道；2001 年 2 月 12 日，探测器成功着陆爱神星，其主着陆点如图 1–36 所示，这也是人类探测器首次在小行星上着陆。着陆之后，探测器的一些仪器还能工作，但是高性能天线无法指向地球，只能通过另外的天线接收数据。图 1–37 所示为 NEAR 探测器绘制的爱神星表面的伽马光谱图。

图 1–35　NEAR 探测器

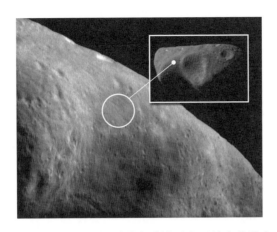

图 1-36 NEAR 探测器在爱神星表面的主着陆点

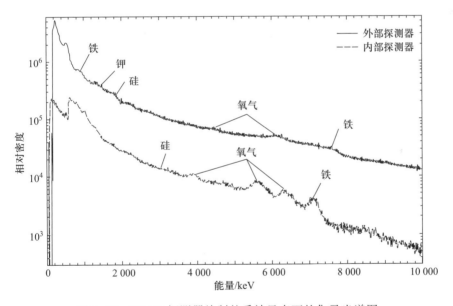

图 1-37 NEAR 探测器绘制的爱神星表面的伽马光谱图

2004 年 3 月 2 日，欧空局研制的"罗塞塔号"彗星探测器由阿丽亚娜 5 型运载火箭发射升空，在中途飞越了火星和两颗小行星 —— 斯坦斯和鲁特西亚，后于 2014 年 8 月 6 日到达距离彗星 67P/楚留莫夫 - 格拉希门克 100 km 处，并围绕该彗星运行，成为人类历史上首颗进入彗星轨道的探测器。同年 11 月 12 日，探测器释放"菲莱"着陆器到彗星上，这是人类探测器首次在彗星上着陆。轨道器和着陆器上均携带有科学设备，其中轨道器有 11 台、着陆器有 10 台。着陆器探测彗表选定区域的化学和物理特性数据；而轨道器将对来自彗核的尘粒和气体进行分析，同时研究彗发外部的物理特性及与太阳风的相互作用。

　　2003 年 5 月 9 日，日本通过 M–V 运载火箭发射"隼鸟 1 号"探测器，2004 年 5 月"隼鸟 1 号"通过地球借力飞往 1998SF36（又名"糸川"）小行星，2005 年 9 月与小行星交会并着陆。在交会着陆期间，"隼鸟 1 号"利用可见光摄像头、轻型无线电探测与定位设备、红外光谱仪等科学设备对小行星进行近距离观测、现场物质分析和样本采集。2007 年 4 月，"隼鸟 1 号"从小行星出发返回地球。在发射升空后，"隼鸟 1 号"探测器数次遭遇故障，导致返回时间比原计划推迟了 3 年，但是它完成了包括小行星近距离探测、着陆、小行星物质采样和返回地球在内的多项既定任务，是人类航天史上的重要里程碑[13]。

　　2014 年 12 月 3 日，由日本研制的"隼鸟 2 号"搭载 H–IIA 火箭发射升空，如图 1–38 所示。其主要目的是探测和采样属于 C 型小行星的龙宫星，获取了高分辨率的小行星表面影像，如图 1–39 所示。通过探测器返回的数据建立了龙宫星的模型，如图 1–40 所示。2018 年 10 月 3 日，"隼鸟 2 号"朝龙宫星表面投放巡视器收集表面资料，最终在 2019 年 2 月 22 日成功着陆龙宫星，通过发射"金属弹"的形式制造人造陨石坑，探测小行星表面以下物质，采集地表之下岩石样本，希望能够进一步揭示有关太阳系起源的奥秘。

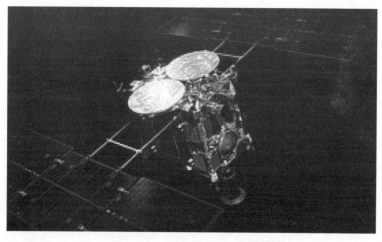

图 1–38　"隼鸟 2 号"探测器

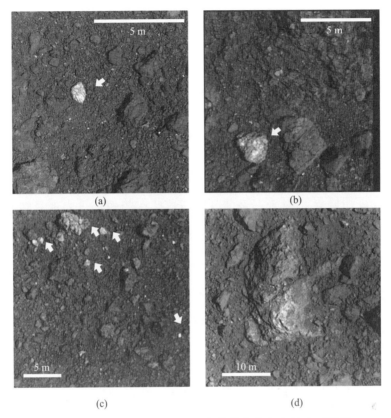

图 1-39 "隼鸟 2 号"获得的高分辨率的龙宫星表面影像

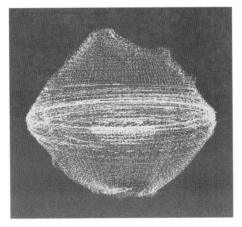

图 1-40 龙宫星数据建模

1.3　我国月球探测和深空探测的发展概况

　　按照本书采用的对深空探测的定义，月球探测不属于深空探测的范畴，但月球探测一直被认为是深空探测的基础。我国尚处在深空探测的起步阶段。2004 年 1 月 23 日，在国务院总理温家宝的批复下，绕月探测工程正式立项，随后同年根据研制要求将工程命名为"嫦娥工程"。中国探月工程规划为"绕、落、回"三期[14]。

　　"绕"——一期工程实现绕月探测，由"嫦娥一号"任务组成，于 2007 年 10 月 24 日成功发射，"嫦娥一号"卫星经地球调相轨道进入地月转移轨道[15]，实现月球捕获之后在 200 km 圆轨道开展绕月探测。任务期间，8 台科学载荷开展了全局性、普查性的月球遥感探测，获取了月球表面的三维影像，并对月壤特性、地月空间环境和月球表面物质分布进行了探测。一期工程的顺利进行代表着我国已经初步掌握绕月探测基本技术，为后续月球探测积累了经验。

　　"落"——二期工程实现月球软着陆和月面巡视勘察等，由"嫦娥二号""嫦娥三号"和"嫦娥四号"任务组成。"嫦娥二号"是二期工程的先导星，于 2010 年 10 月 1 日成功由"长征三号丙"运载火箭发射，直接进入地月转移轨道，实现月球捕获后，8 台科学载荷在 100 km 圆轨道开展了多项科学探测，获取了高分辨率的月球表面三维影像、高空间分辨率和探测精度的月球元素分布图以及月球表面微波辐射特征数据，为后续"嫦娥三号"任务验证了部分关键技术。在完成了预定各项任务后，于 2011 年 6 月飞离月球轨道并开展了日地拉格朗日 L2 点探测和图塔蒂斯小行星飞越探测等多项拓展试验，获取了图塔蒂斯小行星的影像，如图 1-41 所示，成为绕太阳飞行的人造小行星。

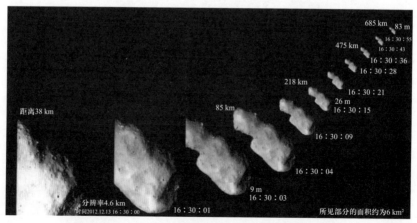

图 1-41　"嫦娥二号"拍摄的图塔蒂斯小行星照片

"嫦娥三号"是二期工程的主任务,于 2013 年 12 月 2 日发射,完成地月转移、绕月飞行和动力下降后,在月球虹湾预选着陆区安全软着陆,巡视器成功驶离着陆器并互拍成像,实现中国航天器首次地外天体软着陆与巡视勘察。探测器携带的 8 台科学仪器开展了多项科学探测与巡视勘察,调查了月表形貌和地质构造、月表物质成分和可利用资源以及地球等离子体层和月基光学等目标。"嫦娥三号"成功完成了预定任务,突破月球软着陆、月面巡视勘察、深空测控通信与遥操作、深空探测运载火箭发射等关键技术,提升了我国的航天技术水平,建立了月球探测航天工程基本体系,形成重大项目实施的科学有效的工程方法。

"嫦娥四号"是"嫦娥三号"任务的备份,于 2018 年 12 月 8 日在西昌卫星发射中心成功发射,并于 2019 年 1 月 3 日成功着陆在月球背面。为实现月球背面与地球的通信,2018 年 5 月 21 日,作为"嫦娥四号"的中继通信卫星,"鹊桥号"搭载"长征四号丙"运载火箭成功发射。"鹊桥号"经过多次变轨,成功进入地月拉格朗日 L2 点的 Halo 轨道。

通过"鹊桥号"中继通信卫星,"嫦娥四号"传回世界上第一张近距离拍摄的月背影像,并释放巡视器"玉兔二号",实现了世界首次月球背面软着陆和巡视勘察。"嫦娥四号"搭载多种科学载荷,开展月球背面低频射电天文观测与研究;探测与研究月球背面巡视区形貌、矿物组分及月表浅层结构等。搭载的月球微型生态系统成功在月球上首次长出地球植物嫩芽,也是整个实验中唯一成功生长的生物。

2019 年 11 月 25 日,英国皇家航空学会 2019 年度颁奖典礼在英国伦敦举行,"嫦娥四号"任务团队获得 2019 年度全球唯一的团队金奖,该奖也是英国皇家航空学会成立 153 年来首次向中国项目颁发的奖项。

"回"——三期工程将实现月面自动采样返回,并开展月球样品地面分析研究,由"嫦娥五号""嫦娥六号"任务组成。2014 年 10 月 24 日,我国实施了探月工程三期再入返回飞行试验任务,验证返回器以接近第二宇宙速度的高速再入返回地球的相关关键技术。同年 11 月 1 日,飞行器服务舱与返回器分离,返回器顺利着陆在预定区域,试验任务取得圆满成功。随后服务舱继续开展拓展试验,先后完成了远地点 540 000 km、近地点 600 km 大椭圆轨道拓展试验、环绕地月 L2 点探测、返回月球轨道进行"嫦娥五号"任务相关试验。服务舱后续还将继续开展拓展试验任务。

"嫦娥五号"于 2020 年 11 月 24 日发射升空,执行我国首次地外天体采样返回任务,并完成探月工程中"绕、落、回"中的最后一个"回"的任务。"嫦娥五号"实现中国开展航天活动以来的四个"首次":首次在月球表面自动采样;首次从月面起飞;首次在 380 000 km 以外的月球轨道上进行无人交会对接;首次带着月壤以接近第二宇宙速度的高速返回地球。这是继"月球 24 号"之后时隔 44 年人类再次从月表带回月球样本,助力深化月球成因和演化历史等科学研究。

我国于 2020 年 7 月发射了第一颗火星探测器 ——"天问一号"。传统探测火星是由环绕探测逐渐过渡到着陆探测,而我国第一次火星探测将一次实现"绕、落、巡"三个步骤,这在国际上尚属首次。整个火星探测器包括轨道器、着陆器和巡视器,轨道器环绕火星运行,择机分离着陆器,成功完成火星表面着陆后,着陆器与巡视器分离,开启火星表面的原位和巡视探测。

受天体运行规律的限制,大约每 26 个月才有一次火星探测的有利发射时机,为了抓住这次机会,我国的"天问一号"火星探测器在 2020 年 7 月于文昌发射中心发射升空,经过 7 个月的太空飞行后,于 2021 年 2 月成功实施近火制动进入火星轨道,开始环绕火星飞行,火星车及着陆器如图 1-42 所示。"天问一号"共搭载 13 种有效载荷,其中环绕器 7 种、火星车 6 种,涉及空间环境探测、火星表面探测、火星表层结构探测等领域,不仅要实现环绕火星的全球遥感探测,还要突破火星进入、下降、着陆、巡视、远距离测控通信等关键技术,研究火星上的土壤、环境、大气、水冰分布、物理场和内部结构。

图 1-42 中国火星车与着陆器概念图

1.4 深空探测的发展趋势

对未知世界的探索是人类发展的永恒动力,随着航天技术和空间科学的不断进步,人类认识宇宙的手段越来越多,探索范围也越来越广,但是想真正探索宇宙的奥秘,寻找地球、太阳系乃至生命及宇宙的起源,进行深空探测是一种必然,未来人类必将向更深、更远的宇宙进发。深空探测能帮助人类研究太阳系与宇宙的起源和演变,同时也能进一步认识地球的形成和演变,了解人类在宇宙中所处的地位,甚至是寻找地外生命的存在。从长远来看,开发深空探测资源有着重要的科学意义和经济意义。

从各国深空探测的远景目标和任务规划来看,深空探测总体表现出 5 个方面的发展趋势和特点。

1) 月球可以作为开展深空探测的起点

月球作为离地球最近的自然天体,可以作为开展深空探测的起点。通过对月球地质的勘探,对其矿物、水资源的全面深入调查等,可以获得建造月球基地的重要数据资料,通过原位资源利用的形式可以将月球建造成深空探测器的中转站,进行燃料的补给。月球还将成为人类进军更远天体的技术试验场,也是开展天文观测的极佳场所。

2) 火星探测是目前行星探测的最大热点

作为太阳系中与地球最相似的行星,火星是目前最受人类关注的行星,迄今为止发射的火星探测器数量仅次于月球探测器。随着技术的提高,火星探测将向无人采样返回以及载人着陆探测方向发展。通过采样返回,对火星的地质资源进行详细研究,为将来的载人着陆提供支持,或许未来真的可以将其改造为宜居的星球。

3) 小天体探测成为重要发展目标

小天体保留了太阳系形成之初的状态,对其物质组成和演化进行研究,有助于了解太阳系的起源和演化。通过对彗星的组成研究或许能够提高人类对地球生命起源的认识。另外,小行星受到大天体的引力摄动,运行轨道不断发生变化,有些近地小行星会威胁到地球,对这些小行星进行研究有助于人类进行地球防御。

4) 探测方式逐步由技术推动转向科学带动

深空探测任务复杂、技术难度大,早期的深空探测主要侧重于航天技术推动。各国在深空探测任务中都是由易到难,逐步掌握撞击、绕飞、软着陆、表面巡视、取样返回等多种探测方式。为了提高任务效益，各国越来越重视通过组合方式在一次任务中实现多个目标，进行任务扩展。在美国、苏联的太空竞赛时期，发射任务密集，虽然成功率较低，但是技术进步巨大。到如今，虽然发射密度低，但是成功率高，从发展技术的层面逐渐过渡到科学研究的层面，更加关注科学目标，探寻更深层次的宇宙奥秘。

5）大型探测任务向国际合作模式发展

随着未来深空探测任务越来越复杂、规模越来越大，各国独立进行大型任务负担很重，而且任务获得的数据也需要世界范围内的科学家广泛参与研究分析，这也使深空探测任务的国际合作变得更加必要。

1.5 本书的主要内容

深空探测作为人类航天活动的重要方向和空间科学与技术创新的重要途径，是当前与未来航天领域的发展重点之一。深空探测的广度和深度直接取决于一系列关键技术的突破与支撑，这些关键研究内容包括深空探测目标天体及科学目标确认、深空轨道设计与优化、自主导航、姿态控制、能源与推进、自主管理和系统工程等。因此，本书主要从 7 个方面出发，介绍对应的研究现状、研究方向和关键技术等。

第 2 章主要介绍深空探测的目标天体和科学目标，研究深空探测的有效载荷和原理，讨论深空探测科学目标的选择方法和具体案例分析。

第 3 章主要介绍轨道设计基本原理和探测窗口计算方法，从借力飞行和低能量轨道两种途径入手研究深空探测轨道设计的关键技术与方法。

第 4 章主要介绍深空探测自主导航技术的发展历史和关键技术，通过结合具体的深空探测案例来详细研究自主导航技术的重要特点。

第 5 章主要介绍姿态控制原理和姿态规划的关键技术以及在深空探测领域中的具体应用方法和实例。

第 6 章主要介绍深空推进技术的现状和发展前景，研究化学推进、电推进和太阳帆推进等技术在深空探测领域的新应用与拓展。

第 7 章主要介绍深空探测器的星务系统及其构成，研究自主任务规划技术、智能执行技术和故障诊断技术在自主管理系统中的组合和应用。

第 8 章主要介绍系统工程的概念和在深空探测领域的应用需求，结合深空探测具体案例，研究系统工程方法的必要性和重要性。

第 2 章　深空探测的目标天体和科学目标

2.1　引　言

自第一颗人造卫星发射开始，人类从未停止探索太空的脚步，在认识我们生活环境的同时一直追寻宇宙及生命的奥秘与起源，以目前拥有的技术逐步探索太阳系，进而从获取的信息中改进技术，创新发展，探索广阔的未知之地。太阳系是我们生存的空间，就目前的航天技术而言，深空探测的能力还局限于太阳系，探测重点仍然在太阳系中的自然天体上。本章将从深空探测的目标天体及科学目标两方面，介绍深空探测的目标天体、我们为什么要探测这些天体、执行这些探测任务能为我们带来什么等。深空探测是当今世界最具高精尖科技的领域之一，不但代表了国家的科技水平和创新能力，同时也对促进技术进步，提高国家国际话语权有着重要的意义[16–17]。

2.2　深空探测的目标天体

太阳系是我们在宇宙中所处的恒星系统，如图 2-1 和图 2-2 所示，由太阳、八大行星、矮行星，以及无数的小行星、彗星组成。八大行星按照离太阳的距离从近到远依次是：水星（Mercury）、金星（Venus）、地球（Earth）、火星（Mars）、木星 (Jupiter)、土星（Saturn）、天王星（Uranus）、海王星（Neptune）。

太阳系的行星大致可分为两大类：类地行星与类木行星。

1）类地行星

类地行星包括水星、金星、地球、火星。类地行星都是小而密的岩石星球，具有较稀少的大气，体积小，自转慢，卫星少，内部成分主要为硅酸盐，具有固体外壳，中心有金属内核，表面有相当多的坑洞，平均密度约为 $3 \sim 5 \ \mathrm{g/cm^3}$。类地行星是经由碰撞聚集固态的物质颗粒成为微小行星，再聚集微小行星形成的。

2）类木行星（巨行星）

类木行星包括木星、土星、天王星、海王星。类木行星都是体积大、质量大但密度小的气体星球，具有浓密的大气，中心有与类地行星相似的固体内核。

图 2-1　体积大小按比例的太阳系

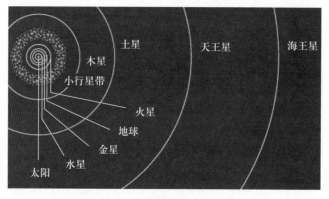

图 2-2　运行轨道按比例的太阳系

类木行星以水冰相互吸附为起点，质量够大后，进一步吸附氢、甲烷，形成气体行星，均具有行星环。

　　在火星与木星之间有一圈小行星带，据推测，它们可能是由位置界于火星与木星之间的某一颗行星碎裂形成的，或者是一些未能聚积成为统一行星的石质碎块形成的。太阳系中的各个天体主要由氢、氦、氖等气体，冰（水、氨、甲烷）以及含有铁、硅、镁等元素的岩石构成。类地行星、月球、部分卫星、小行星主要由岩石组成；木星和土星主要由氢和氦组成，其核可能是岩石或冰。

　　太阳系八大行星的轨道特点：

（1）近圆性：行星运行的轨道均为以太阳为焦点的偏心率很小的椭圆形；

（2）共面性：行星运行的轨道几乎在同一平面内，以黄道面为基准，各大行星轨道均存在一定夹角；

（3）同向性：行星绕轨道运行的方向一致（从太阳北极上看是逆时针方向），除金星以外，其他行星的自转方向和公转方向相同。

太阳系距银河系中心约 2.5 万至 2.8 万光年，具体位于银河系第三旋臂——猎户旋臂，如图 2-3 所示。太阳系的中心是太阳，太阳系每隔 2.3 亿年绕银河系中心运行一周；虽然太阳只是一颗中小型的恒星，但它的质量已经占据了整个太阳系总质量的 99.85%；余下的质量中包括行星与它们的卫星、行星环，还有小行星、彗星、柯伊伯带、外海王星天体、理论中的奥尔特云、行星间的尘埃、气体和粒子等行星际物质。太阳系各大天体在引力作用下围绕太阳旋转，同时，太阳又带着太阳系的所有天体围绕银河系的中心运动。

太阳

图 2-3　太阳系在银河系中的位置

银河系是一个漩涡星系，直径约 10 万光年，包含 2 000 亿至 4 000 亿颗星。太阳是其中较典型的恒星，距星系中心 25 000 ~ 28 000 光年。太阳系移动速度约每秒 220 km，约 22 600 万年绕星系中心运行一周。

2.2.1　太阳

太阳是位于太阳系中心的恒星，如图 2-4 所示。人类对太阳的观测可以追溯至公元前 2 000 多年，在古代典籍《尚书·胤征》中记载了大约发生在夏代仲康时期的一次日食。太阳的直径是地球直径的 109 倍，其质量是地球的 33 万倍，是充满着等离子体和磁场的球体。从化学组成来看，太阳质量的 3/4 是氢，剩下的几乎都是氦。

图 2-4　太阳

太阳的内部结构分为三层 —— 核心、辐射区、对流区，各层之间并不具有清晰的界限，最中心是太阳的核心，在此产生核聚变反应，核心产生的电磁辐射穿过中间层的辐射区，电磁辐射的光子在该区域被等离子体中的离子不断吸收与发射，之后再向外穿过对流区到达光球层。光球层是太阳的可见表面，其厚度大约有 100 km，这也是肉眼可观测到的部分。我们通过望远镜看到的太阳黑子就在光球层上。黑子是太阳表面温度较低的区域，其在周围明亮炽热的环境对比下呈现暗色。作为可见光表面的光球层只是相当于太阳的"地面"，在此之上太阳大气层的结构还包括温度极小区、色球层、过渡层、日冕和太阳圈，温度自下向上逐层递增，磁场作用可能是温度升高的主要原因。太阳的磁场十分活跃，并且以大约 11 年为周期反转方向。由于其活跃的磁场，导致了太阳黑子、太阳耀斑、日冕物质抛射、日珥、太阳风等一系列太阳活动的产生。这些太阳活动对地球会造成一定的影响，包括在高纬度地区形成极光，扰乱无线电通信和电力系统、影响航天任务等。

太阳已经存在了 46 亿年，目前正处于恒星生命周期中最稳定的主序星阶段，但是这种稳定状态不会一直持续下去，由于太阳的质量相对较小，不足以达到爆发为超新星的条件，因此在主序星阶段结束后将进入红巨星阶段，太阳将持续膨胀，吞没内侧的水星和金星，最外层甚至能到达地球轨道，届时，地球即使不被吞没，剩下的也只是一个没有任何生命的世界。在红巨星耗尽核反应燃料后，太阳将向内塌缩成一颗致密的白矮星，散发出白色的光芒，这是太阳的晚年。在此之后，白矮星将逐渐冷却成为一颗冰冷枯寂的黑矮星，这段时间大约要 300 亿年。宇宙自诞生至今只有约 140 亿年，还不足以让白矮星完成这一冷却的过程，但这是太阳最终的演化方向。

2.2.2 类地行星

1）水星

水星是太阳系中最靠近太阳的行星，如图 2-5 所示，其没有天然卫星，在古代被称为"辰星"。水星是八大行星中最小的一颗，具有最小的轨道倾角，同时也拥有最大的轨道偏心率。水星的自转方向与公转方向相同，其自转周期约为 58 个地球日，而其公转周期约为 88 个地球日。它也是唯一与太阳轨道共振的行星，水星每公转两周的时间与自转三周的时间几乎是一样的，而这种轨道耦合造成了水星上两次日出间隔约为 176 个地球日，这也就意味着"1 水星日＝2 地球年"。水星的赤道面与轨道面重合，换言之，水星的自转轴是垂直的，这就造成了水星上没有四季变化。

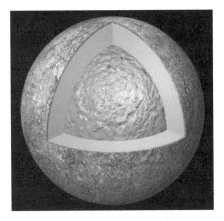

图 2-5　水星剖面示意图

虽然被称作"水星"，但实际上水星没有水，且表面环境极其恶劣，由于水星质量太小，逃逸速度不到地球的一半，气体很容易逃逸至宇宙空间，导致其表面大气极其稀薄。因缺少大气和水的调节，水星表面昼夜温差巨大，日间赤道地区温度可达到 400 °C 以上，而夜间可降至 -170 °C 以下，有着其他行星不具备的剧烈温度变化。水星表面与月球很相似，遍布着数量众多的撞击坑，大小各异，既有小型的碗状环形山，也有直径相当于水星直径四分之一的巨大盆地。水星含有丰富的铁元素，密度极高，内部有一个巨大的铁核，磁场强度约是地球的 1%。

因为水星的轨道位于地球的内侧（金星也一样），所以一般只有在清晨或者黄昏的时候才会出现，在夜晚是无法看见水星的，但在特殊情况下如发生日全食时也能看到它。由于水星太靠近太阳，因此比金星更加难以看见。每个世纪水星有 13 次会正好从太阳和地球之间穿过，此时在地球上可观测到"水星凌日"的天文现象。

2）金星

金星是太阳系中最亮的一颗行星，如图 2-6 所示，其没有天然卫星，中国古有"太白""启明""长庚"之称，而西方将其称为 Venus（维纳斯）—— 爱与美的女神。金星绕太阳公转的轨道是所有行星中偏心率最小的，几乎是一个圆形，它的自转与太阳系内大多数行星不同，是自东向西转的，因此在金星上能看到太阳西升东落。另外金星的自转也是所有行星中最慢的，自转一周大约需要 243 个地球日。金星的大小、质量、体积等均与地球相似，所以经常被称为地球的姊妹星。然而，它在其他方面与地球有明显的不同：它有着四颗类地行星中最浓厚的大气层，其中超过 96% 都是二氧化碳，还含有少量硫酸液滴，表面的大气压力是地球的 92 倍。如此浓厚的大气导致金星的温室效应极其显著，其表面的平均温度可达 475 ℃，是太阳系中最热的行星，比最靠近太阳的水星的温度还要高。

图 2-6　金星

金星表面被一层高反射、不透明的硫酸云覆盖着，这也是金星看上去如此明亮的原因，浓厚的硫酸云层让 80% 的阳光无法抵达星球表面，剩下 20% 的阳光一部分又照射到表面岩石上，然后以红外辐射的形式释放出来，而这些红外辐射又被二氧化碳吸收，继续给星球升温。

虽然金星与地球的质量和体积都很接近，但因为金星上恶劣的环境，探测器难以开展着陆探测，无法获取金星的内部结构数据。但是其与地球相似的大小和密度显示它与地球有着相似的内部结构：有一个金属内核，并且和地核一样有固态的内区与熔融的外区。与地球相比，金星的自转速度极其缓慢，不足以让金属内核熔融的外区产生循环流动，而这是产生磁场的条件，因此金星没有可探测的磁场，这是与地球截然不同的地方。研究探测器返回的数据发现，金星表面也存在数百个撞击坑，其数量比水星和月球要少得多，这是由于被表面的火山活动造成的地表运动抹去了。

3）火星

火星呈红色，荧光像火，在天空中的运动有时从西向东，有时从东向西，令人迷惑，因此在中国古代称其为"荧惑"，有"荧荧火光，离离乱惑"之意，而其英文名称 Mars 则来源于罗马神话中的战神玛尔斯，如图 2-7 所示。火星是地球的近邻，其物理和化学性质是太阳系中与地球最相似的。其半径约为地球的一半，质量为地球的 11%，体积为地球的 15%，是一颗小型行星，有着明显的火星壳、幔、核。火星的自转轴倾角与地球接近，因此在一个公转周期内火星上也有四季的变化。

图 2-7　火星

在地球上可用肉眼看见火星，其亮度只比金星、月球和太阳暗，但在大部分时间里比木星暗。火星大气十分稀薄，主要以二氧化碳为主，其表面特征类似于地球上的山谷、沙漠和极地冰盖。火星在视觉上呈现为橘红色，主要原因是火星表面广泛分布的氧化铁造成的，它使火星呈现出红色的外观，在肉眼可见的天体中独具一格。火星地表沙丘、砾石遍布且没有稳定的液态水，火星南半球是充满陨石坑的高地，北半球则是平原。

火星大气层相对较薄，平均地表气压只有 600 Pa，约为地球表面气压的 0.6%，相当于从地球表面算起 35 km 高处的气压，如此低的气压使声音传播的距离只有地球上的 1.5%。随着季节的变化，火星气压变化可达 20%。火星大气层按高度可分为低层大气、中层大气、上层大气和外气层。其中：低层大气由于气悬微尘与地表热的原因而相对温暖；中层大气存在高速气流；上层大气温度很高，大气分子也不再像下层那样分布均匀；外气层高度在 200 km 以上，大气渐渐过渡到太空，无明显外层边界。

　　火星有两个天然卫星 —— 火卫一和火卫二，形状不规则，表面布满撞击坑，二者均在环绕火星的近圆轨道上运行。与月球相似，这两颗卫星都被火星潮汐锁定，因此有一面一直对着火星。火卫二以半轴长为 23 500 km 的轨道环绕火星，但火卫一与火星的平均距离仅有 9 380 km，而且据观测这一距离还在缩小。火卫一和火卫二可能是捕获的小行星，但新的研究认为可能是撞击事件或原本的卫星被火星潮汐力拉碎后，由散布轨道上的岩屑再度吸积而形成。

2.2.3　类木行星

1）木星

　　木星是太阳系中体积最大、质量最大的行星，如图 2-8 所示。中国古代也称之为岁星，到西汉时期，中国史学家、天文学家司马迁观测到岁星为青色，与五行学说相联系，将其命名为木星。木星的英文名称 Jupiter 来源于罗马神话中的主神朱庇特。木星是一颗气态行星，它的质量几乎相当于其他 7 颗行星总和的 2.5 倍，相当于 1 300 个地球。这颗行星也拥有整个太阳系最为庞大的卫星群。木星轨道呈椭圆形，其自转速度是所有行星中最快的，高速的自转将赤道地区的物质朝外抛去，由此造成了木星赤道隆起、两极略扁的外形。木星拥有所有行星中最强大的磁场，其强度大约是地球的两万倍，对木星周围的空间环境影响十分强烈，这也是木星探测器需要面对的一个难题。

图 2-8　木星

木星的主要组分是所有行星中最接近太阳的,其外部的氢、氦呈气态,温度大约在 −110 °C,在更靠近中心的地方压力、密度以及温度均有所上升,氢、氦的物态也随之发生改变。木星上没有明显的季节,因为内部的加热效应,极区与赤道温度相近,整个星球温度几乎是均匀的。木星最为人所知的是其表面的大红斑,其本质是一片巨大的高压风暴,最早可能在 340 多年前就被人从地球上观测到了。众所周知,土星有太阳系中最美丽的光环,实际上木星也是有环的。"旅行者 1 号"探测器在 1979 年拍摄的一张照片中首次揭示了木星的环系统,据研究分析,这道薄且暗淡的环系是由木星的 4 颗内层卫星掉落的颗粒组成,颗粒尺度与尘埃相当。

目前发现的木星的卫星已有 79 颗,分为三类:4 颗内层卫星,4 颗伽利略卫星,以及其余的小型外层卫星。内层卫星以及伽利略卫星的公转方向与木星的自转方向相同,从木星北极上方看去呈逆时针运行,但是大多数外层卫星却以相反的方向运行,这表明这些卫星可能起源于一颗被木星引力俘获并发生瓦解的小行星。

2) 土星

土星是太阳系中第二大的行星,中国古代又称之为填星或镇星,如图 2-9 所示。土星也是中国古人将肉眼观测到的颜色与五行学说相结合(木青、金白、火赤、水黑、土黄)来命名的。在其他语言中,土星的名称来自希腊/罗马神话传说。通常情况下,土星是肉眼可见的最遥远的行星。土星是一个由气体和液体组成的巨大球体,赤道区域隆起,主要成分为氢和氦,以气、液两态存在,密度是所有行星中最小的,甚至比水的密度还要小。

图 2-9 土星

虽然土星看上去远不如木星明亮,但它却拥有太阳系中最显著、最漂亮的光环，虽然类木行星都拥有环系，但是像土星这样美丽且巨大的光环却是独一无二的。土星的可见光环是太阳系中最宽、质量最大的，同时也是最壮观的。从地球上看去，它是一个环绕土星的物质盘，外观随土星位置的变化而发生改变。土星光环由大量环绕土星运行的碎石块、水冰团块等组成，每个碎块的形态从尘埃颗粒到数米的砾石不等，它们具有很高的反射率，这也是土星光环如此明亮且易被观测的原因。

土星的大气看上去是浅黄的云层，有着深浅不一、与土星赤道平行的柔和条纹。大气的温度随着高度的升高而降低，由于不同物质在不同温度下的形态不同，这种大气的温度变化造成了不同高度云层的成分不一样。

土星也拥有一个庞大的卫星群，具体数量目前还不明确，但已经发现的卫星数量在 60 颗以上。土星的卫星分为三类。第一类是较大的球形卫星，也就是大型卫星。第二类是内层卫星，体积较小，形状不规则。这两类卫星的轨道位于环系之内或者外部。第三类卫星距离前两类较远，轨道距离土星最远超过 2.5×10^7 km，这些不规则的卫星很小，直径只有几千米到几十千米，轨道倾角较大，这意味着它们可能是被土星引力俘获而来的天体。从地球上看去，土星的卫星只是一个个光斑，但"旅行者号"和"卡西尼号"探测器传回的数据揭示了其部分卫星的特点。

3）天王星

天王星是太阳系中第三大的行星，外观呈浅蓝色，如图 2-10 所示，是由行星低温大气中的甲烷冰云团吸收入射阳光中的红光所致。天王星公转一周需要 84 地球年，自转轴倾角接近 98°，长周期轨道加上极端的倾角使天王星上也有季节的变化，其两极交替指向太阳，以约 21 年为一个周期。由于天王星距离太阳很远，因此其接收到的太阳光强度只有地球的 0.25%。天王星的直径是地球的 4 倍，但其质量只是地球的 14.5 倍，因此其密度小于地球，其主要由水冰、甲烷冰以及氨冰组成，周围环绕着气态大气层。天王星没有固态表面，可观测到的表面是它的大气，其下一层由水和冰组成，水与冰层环绕着一个小型的岩石核心。

天王星也是一颗具有光环的行星，拥有 11 道光环，与行星的距离为 12 400 ～ 25 600 km，光环彼此之间相距甚远，每道光环的宽度也很窄，因此环缝比光环还要宽，除了内环与外环之外，其他光环宽度都是在 1 km 到 13 km 之间，所有光环的厚度均在 15 km 以内。光环主要由炭黑色的富碳物质组成，这些物质块的直径从几厘米到几米不等，其间还充斥着尘埃颗粒。

图 2–10　天王星

　　天王星同样拥有卫星群,现在已知的有 27 颗,其卫星也可分为三类:小型内层卫星,在常规轨道上运行的 5 颗大型行星,还有很多在逆向轨道上运行的小型外围卫星。目前获取的卫星相关数据和影像都是"旅行者 2 号"探测器在飞越天王星期间获得的,这些信息表明天王星的大型卫星都是致密的暗色岩石星球,有着冰封的地表,其上存在陨击坑、裂缝、火山、水冰流等。

　　4)海王星

　　海王星是 4 颗类木行星中体积最小、温度最低,也是距离太阳最远的一颗,如图 2–11 所示。它是在 1846 年被发现的,迄今只有"旅行者 2 号"探测器到访过这颗遥远的行星,获取了第一批特写影像。海王星的轨道偏心率仅比金星大,也是接近正圆的椭圆轨道,其公转周期长达 165 地球年,这就意味着从被发现

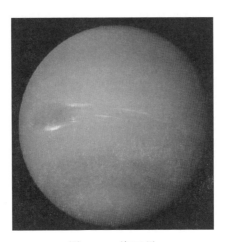

图 2–11　海王星

以来刚绕太阳运行一周。海王星的大小、结构与天王星类似，没有固态表面，主要成分是水冰、氨冰以及甲烷冰的混合物。海王星自转速度很快，自转一周约16 小时，因此像木星一样，其赤道区域存在隆起，它的极地直径要比赤道直径小 848 km。

海王星在公转轨道运行时，南北两极交替指向太阳，虽然是距离太阳最远的行星，但是依然受到太阳光线的影响，因此在海王星上也存在季节的变化。海王星绕太阳运行轨道半长轴约为 30.07AU，大气异常活跃，"旅行者 2 号"探测器返回的结果表明，海王星具有太阳系中最强的风力，存在庞大的风暴以及超高速的风。科学家分析，海王星接收到的太阳辐射热量不足以驱动其上的大气，可能是海王星内部具有热源，其加热作用造成了大气的剧烈变化加热。

海王星也具有光环系统，其外环极其稀薄，内部有 3 片致密区域。目前海王星拥有 14 颗天然卫星，但只有海卫一具有足够的质量成为球体，其他的卫星都很小，依照与海王星的距离比海卫一近或者远，可以被分为内层或外层卫星，其中 6 颗卫星是 1989 年通过分析"旅行者 2 号"的数据发现的。

2.2.4　矮行星

矮行星是太阳系中体积介于行星和小行星之间的一类特殊天体，自冥王星被归类为矮行星后，矮行星也被称为类冥行星。2006 年 8 月 24 日，在第 26 届国际天文学联合会大会上确定了矮行星的定义，但是目前针对给出的定义仍然存在一定的争议。一般来说，天体被划分为矮行星需要具备以下三个条件：

(1) 在围绕太阳的轨道上运行，不是另外某一天体的卫星；

(2) 具有一定的质量，能够达到流体静力平衡的状态（接近球体）；

(3) 没有完全清除轨道附近的小天体。

冥王星自 1930 年被发现后，一直被当作太阳系的第九大行星，如图 2-12 所示，但是随着对柯伊伯带研究的深入，发现了一些质量与冥王星相当的天体，并且于 2005 年发现了阋神星，其质量比冥王星大 27%。由此引发了天文学界对行星定义的讨论，最终国际天文联合会认为冥王星仅仅是外太阳系众多较大天体之一，于是重新定义了太阳系天体类型，将冥王星归于矮行星一类。

冥王星距离地球约 6×10^9 km，公转轨道与黄道面存在 17° 的倾角，目前已知拥有 5 颗卫星。目前仅有美国的"新视野号"探测器携带仪器对其进行了探测[18]。由于距地球过于遥远，虽然人类观测手段有了很大进步，但至今对冥王星仍知之甚少。冥王星是第一个被发现的柯伊伯带中的天体[19]，也是目前已知的太阳系中体积最大、质量第二大（仅次于阋神星）的矮行星，但其质量仅有

图 2-12　冥王星

月球的六分之一，主要由岩石和冰构成。

　　谷神星曾被认为是太阳系内最大的小行星，如图 2-13 所示，2006 年被重新定义为矮行星，这是在海土星轨道内唯一被定义为矮行星的天体，也是目前最小的矮行星，它位于火星和木星间的主小行星带中，公转周期约为 4.6 地球年。在"黎明号"探测器传回的影像中发现，谷神星表面有白色亮点，据研究人员分析，这些白色亮点可能是水冰物质，由此推测在表面下方可能存在冰冻水层。

图 2-13　谷神星

　　阋神星是目前已知的第二大矮行星，至今还没有探测器到访过，其公转周期约为 557 地球年。在发现阋神星后，研究人员在地面用光谱仪对其进行观测，发现其表面有甲烷冰的存在。这一发现表明阋神星可能和冥王星有相似的表面，这也从侧面证实了冥王星应该归类于矮行星。阋神星还拥有一颗名为"迪丝诺美亚"的卫星阋卫一。其他矮行星还有妊神星、鸟神星等。

2.2.5　小天体

根据第 26 届国际天文学联合会大会的最新标准，太阳系中的天体被归类为行星、矮行星以及太阳系小天体三类[20]。一般将比行星小而又不属于矮行星且绕太阳运行的天体统称为小天体，一般来说，小天体包括小行星、彗星以及流星体。考虑到探测的可达性，这里主要介绍小行星和彗星。

小行星是太阳系中体积和质量比行星小得多的天体，它像行星一样环绕太阳运动，迄今为止，在太阳系中已发现约 127 万颗小行星，但这可能仅是太阳系所有小行星中的一小部分。天文学家认为，小行星是太阳系形成过程中的残留物质，带有太阳系早期演化的物质信息，是太阳系演化过程的"活化石"，探测小行星对于研究太阳系的起源有着重要的意义。按照在太阳系中的位置，小行星主要分为近地小行星、主带小行星、特洛伊群小行星以及柯伊柏带小行星，如图 2-14 所示。

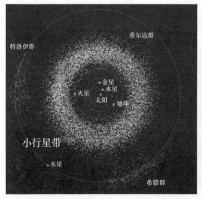
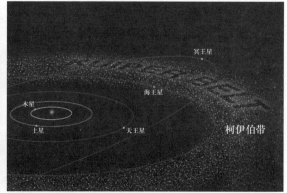

图 2-14　小行星分布

近地小行星是指轨道与地球相交的小行星，这类小行星存在撞击地球的风险，是小行星防御的重点目标；但是相对来说，这类小天体距离地球近，也更容易被人类探测。目前人类发现的大约有 17 万颗近地小行星，其中有 7 000 多颗被列为危险小行星 —— 直径超过 140 m，与地球最小距离不足 0.05AU。主带小行星是位于火星和木星轨道之间、距离太阳 2～4AU 的小行星。大多数小行星都集中在这个区域，所以被称为主小行星带。虽然该区域小行星数目众多，但整个主带区域依旧是十分空旷的，如果不是特意选定目标，探测器在飞过时很难观测到该区域内的小行星。特洛伊群小行星是位于木星拉格朗日 L4、L5 点且与木星共用轨道,一起绕着太阳运行的小行星。柯伊柏带在海王星轨道之外。据分析该区域天体可能是在绕日运动过程中发生碰撞,互相吸引所形成的,是太阳系大多数彗星的起源之地,但是其复杂结构和起源仍然是个未解之谜。

灶神星是被发现的第四颗小行星,也是主带质量最大的小行星,如图 2-15 所示,其表面可反射 42%的阳光,这使其成为唯一一颗可以用肉眼观测到的小行星。在灶神星南极附近有两个巨大的撞击坑,据推测曾经发生过剧烈碰撞。"黎明号"探测器曾环绕灶神星运行,获取了许多近距离影像和数据,发现灶神星表面遍布环形山,拥有沿赤道分布的沟槽,据分析可能是由南极撞击事件产生的。

图 2-15 灶神星

爱神星是一颗形状不规则的近地小行星,也是第一颗有探测器环绕并着陆的小行星,如图 2-16 所示,NEAR 探测器在环绕 363 天后着陆在其表面,获取了大量影像和数据。由返回的数据分析发现,爱神星富含硅元素,并且具有较高的反射率,表面覆盖着尘埃和岩石碎片,其重力场强度大约是地球的两千分之一。

彗星,也就是俗称的扫把星,在古代被认为是晦气的象征。它由彗核、彗发和彗尾组成。彗核由松散的冰、尘埃和小岩石构成,直径从数百米到数万米不等,可以将其称为太空中的"脏雪球"。当彗星接近太阳时会因为太阳的加热作用而释放出气体,对外呈现出巨大稀薄的大气层,也就是彗发,彗发直径可能有数千公里到数百万公里,甚至有时候比太阳还大。彗尾是由彗发受到太阳风和太阳辐射压的作用,气体逸向背向太阳的方向而产生的,长度甚至可以达到数千万公里。彗星的形状和亮度会随着与太阳距离的不同而改变,当其穿越

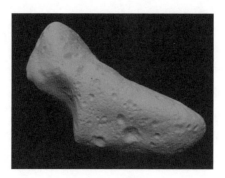

图 2-16　爱神星

内太阳系时，彗发和彗尾都会被照亮，尘埃会直接反射太阳光，而气体会因为离子化而发光。

彗星通常以轨道周期的长短来分类。短周期轨道彗星的运行方向与行星绕太阳运行方向一样，与太阳的距离一般不会超过木星轨道，这类彗星在太阳风的作用下很快便会损耗掉。中等周期轨道彗星一般在 20 ～ 200 年。长周期轨道彗星短则几百年，长的甚至有百万年。大多数彗星的轨道都是细长的椭圆形，其轨道周期一般都较长。据推测，在太阳系边缘存在数十亿颗彗星，但由于距离太远，几乎观测不到，只有足够接近太阳，激发出彗发、彗尾，才能被人们所发现。

哈雷彗星是最典型也是最广为人知的短周期彗星，如图 2-17 所示，其轨道周期大约为 76 年，是人一生中唯一可能看见两次的彗星，哈雷彗星上一次回归

图 2-17　哈雷彗星

是在 1986 年，而下一次回归将在 2061 年。轨道分析表明，在历史上哈雷彗星曾有 30 次记录，已知最早的记录出自《史记·秦始皇本纪》："秦始皇七年，彗星先出东方，见北方，五月见西方······ 彗星复见西方十六日。"1986 年它回归时，曾有 5 颗探测器探测过哈雷彗星，拍摄了大量影像，发现其彗核是一个土豆状的大型"脏雪球"。

2.3 深空探测的科学目标

对于任何一个深空探测任务，首先应该明确其科学需求，确定科学目标。开展深空探测任务的科学目标主要是探索地外天体，确定其组成、研究其资源分布，为人类文明的科技发展提供服务，另外从这些古老的天体上寻找生命或水存在的痕迹，通过对比研究不同天体的特性了解天体的起源和演化规律，探索和揭示生命的由来及其在宇宙中的进化，从而研究生命、太阳系及宇宙的起源，以此揭开我们所处宇宙的更深层次的奥秘等[21]。按照深空探测任务实施的难易程度以及人类对自然天体的研究和认识过程，将科学目标分为三大类共七个方面并做逐一介绍。

第一类：遥感探测

（1）空间环境认知。获取深空探测任务过程中探测器所处空间环境的信息，主要包括行星际空间环境和目标天体周围空间环境，以此明确探测器的工作条件，同时也更加深入地了解太阳系的空间状态。

（2）物化属性与形貌测绘。确定目标天体的大小、形状等参数，基本特性（强磁场、弱引力等）和大气成分等物理、化学属性，获取天体表面形貌影像。

第二类：着陆巡视／原位探测

（3）天体构造与资源勘探。确定目标天体成分，探测氢氦能源、矿产资源等分布，作为深空探测任务资源的备用地。

（4）行星防御与地球防护。面向小行星与地球撞击的风险，采取不同的技术手段规避撞击结果，防止撞击给地球带来巨大灾害。

（5）寻找水及生命存在的证据。从山川、峡谷等地形遗迹，以及岩石成分、矿物组成等研究水存在的可能性，从侧面寻找生命存在的证据。

第三类：起源与生命探测

（6）探究宇宙深层次奥秘。主要包括黑洞、暗物质和暗能量的研究。

（7）探究起源与演化。综合已获得的科学数据，研究目标天体的形成与演化过程，从而进一步分析推测生命、太阳系和宇宙的形成与演化。

2.3.1 空间环境认知

深空环境不同于地球表面，探测器从地球出发后会遭遇更加恶劣的星际空间环境，深空探测器在太阳系空间运动会受到太阳风、强辐射环境等的影响，在到达目标天体时还会受到其自身空间环境的影响。所以空间环境探测是深空探测任务的首要目标之一。

1）行星际空间环境

广义上来说，行星际空间是指任何行星系所在的宇宙空间。对于目前深空探测来说，行星际空间指的是太阳系中围绕着太阳和行星的空间，这个区域由行星际介质主导，向外延伸至太阳系边缘，在太阳系外银河系的影响将超越太阳磁场的影响而成为主导。行星际空间内并不是完全的真空，在这空间中处处充满着星际尘埃、太阳风、银河宇宙线、热辐射、行星际磁场、小流星体等。不同的环境因素对探测器工作状态的影响不尽相同，各天体会对探测器造成轨道摄动，强烈的辐射环境不但会干扰电子设备工作而且会威胁航天员的生命，这些都是深空探测面临的巨大挑战。明确各类因素对探测器的干扰方式和作用效果有助于防护技术的研究，为后续任务提供更完善的抗干扰能力，对于延长探测器寿命有着至关重要的作用。同时由于深空探测的目标不同，探测器在行星际空间飞行所需的时间也不同，月球探测约数天，火星探测约数月，而对于其他行星来说，时长单位要以年记。针对不同探测目标的任务时长，探测器在做防护设计时需要综合考虑。对于这些空间环境因素的研究也有助于完善对太阳系的认知，促进电磁防护、热防护、轨道维持、生命保障等深空环境适应技术的发展。

其他行星空间环境与地球空间环境在类型上大同小异，探测器除了面临来自太阳和银河的常规环境外还要面临目标天体自身特有的空间环境，例如金星稠密的大气层、火星稀薄的大气与尘埃、月球的带电尘埃、木星的强磁场等。以下介绍火星空间环境与木星空间环境。

2）火星空间环境

火星空间环境主要包括高能辐射、火星大气、高速流星体等。

火星没有全球性的磁场，因此空间带电粒子辐射可以直接作用在火星表面。火星探测器在空间的位置变化过程中遇到的辐射环境有所不同，地火转移轨道和火星轨道主要的辐射来源于银河宇宙线和太阳宇宙线，前者在空间分布不均匀，后者主要取决于太阳的活动。太阳活动还会产生太阳风和太阳质子事件等，是火星探测最主要的辐射环境,一旦发生太阳爆发事件,空间高能粒子将轰击火星表面,从而影响着陆器的正常工作,甚至对未来人类登陆火星造成威胁[22]。此外,火星大气温度分布不均匀,因此运动剧烈,其表面常有尘暴产生[23]。

火星大气层稀薄,主要由二氧化碳、氮气、氩气和氧气等组成,如表2-1所示。火星的大气中充满了尘埃,着陆器在火星表面移动时会造成机械设备的磨损,太阳电池阵表面被尘埃覆盖后会降低其输出功率。火星表面的尘暴严重时会扩散到整个火星表面,这对着陆器的工作是灾难性的。

表 2-1　火星大气的主要成分及含量

主要成分	含量/%
CO_2	95.32
N_2	2.7
Ar	1.6
O_2	0.13
CO	0.07
H_2O	0.03
其他微量气体（Ne、Kr 等）	0.15

探测器在轨飞行时可能会遭遇高速流星体,这些流星体很容易使探测器受损发生故障,目前缺乏足够的研究来确定这些流星体在地火轨道间的位置,但是目前通常认为探测器遇到流星体的概率很小。

3）木星空间环境

体积和质量都十分巨大的木星有着比地球强得多的磁场环境,木星具有太阳系行星中最大和最强的磁层,它的磁矩是地球的 18 000 倍,表面磁场强度是地球的 14 倍。由于强磁场的存在,木星有一个辐射带,辐射带中的高能粒子对探测器的物理、化学性质有很大的影响,可能对探测器产生表面充放电、单粒子等效应,因此木星探测器在设计上需要在抗辐射方面进行详细的考虑。

木星由 81% 的氢,18% 的氦,微量的甲烷、水蒸气、氨气等其他气体,以及部分重元素组成。其大气层相当紊乱,木星内部的加热效应使其大气层中产生高速飓风,风速可达每小时 400 km 以上。对于考虑深层次勘探的探测器来说,穿越如此“狂暴”的大气将是一个巨大的挑战。

2.3.2　物化属性与形貌测绘

对于地外天体,首先在地面通过望远镜尽可能地获取天体信息,例如天体大小、自转周期、公转周期、光谱等。在获取到足够的信息后,深空探测器开始进行飞越探测或环绕探测,采用各类传感器、光学相机、光谱仪、数传天线等科学设备,测量大气温度、密度、成分,获取引力场、磁场等数据,获取近距离的清晰的天体表面影像,确定物理、化学属性,形成对目标天体的基本认知。分析这些数据和表面特点可以研究气候变化、磁场变化、天体地质变化等,有助于推测天体形成的原因与演化过程,例如是否受到陨石撞击、火山活动是否频繁等,而对于固态天体可根据形貌地图选择下一步就位探测的着陆区域,支持对目标天体的进一步探测[24]。

2.3.3　天体构造与资源勘探

为获得天体表面更加详细的数据,采取着陆探测的方式,直接探测天体表面地形地貌、地质特征、岩石组成等。更进一步,采集着陆区域的土壤、岩石样本,返回地球,详细分析目标天体的物质组成,以获取的数据反演天体内部结构,以此研究地质结构,分析天体内部矿物、有机物、金属等资源分布。

在太阳系各天体上含有不同种类的矿物、高价值金属、氢气、甲烷等丰富的资源,深空探测研究这些矿物成分、能源含量,加深对外太空材料的认知,研究各类资源的利用价值,发掘其使用途径[25]。由于地球资源有限,随着技术的发展,人类迈向深空的脚步会越来越远,这些天体资源可以给深空探测器提供燃料、能源等方面的支持,同时也可以供给地球使用,甚至可以作为人类移民的能源站。对于小天体而言,确定其内部组成与资源对人类研究早期的太阳系有巨大的价值。

2.3.4　行星防御与地球防护

6 000 多万年前恐龙灭绝,据推测是由一颗小行星撞击地球引起的,近代也有陨石撞击事件的发生,例如 2013 年 2 月 15 日的车里雅宾斯克事件(20 m 宽、12 000 t 的陨石以 19 m/s 的相对速度进入大气层)。目前将任何经过地球 0.05AU 范围内并且绝对星等 $H \geqslant 22$ ($H = 22$ 的近地目标直径一般为 $129 \sim 305$ m)的天体列为潜在危险目标。目前还是采用地面工程被动防御为主,随着科技的进步,为杜绝小行星撞击地球带来的灾难性后果,科研人员开展了行星防御技术的研究,主动防御小行星撞击地球。

目前行星防御技术总的可分为两类：一是直接摧毁小行星；二是改变小行星轨道，分为不受控改变与受控改变两种，前者称为偏转，只求改变小行星轨道避免撞击地球，后者称为重定向，可以按照需求人为控制小行星轨道精确改变。由于直接摧毁小行星产生的碎片不确定性太大，因此更加倾向于改变轨道这一方法。当前理论上提出的主要有两种偏转方法和五种重定向方法，介绍如下。

（1）动能撞击法：通过撞击器改变目标天体的动量，从而改变其运行轨道，该方法可能会使小行星碎成更小的具有威胁的碎片，有潜在风险，2005 年美国的"深度撞击"任务对这一方法做了验证。

（2）核爆炸偏转法：在警告时间非常短的情况下的唯一解决方案，该方法若在地球附近进行，会污染上层大气，放射性碎片会与地球相撞。

（3）引力牵引法：利用小行星和探测器之间的引力，在长时间作用下改变其轨道。

（4）离子束法：使用喷射羽流推动目标天体，该方法需要航天器高功率、多燃料以及高精度的位置姿态控制。

（5）拖船法：与《流浪地球》影片中的情节类似，在小行星上安装推进器改变其轨道。

（6）激光升华法：收集太阳光或使用激光照射天体表面物质，使其在逃逸速度下蒸发或溅射，起到推进器的作用，该方法对于某些混合物质以及快速旋转或金属目标无效。

（7）质量驱动法：以高速喷射小行星表面物质，改变其动量，从而达到改变轨道的目的。

这些行星防御方法基本都处于理论研究阶段，在进入实际验证阶段前还需要分析小天体的内部结构、成分、表面属性、物理特性等，这些都需要通过执行深空探测任务来获取。开展深空探测有助于行星防御技术的发展与验证，增进对于近地小天体对地球影响的理解，为人类争取足够的时间采取措施来应对近地小行星的威胁。在此过程中，也可以进行深空载人生命保障、探测器强辐射屏蔽、深空高效率通信等前沿技术的验证，为深空探测领域的后续发展奠定基础。

2.3.5 寻找水及生命存在的证据

水是生命之源，是地球生物存在的必需元素。长久以来，人类都想知道除地球外，在其他星球上有生命吗？为了寻找水存在的证据，可以从四个方面进行分析：首先是通过仪器直接探测水的存在；其次可以研究天体表面的地形地貌、山川走势、裂缝峡谷等，寻找曾经被水冲刷的痕迹；再次可以分析岩石组分和结构外形，由此推测岩石生成的环境，从而确定是否有水存在过；最后可以分析矿物成分，有些矿物只有在有水的条件下才能生成，这也可以作为是否有水存在过的证据[26−27]。如果天体远古时期存在过水，那么可能也会有生命存在，二者互相为对方提供线索。

生命探测一直以来都是一个难题，需要各方条件的配合，例如是否有足够的水、是否存在生命组成的无机和有机物质、天体环境是否达到过生命存活的最低要求等。直接寻找生命存在的证据十分艰难，或许在某颗行星地下存在生命活动的痕迹，但被岩石沙土掩埋，甚至在时间的作用下已经消失殆尽。但是我们可以分析大气成分的变化，例如大气中含有甲烷可能就是生命存在过的证据，如果能发现生命存在的证据，那也从侧面印证了可能有水的存在。针对寻找水和生命存在的证据这一问题，深空探测领域还有很长的路要走，这也是未来深空探测任务的一个重要科学目标。

2.3.6　探究宇宙深层次奥秘

为了了解宇宙运行的机理，寻找宇宙膨胀的原因，推演宇宙最终的结局，我们需要探测和研究黑洞、暗物质与暗能量。

1）黑洞

黑洞可以说是宇宙中最神秘的天体（如图 2-18 所示），其巨大的引力会吞噬行星、恒星甚至是整个星系，就连光也无法幸免。黑洞曾经是科幻小说中虚构出来的东西，但现在我们发现黑洞是真实存在的，虽然我们并没有接触过黑洞，但是有足够的证据证明它们就存在于宇宙中。

图 2-18　黑洞

1916 年，德国天文学家卡尔·史瓦西通过计算发现，如果有大量物质集中在空间一点，那在这个质点周围会产生一个界面，一旦进入这个界面，任何物质都无法逃离，即便是光也不例外。这个界面被称作"视界"，而这种"不可思议的天体"被美国物理学家约翰·阿奇博尔德·惠勒命名为"黑洞"，黑洞是时空曲率大到光都无法从其事件视界逃脱的天体。

研究发现，黑洞是大质量恒星晚期演化阶段最终坍缩后形成的天体，当恒星演化至晚期时，其热核反应的燃料几乎耗尽，产生的能量越来越少，没有足够的力量承担外壳巨大的质量。当恒星的核聚变反应燃料耗尽后，如果此时它的质量超过奥本海默极限（稳定中子星的质量上限），其内部中子结构的抗拒力将抵不住引力的坍缩，从而中子星在自身引力的挤压下将被碾得粉碎，最终形成黑洞。黑洞无时无刻不在吞噬着周围的一切，它在吞噬周围气体时会产生辐射，这一过程也被称为吸积。黑洞除了吸积物质之外，还通过霍金蒸发过程向外辐射粒子。

根据黑洞本身的物理特性（质量、角动量、电荷等），可以将黑洞分为以下五类：

（1）不旋转不带电荷的黑洞：其时空结构于 1916 年由史瓦西求出，称为史瓦西黑洞；

（2）不旋转带电黑洞：其时空结构于 1916—1918 年由赖斯纳（Reissner）和纳自敦（Nordstrom）求出，称为 R–N 黑洞；

（3）旋转不带电黑洞：其时空结构由克尔于 1963 年求出，称为克尔黑洞；

（4）一般黑洞：其时空结构于 1965 年由纽曼求出，称为克尔－纽曼黑洞；

（5）双星黑洞：与其他黑洞彼此之间相互绕转的黑洞。

任何物质或辐射到达黑洞边缘，越过它的视界就永远消失了。在黑洞的奇点附近，现有的任何物理定律都是不适用的。黑洞的奇点和我们现已认识的宇宙中的所有物质状态截然不同。到目前为止，还没有任何科学方法能用来测量黑洞。现在找到的黑洞都是通过间接途径推算出来的。

有产生就会有毁灭，目前人类还没有观测到黑洞的毁灭，但是根据霍金的黑洞蒸发理论，每个黑洞都具有一定的温度，质量越大的黑洞温度越低，它的蒸发也比较微弱，质量越小则温度越高，蒸发也更加剧烈。相当于一个太阳质量的黑洞，大约要 1×10^{66} 年才能蒸发殆尽，而相当于一颗小行星质量的黑洞则会在 1×10^{-21} s 内蒸发殆尽。当黑洞质量损失减少，其温度也会随之升高，因此质量损失得更快。对于小质量黑洞来说，这个过程会越来越快，直到黑洞爆炸。黑洞质量越大，其存在的时间越长，大质量黑洞或许会一直存在，直到宇宙的终结。

2) 暗物质

在了解暗物质之前，首先需要了解宇宙的膨胀。早在 1912 年，施里弗获得了河外星系的光谱，结果发现许多光谱都具有多普勒红移，这也就意味着这些星系在远离我们（反之为蓝移）。1929 年，哈勃通过对视向速度与距离之间关系的研究发现河外星系视向退行速度与距离成正比，距离我们越远的星系远离我们的速度就越快，哈勃发现了宇宙的膨胀。从表面上看，膨胀的宇宙一切都在远离我们。这是否意味着我们就是宇宙的中心？为什么距离我们越远的星系退行速度越大？

在这里需要对宇宙的"葡萄干面包模型"进行介绍。葡萄干面包在烘烤之前，生面团中随机分布着若干的葡萄干。"面团"就是我们的宇宙，"葡萄干"就是宇宙中的星系。当"面团"受热膨胀，它均匀地变为原本体积的数倍，在膨胀时"葡萄干"随着"面团"一起运动，"葡萄干"都在彼此远离，从任何一个"葡萄干"来看，其他的"葡萄干"都在远离自己，这就造成了每个"葡萄干"都是中心的假象，假设"面团"最终的直径变为原来的 5 倍，那么原本 1 cm 的距离变为 5 cm、2 cm 的距离变为 10 cm …… 以此类推，在相同时间内，距离越远的"葡萄干"远离的速度就越快，这也就对之前的两个问题做出了解释。

对上述的"葡萄干面包模型"仔细分析会发现宇宙的另一个特性，"葡萄干"是随着"面团"一起运动的，而不是自主地在"面团"中穿行。也就是说，星系随着空间的膨胀在运动。然而在宇宙的膨胀中，星系团中星系彼此间的引力作用强大到可以抵抗膨胀造成的分离，使这些星系依旧可以聚集在一起。超星系团的引力束缚比其内部的星系团成员更加松散，部分融入了宇宙的膨胀，但是由于引力的拖曳，星系团的运动速度比整体的膨胀速度要低。

在 20 世纪 70 年代，上述的宇宙膨胀模型遇到了挑战，天文学家发现星系团中包含的物质所产生的力量不足以在维持自身稳定的同时抵抗宇宙的膨胀，星系团中必须包含更多的物质。天文学家通过对星系团中成员星系的红移测量，将每个星系的运动数值和星系团的平均运动数值做比较，发现星系团中的成员星系并没有彼此远离，这与宇宙的膨胀模型不符。天文学家开始严格估算星系团中每个星系所包含的恒星数目，结果证明宇宙中一定还有大量探测不到的物质存在，这就是我们现在所说的暗物质。20 世纪 80 年代出现了一大批支持暗物质存在的观测证据，包括观测背景星系团时的引力透镜效应、星系和星团中炽热气体的温度分布以及宇宙微波背景辐射的各向异性等。暗物质存在这一理论已逐渐被天文学和宇宙学界广泛认可。

虽然科学界已经广泛认可了暗物质的存在，但是人们对它的了解还很少。暗物质参与引力作用，所以是有质量的，但是单个暗物质粒子的质量目前还不确定。暗物质是高度稳定的，不参与电磁相互作用，也不参与强相互作用。暗物质粒子不与光发生作用，也不会发光，普通的光学观测无法发现它的踪迹。

为了探寻暗物质到底是什么，目前的探测手段主要分为三种：一是直接探测，直接寻找暗物质粒子与普通原子核碰撞所产生的信号，但是这种碰撞概率很小，并且产生的信号较为微弱，所以探测器一般要放在很深的地下；二是间接探测，根据已建立的暗物质理论模型，寻找其自身衰变或相互作用所产生的稳定高能粒子，从侧面证明有暗物质；三是在大型质子对撞机中将两束高能粒子对撞产生暗物质粒子，称为"加速器探测"。

2015 年 12 月 17 日 8 时 12 分，在酒泉卫星发射中心，我国发射了目前世界上观测能段范围最宽、能量分辨率最优的暗物质粒子探测卫星——"悟空"，超过国际上所有同类探测器。为了寻找暗物质存在的证据，该探测器开展了高能电子及高能伽马射线探测任务，研究暗物质特性与空间分布规律。2017 年 11 月 30 日，国际权威学术期刊《自然》在线发表，暗物质粒子探测卫星"悟空"有充分的数据表明发现了电子宇宙射线的一处异常波动。而这一波动此前从未被探测到，其可能与暗物质相关，这也意味着中国科学家取得一项开创性发现。

3）暗能量

比起看不见、摸不着的暗物质，暗能量更加神秘莫测。通过上文对暗物质的介绍，我们知道宇宙在膨胀，在宇宙大尺度上，不管是普通物质、反物质，还是暗物质，引力才是第一作用力，物体间只会相互吸引，从长期来看，宇宙的膨胀会逐渐减慢，甚至最终走向坍缩。但在 1998 年，美国两个独立研究团队通过研究超新星，发现宇宙正在加速膨胀，而人类已知的一切存在都不可能让整个宇宙加速膨胀。为解释这一现象，物理学家们引入一种全新的神秘的宇宙力量，美国物理学家、宇宙学家迈克尔·特纳将这一神秘力量正式命名为暗能量（dark energy）。

暗能量的源头可以追溯到百年前科学巨匠爱因斯坦身上，当初他在提出广义相对论的时候导出了一组引力方程式，该方程式的结果预示着宇宙在做永恒的运动，那时物理学界普遍认为宇宙整体是静态稳定的，既不膨胀也不收缩，于是为了维持宇宙的静态，爱因斯坦在其引力方程式中引入了宇宙常数 Λ：

$$R_{\mu v} - \frac{1}{2}Rg_{\mu v} + \Lambda g_{\mu v} = \frac{8\pi G}{c^4}T_{\mu v} \tag{2-1}$$

方程左边是对时空几何的表述，右边是对物质 – 能量分布的表述。这一做法后来被哈勃否定掉了，经过仔细的测量，哈勃发现宇宙正在膨胀，彻底推翻了宇宙是静态稳定的这一看法，爱因斯坦也因此在方程中删去了这一项。

有趣的是，在发现宇宙在加速膨胀后，现代物理学家们意识到宇宙中存在一种产生"斥力"的东西，于是又将这一宇宙常数添回来了，但这一次它在方程的右边，代表了宇宙的膨胀力量，此后这一宇宙常数就被赋予了"暗能量"的含义。按照大爆炸理论和量子场论，暗能量产生于真空涨落，是一种真空能，真空不空，具有能量，是物质存在的一种状态，应该属于引力场方程物质 – 能量的一部分。

美国太空网研究表明，神秘的暗能量几乎能确定存在，尽管有些天文学家仍然存在质疑。暗能量被认为是宇宙加速膨胀的幕后推手。在经过两年的研究后，一支国际科研小组总结称，暗能量存在的可能性达到 99.996%，但对暗能量究竟是什么，仍知之甚少。

在几乎确定了暗能量的存在后，我们迫切想要知道的是：它究竟存在于宇宙的何处？它在宇宙中又存在多少？暗能量在宇宙中的分布是均匀的，它存在于宇宙的任何一处，无论是在地球上还是在 100 亿光年外的星系里，它的密度都一样。既然能够让整个宇宙都在膨胀，那么暗能量到底占据多大比重？根据 2013 年普朗克卫星给出的结果：暗能量占 68.3%，暗物质占 26.8%，普通物质只占 4.9%。我们仰望星空，肉眼所见到的仅仅是暗能量零头的一小块区域。

围绕着暗能量，对于宇宙的未来，科学家们有着不同的看法。一种被称为"大撕裂理论"，该理论认为宇宙将被暗能量完全摧毁，如果暗能量的压力和密度比值低于 –1，它们将在有限时间内无限地扩张增长，同时暗能量可以排斥引力的作用，这会使宇宙在 167 亿年后终结于暗能量带来的大撕裂。而另一种理论认为宇宙最终会停止膨胀，在各星系引力的作用下，宇宙将会向内部坍缩，最终形成一个致密的物质团，所有的生命都将被毁灭，这个理论被称作"大坍缩理论"。2003 年 2 月，NASA 宣布了一项新发现，证实宇宙中暗能量的确存在，它将抵消宇宙星系间引力的作用，使宇宙一直不断膨胀下去，最后恒星的能量消耗殆尽，宇宙中到处是黑洞，一片死寂。

2.3.7　探究起源与演化

"四方上下曰宇，古往今来曰宙"，宇宙是时间和空间的集合体。关于宇宙的探索，自古就没有停歇，千百年来人们一直在探寻一些终极问题的答案：时间从何开始？时间有尽头吗？宇宙是什么时候形成的？太阳系又从何而来？生命是如何产生的？我们从何而来，我们又将去往何方？

对于生命、太阳系与宇宙的起源，目前有很多假说。我们无法发射一个探测器直接探测太阳系的起源与演化，目前的技术能做到的是研究太阳系中的各类天体，从外观形状、地形变化、大气变化、磁场变化、物质组成等各方面推测目标天体的形成与演化过程。综合各类天体的形成条件与演化历史，结合太阳系空间的影响因素推测太阳系的起源状态与演化过程，由小见大，从太阳系的起源与演化逐步推测宇宙的形成与演化，并在研究天体起源与演化的过程中寻找生命起源的证据。

2.3.7.1 生命的起源

1）神创说

当人类还处于蒙昧时代，最初认为生命来源于神创。在中国有女娲造人的神话，在《圣经》中有伊甸园的亚当和夏娃，在希腊神话中也有普罗米修斯给人身体、雅典娜赋予人灵魂的故事，在日本、印度等地都有各自关于神创造人类的神话传说。古时候的人类没有足够的科学知识，他们只能把生命的来源归结于自己臆想出来的神明，进而对人类从何而来做出一个看似合理的解释。

2）宇宙起源说

宇宙起源说把生命的起源推向了无边无际的宇宙，认为地球生命来源于宇宙，在远古时期某个陨石携带着"生命种子"降落在地球上，这颗"种子"在地球上生根发芽，经过漫长时间的成长与进化最终形成了今天的生命。因为宇宙中的超低温、强辐射等条件在理论上来说是无法让生命存活的，这使得宇宙起源论蒙上了一层怀疑的阴影，同时该假说对宇宙中这颗"生命种子"的起源无法解释。

3）自然发生说

自然发生说又称"无生源论"，认为生物可以随时由非生物产生。但是在1860年，法国微生物学家巴斯德设计了一个简单但令人信服的实验，彻底否定了自然发生说。他把肉汤灌进两个烧瓶里：第一个烧瓶就是普通的烧瓶，瓶口竖直朝上；而第二个烧瓶的瓶颈拉长弯曲成像天鹅颈一样。然后把肉汤煮沸、冷却。两个瓶子都没有用塞子塞住瓶口，外界的空气可以畅通无阻地与肉汤表面接触。然后将烧瓶静置，三天后，第一个烧瓶里就出现了微生物，第二个烧瓶里却没有。他把第二个瓶子继续静置，直至四年后，曲颈瓶里的肉汤仍然清澈透明，没有变质和产生微生物。巴斯德认为，肉汤中的小生物来自空气，而不是自然发生的。他的实验为科学家进一步否定"自然发生论"奠定了坚实的基础。现代生物学、化学的研究结果更加彻底地否认了自然发生论的可能性，生命的创造只能通过遗传物质的复制以及细胞的分裂过程来实现。

4）化学起源说

化学起源说将生命的起源分为以下四个阶段（米勒实验）。

（1）第一阶段：在原始地球的环境条件下，无机小分子生成有机小分子。生物学家米勒通过实验证明在原始地球的环境下，从无机小分子到有机小分子的转变是完全可行的。

（2）第二阶段：有机小分子生成生物大分子，这一过程是在原始海洋中发生的，氨基酸、核苷酸等小分子通过缩合聚合等作用形成了蛋白质、核酸等生物大分子。

（3）第三阶段：生物大分子组成多分子体系，将蛋白质、多肽、核酸和多糖等放在合适的溶液中，它们能自动地浓缩聚集为分散的球状小滴。

（4）第四阶段：多分子体系形成原始生命，这是生命起源中最复杂的阶段，这一过程也是在原始海洋中完成的，遗憾的是，由于过程太复杂，目前还不能在实验室中进行验证，这或许从侧面证明了生命的出现是个偶然。

化学起源说最能被人所接受，但是也不是所有人都这样认为。在米勒实验中，我们无法证实其所用的原始大气和原始海洋条件与真实的一致，而且 DNA 等遗传物质是需要以一定的方式进行排列的，生命的遗传信息究竟是怎样产生的，该假说并没有给出一个合理的解释。

生命的起源至今仍是一个未解之谜，人们很难窥得它的冰山一角，但是由古至今无数人为了揭开这个秘密不懈地努力过，人类也得以揭开了它面纱的一角，相信我们终有一天会知道自己来自何方。

2.3.7.2　太阳系的起源

早期宇宙形成了一大批形态各异的恒星体系，而太阳系是在宇宙时间尺度上的后期形成的。太阳系中有八大行星和 300 多颗卫星，它们都围绕太阳有序地旋转，但是起初并非如此。太阳系经历过一场漫长而激烈的演变，我们今天看到的太阳系是早期混沌状态的幸存者，一般认为行星系统是恒星形成过程的一部分，但是也有学者认为这是由于两颗恒星差一点撞击而形成的。目前最普遍的被广泛认同的太阳系起源理论被称为星云假说。距今大约 46 亿年前，在银河系猎户座悬臂的荒芜区域存在一片巨大的分子云 —— 太阳星云，星云中较密的核心部分变得太重，重心不稳定，开始分裂和崩溃坠落。一部分的重心能量变为放射的红外线，剩下的增加核心的温度，核心部分开始成为圆盘形状。当密度和温度都足够高时，便点燃了物质内部的核聚变，早期的太阳也由此形成。在之后的 8 亿年间这片"太阳星云"剩余的其他物质在各自的轨道上逐渐吸积、碰撞，形成了早期的各大行星，经过 40 多亿年的演变，有了我们今天所看到的太阳系。

但是细心者会发现，太阳系的八大行星中，在内太阳系（距中心直径 4AU 以内的区域）的都是类地的岩石类行星，而在外太阳系的都是类木的气态巨行星。这是因为在内太阳系温度相对较高，类地行星主要由铁、镍、硅酸盐等高熔点物质组成，经由碰撞聚集固态的物质颗粒成为微小行星，再聚集微小行星最终形成现在行星的雏形。由于这类物质在整个星云中较为稀少，所以类地行星的体积也不会太大。而类木行星以水冰相互吸附为起点，水冰的含量比类地行星上的金属元素和硅酸盐等丰富得多，这使类木行星在质量足够大后可以进一步吸附氢、氦、甲烷等形成气体行星。

星云假说是 1755 年由伊曼努尔·康德提出的。太阳星云缓慢地转动，在引力作用下逐渐凝聚并且铺平，最终形成恒星和行星。1796 年拉普拉斯也提出了一个相似的模型。

2.3.7.3 宇宙的起源

在东方有盘古开天辟地的神话，在西方有上帝创世造人的传说，古时的人们试图寻找宇宙的起源，关于宇宙起源的争论几乎贯穿了有记载以来的整个人类史。许多早期的传统宗教认为宇宙是相当近的过去被创生的（17 世纪时邬谢尔主教算出宇宙诞生的日期是公元前 4004 年），他们认为是他们信仰的神创造了世界（"上帝说要有光，于是就有了光"）。但是古希腊的一些哲学家，如亚里士多德等人，不喜欢有神意的干涉，他们认为永恒存在的东西比被创造出来的东西更加完美，他们相信宇宙已经存在了并且将继续存在无限的时间。这也就是所谓的稳态理论，这些人相信宇宙是恒稳存在的，这种理论带有很浓厚的宗教和哲学的味道。

随着科学的发展，经过了哥白尼、哈勃等先驱的研究，宇宙学不再是玄奥的哲学和宗教问题，而是发展成为一门建立在天文观测和物理实验基础上的现代科学。宇宙的起源至今没有一个确定的结论，但是现代的宇宙起源学说中最具影响力的一种就是"大爆炸起源学说"。同其他的许多学说相比，它能够解释很多的观测事实。

大爆炸理论认为，大约在 137 亿年前，宇宙是一个体积无限小、质量无限大的"奇点"，这个奇点爆炸之后产生了早期的宇宙 —— 温度极高，物质密度也相当大，只有质子、中子、中微子等基本粒子，之后宇宙逐渐膨胀，温度也逐渐降低，开始逐步形成原子、分子等，并复合形成气态物质，随着时间的推移，在引力的作用下逐渐形成各种早期的恒星体系，宇宙继续膨胀，进而发展为我们今天所看到的宇宙。

20 世纪 20 年代，著名科学家哈勃发现了系外天体的红移现象。当天体远离地球移动时，其光谱会向红色方向移动，反之则会向蓝色方向移动。哈勃通过对河外星系视向速度与距离间关系的研究得出了它们之间大致的线性正比关系：

$$v = H_0 d \tag{2-2}$$

式中，v 为退行速度；H_0 称为哈勃常数；d 为星系距离。

以上就是著名的哈勃定律，它揭示了宇宙是在膨胀的，它为宇宙的大爆炸起源学说提供了证据。

宇宙起源于一场大爆炸的另一个观测事实是 20 世纪 60 年代美国科学家彭奇亚斯和威尔逊在调试一个高精度卫星接收天线时意外发现的，他们为了降低噪声进行了一系列实验，但是发现依旧有背景噪声无法消除，这种波长为 7.35 cm 的噪声信号就是弥漫全宇宙的微波背景辐射——宇宙大爆炸的"余烬"，微波背景辐射的存在为大爆炸理论提供了有力的支持。

2.4　深空探测任务科学目标举例

受当前深空探测技术的限制，目前主要为面向深空天体的环绕及着陆巡视任务。针对不同的探测目标，探测器的组成不同；为完成不同的科学目标，探测器携带的科学载荷也不尽相同。本节将以 OSIRIS-REx 任务为切入点，介绍小行星探测器的科学目标及所携带的科学载荷。OSIRIS-REx 全称为起源、光谱解析、资源识别、安全保障、小行星风化层探索者（Origins, Spectral Interpretation, Resource Identification, Security, Regolith Explorer），如图 2-19 所示。该探测器的目标为小行星 Bennu（原为 1999 RQ36），并将约 60 g 的样本带回地球进行研究。该任务将帮助科学家研究行星的形成方式以及生命的开始方式，并且增进我们对可能影响地球的小行星的理解。2016 年 9 月 8 日 19 时 5 分（美国东部时间），OSIRIS-REx 由 ATLAS-V411 火箭成功在美国卡纳维拉尔角发射升空，于 2018 年 12 月 3 日 12 时 10 分抵达目标小行星，并向地球传回了该小行星的清晰影像。该探测器需要执行的任务和预期的科学目标在名称中已有体现：

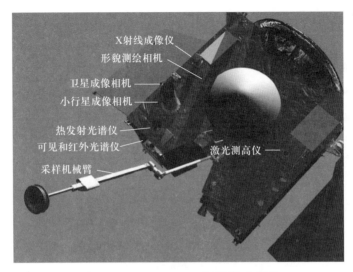

图 2-19   OSIRIS-REx 探测器示意图

（1）O —— 起源：返回并分析原始的富含碳的小行星样本，以研究其矿物和有机物质的性质、历史和分布。

（2）SI —— 光谱解析：定义原始的富含碳的小行星的全局属性，以便与所有小行星的现有数据进行直接比较。

（3）RI —— 资源识别：绘制原始富含碳的小行星的化学及矿物学全局特性，以定义其地质和动态历史，并为返回的样本提供背景信息。

（4）S —— 安全保障：测量小行星的 Yarkovsky 效应，并了解小行星哪些特性与此效应有关。Yarkovsky 效应是由小行星旋转发出的热量而引起的力，该热量会随时间的推移而改变小行星的轨道。

（5）REx —— 风化层探测：记录采样点处表面材料的质地、形态、化学和光谱特性。

这 5 个任务将获取小行星的物理、化学属性信息，建立地形地貌模型，采集表面样品，探知天体内部结构，分析矿物资源分布，识别有机物和水的存在，研究该天体对地球可能产生的影响，推测小行星形成的历史[28]。

为完成一个科学目标，需要几个科学载荷协同工作，OSIRIS-REx 探测器搭载了 6 种不同的科学载荷，通过相互协作完成从信息搜集到采样返回的所有任务。

1）相机套件

OSIRIS-REx 相机套件（OCAMS）由三个相机组成：PolyCam、MapCam 和

SamCam（如图 2-20 所示）。这些相机将在探测器首次接近时"看见"小行星
Bennu。然后，OCAMS 将提供 Bennu 表面的全局图像映射以及潜在样本位置的
更详细的图像。最后，OCAMS 将在采样动作期间记录整个采样事件。8 in（1 in =
2.54 cm）望远镜 PolyCam 可以从 2×10^6 km 外获取小行星影像。当探测器靠近
时，它将以高分辨率对 Bennu 成像。MapCam 在 Bennu 附近搜索其是否有卫星，
获取小行星的形状模型，并提供样本位置的高分辨率影像。SamCam 将持续记
录样品采集过程。该载荷的工作对应小行星表面形貌测绘的科学目标。

图 2-20　OCAMS 仪器套件

2）激光测高仪

OSIRIS-REx 激光测高仪（OLA）（如图 2-21 所示），将提供 Bennu 形状的
3D 图，这将使科学家能够了解小行星的地理环境和样品位置。

图 2-21　OLA 有效载荷地面示意图

OLA 使用光代替无线电波来测量距离。OLA 向 Bennu 表面发射激光脉冲，该脉冲会从表面反射回来，有一部分脉冲将返回到 LIDAR（光检测和测距）检测器。通过测量输出脉冲和输入脉冲之间的时间差，可以计算探测器与 Bennu 表面的距离。这使 OLA 可以在任务期间提供有关 Bennu 的高分辨率的地形信息。OLA 还可以支持其他仪器以及导航和重力分析。

3）热发射光谱仪

OSIRIS-REx 热发射光谱仪（OTES）（如图 2–22 所示）负责，从 Bennu 收集红外光谱数据和矿物温度信息。在红外线中，大多数矿物具有独特的光谱特征。通过特定矿物对应的光谱特征，可以确定 Bennu 表面存在的矿物类型。此外，通过在这些波长下发出的热能（温度）可以分析表面的物理性质，例如平均粒径。研究 OTES 获取的热数据将能够确定 Bennu 的矿物成分和温度分布。

图 2–22　OTES 有效载荷地面示意图

4）可见和红外光谱仪

OSIRIS-REx 可见和红外光谱仪（OVIRS）（如图 2–23 所示）负责测量来自 Bennu 的可见光和近红外光。OVIRS 对蓝光和近红外波长敏感，波长范围为 $0.4 \sim 4.3~\mu m$。OVIRS 可将从 Bennu 接收的光分解成不同的波长，由于不同的化学物质具有独特的光谱特征，因此可以通过这种方式进行识别。OVIRS 将提供光谱图，以识别全球范围内的矿物和有机物质以及候选样品地点，仪器的观察结果也可用于识别水和有机物质。

5）X 射线成像仪

OSIRIS-REx 的 X 射线成像仪（REXIS）可以对 Bennu 发出的 X 射线成像，以提供小行星表面的元素丰度图，如图 2–24 所示。此功能将补充 OVIRS 和 OTES 提供的物质分布图。REXIS 充分利用了太阳 X 射线和太阳风与 Bennu 表面物

图 2-23　OVIRS 有效载荷地面示意图

质的相互作用。Bennu 上的原子吸收 X 射线，从而变得不稳定并发出自己的 X 射线。分析重新发射的 X 射线具有的能量可以获取该原子的特征，从而绘制出 Bennu 表面存在的不同元素的丰度图。

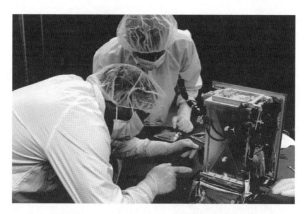

图 2-24　REXIS 有效载荷地面示意图

6）采样系统

采样系统 (TAGSAM) 部分负责从 Bennu 表面收集样品，如图 2-25 所示。它是一个带有采样头的关节臂，当采样头与 Bennu 表面接触时，向 Bennu 表面喷射压缩氮气，用采样头收集气体扬起的表面风化层物质。当样品收集器触及小行星时，TAGSAM 外部的表面接触垫也将收集细颗粒的物质。TAGSAM 具有三个独立的气瓶，因此最多可以进行三次采样。尽管 TAGSAM 是一项新技术，但 TAGSAM 采样头的测试已证明其拥有能够收集超过 60 g 样品的能力。

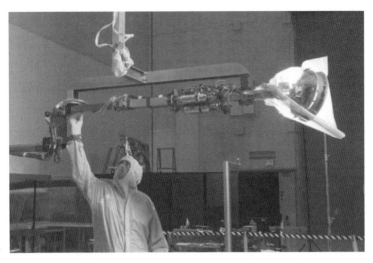

图 2-25 TAGSAMS 有效载荷地面示意图

2.5 本章小结

本章详细介绍了太阳系天体的类型,列举了各大天体的基本特性,以使读者对太阳系有较为全面的认识。通过对科学目标的分析,介绍了开展深空探测任务的作用和意义 —— 了解地外天体的世界,拓展生存空间,在地球外寻找水和生命的存在,溯求生命、宇宙乃至一切的起源,这也是人类一直以来的追求。为完成科学目标,以 OSIRIS-REx 任务为例,详细介绍了相关载荷的任务及效用,以加深读者对深空探测器的了解。虽然深空探测领域已经获得了很多成就,但还有很多关键技术需要突破,有很多未知等待探索,未来的研究之路依然漫长。

第 3 章　深空探测轨道设计技术

随着深空探测技术的快速发展，人类空间探索的范围日益扩大。数十年的深空探测历程，从绕月飞行到载人登月，从火星探测到飞临太阳系边际，人类已经探测了太阳系内的全部大行星以及众多的不规则、弱引力小天体。探测器飞行过程中空间力学环境复杂，为使探测器成功抵达期望的目标天体，需要首先解决飞行轨道的设计问题。为了更好地理解深空探测中的轨道，本章将介绍相关的基本理论知识，包括深空探测中所涉及的宇宙速度及时间系统、开普勒定律和轨道根数以及引力影响球的概念；同时还将介绍深空轨道转移的常用设计方法和行星借力飞行方法；最后介绍深空探测中的 3 个典型的轨道设计案例。

3.1　深空探测轨道基础

3.1.1　深空探测轨道特点

深空探测轨道与近地卫星的轨道有着较大的区别，由于力学环境复杂、距离较远，且深空飞行过程中存在着较多的不确定因素，深空探测器的飞行轨道有其自身的特点。

1) 轨道所需能量大、飞行时间长

深空探测器的轨道起点是地球，而其探测目标距离地球较远，只有在探测器的发射速度大于 11.2 km/s 时，探测器才能逃离地球的引力影响范围，若要飞向更远的深空，则需要更大的能量驱动。同时，深空飞行通常需要经历较长的时间。在实际工程中，从地球到火星需要 7 个月左右的时间。而目前飞行时间最长的"旅行者 1 号"，经历了 35 年才接近太阳系边缘，在理想状态下，"旅行者 1 号"需要 4 万年才能到达下一个星系。

2) 飞行过程受多个天体引力影响

深空探测器从地球出发，在近地飞行时主要受地球引力的作用，受太阳及其他行星引力的影响较小。当速度达到一定值时，探测器将沿抛物线轨道或双曲线轨道飞出地球的引力影响范围，从而进入由太阳引力为主导的空间，探测器同时受到其他天体引力的影响，但相对较小。此时探测器将和太阳系中的其他行星一样,以太阳为中心沿着近似椭圆的轨道运行。当探测器到达某一天体的引力影响范围内,则该天体对探测器的引力影响占主导地位。随着探测器的运动,在某些区域多天体引力的影响相当时,将导致探测器的运动轨道十分复杂。

3) 所处引力场环境复杂

在飞行过程中,探测器受力复杂,空间环境多变,即使经过非常细致、严谨的轨道设计,也无法将所有的引力都考虑到位。在长期的飞行任务中,探测器的轨道误差会随着飞行时间的推移而不断累积。在太阳引力为主导的空间中飞行时,这种误差的影响较小。但在借力飞行中,轨道误差会对探测器产生非常大的影响,严重时甚至会导致飞行任务失败。因此,在深空飞行中,需要多次对轨道进行修正,以保证探测器能够按照预期轨道飞行,最终抵达探测目标。

4) 发射时间特殊

受当前深空探测技术发展的限制,为了节省燃料,深空探测器往往需要沿一些特定的轨道运行,有时还需借助一个或多个天体的引力飞抵目标行星。由于太阳、地球以及太阳系中的其他天体的相对位置都在不断地变化,即使是针对同一探测目标,执行同一探测任务的探测器,发射时间也可能相差很大。针对距离较远的探测目标,需要准确把握各大行星的运行状态,选择特定的任务发射时间。

3.1.2 宇宙速度及时间系统

3.1.2.1 宇宙速度

在发射地球卫星或深空探测器时,需要摆脱强大的地球引力。为使探测器顺利离开地球到达预期的空间位置,需要其达到一些特定的速度,这些速度称为宇宙速度。

宇宙速度是从万有引力出发,在两个质点运动规律的基础上,计算出探测器达到环绕地球、脱离地球引力、脱离太阳引力的最小发射速度,分别称为第一宇宙速度(环绕速度)、第二宇宙速度(地球逃逸速度)和第三宇宙速度(太阳逃逸速度),关系如图 3-1 所示。图中,v_1 为第一宇宙速度,v_2 为第二宇宙速度,v_3 为第三宇宙速度。

1) 第一宇宙速度

第一宇宙速度是物体要达到绕地球做圆周运动的速度。第一宇宙速度既是探测器应达到的最小发射速度,也是探测器保持绕地球做圆周运动的最大速

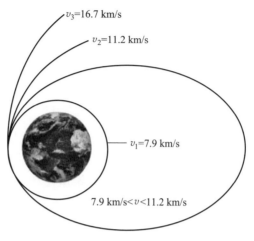

图 3-1　三大宇宙速度

度。若某一探测器是以第一宇宙速度飞行，就说明该探测器是沿着地球表面飞行的。

$$F = G\frac{Mm}{r^2} = \frac{mv_1^2}{r} \tag{3-1}$$

将地球半径 $r = 6.375 \times 10^6$ m、地球质量 $M = 5.965 \times 10^{24}$ kg 和万有引力常数 $G = 6.672\,59 \times 10^{-11}$ m³/(kg · s²) 代入式 (3-1)，得到第一宇宙速度约为 7.9 km/s。

2）第二宇宙速度

若物体要完全脱离某一天体的引力束缚飞出该天体，需要达到某一速度，这个速度称为该天体的逃逸速度。第二宇宙速度即地球的逃逸速度。当探测器发射时的速度达到第二宇宙速度时，将脱离地球引力进入太阳的环绕轨道。太阳系内运行的各个行星或探测器的速度均大于第二宇宙速度。根据能量守恒定理可知

$$\frac{mv_2^2}{2} + \left(-\frac{GMm}{R}\right) = \frac{mv_2^2}{2} + \left(-\frac{GmM}{r}\right) \tag{3-2}$$

式中，m 为探测器质量；M 为地球质量；R 为地球半径；r 为探测器到地球的距离。

当探测器摆脱地球的引力束缚时，r 可以看作无穷大，引力势能为零，根据 $GMm/R^2 = mg$，可以计算出第二宇宙速度为 11.2 km/s。

3）第三宇宙速度

若要使地球上的物体摆脱太阳引力的束缚，飞出太阳系，到达更广阔的银河系空间，就要使物体达到太阳的逃逸速度，这个速度称为第三宇宙速度。而

探测器的入轨方向不一样,会导致相应的逃逸速度不同。一般第三宇宙速度对应的探测器入轨方向与地球公转速度的切线方向一致。

以离太阳表面无穷远处为 0 势能参考面,则有

$$\frac{1}{2}mv_{\text{RE}}^2 - \frac{GMm}{R} = 0 \tag{3-3}$$

式中,v_{RE} 表示探测器相对太阳的速度;m 为探测器质量;R 为平均日地距离;M 为太阳质量。代入相关数据可解得 $v_{\text{RE}} = 42.2 \text{ km/s}$。

人造天体相对地球的运动速度 $v' = v_{\text{RE}} - v_{\text{es}}$,其中地球绕太阳运动的速度 $v_{\text{es}} = 29.8 \text{ km/s}$,则可求得 $v' = 12.4 \text{ km/s}$。

由于发射时必须克服地球引力做功,由机械能守恒定律有

$$\frac{1}{2}mv_3^2 - \frac{GM'm}{R'} = \frac{1}{2}mv'^2 \tag{3-4}$$

因 $GM'm/R' = mv_2^2/2$,则第三宇宙速度 $v_3 = \sqrt{v_2^2 + v'^2} = 16.7 \text{ km/s}$。

探测器若要飞离太阳系,可以充分利用地球公转的速度,当其速度大于第三宇宙速度时,可沿双曲线轨道飞离地球。探测器飞行到地球引力球边缘时,则认为摆脱了地球引力,进入以太阳引力为主引力的行星际空间。在太阳引力的作用下,探测器沿抛物线轨道运行,最终飞离太阳系。

3.1.2.2　时间系统

在深空探测任务中,为分析探测器及各天体的运动状态,需要建立相应的时间系统。时间是由物质的运动来计量的,在选择不同运动状态来计量时间时,必须遵循三个原则,即运动的周期性、稳定性和可观测性。当选择不同的周期性运动来计量时间时,所对应的时间系统也是不同的。例如,若以地球自转计量时间,则采用恒星时;若以地球公转计量时间,则采用历书时等。

1)恒星时

恒星时是以地球的自转周期作为时间计量单位,以春分点为参考点,由春分点的周日视运动所确定的时间,简称 ST。春分点连续两次经过当地子午线的时间间隔为一个恒星日。一个恒星日划分为 24 个恒星时,一个恒星时又被划分为 60 个恒星分,依此类推。恒星时是精准的时间系统,通常用于天体定位。

2)历书时

历书时又称牛顿时,是根据天体力学的规律所确定的均匀时间,简称 ET。历书时给出了各个天体的历表,可以根据历表中的某一时刻查到天体在这一时刻对应的位置。同时,可以根据观测到的天体位置查到观测的时刻。

3）原子时

原子时是以原子内部发射的电磁振荡频率为基准的时间系统，是一种均匀的时间计量系统，简称 IAT。原子时中的秒长定义为铯–133 原子基态的两个超精细能级间在零磁场下跃迁辐射 9 192 631 770 周所持续的时间。原子时是目前为止世界上最精准的时间计量系统，在时间精度要求非常高的探测活动中，常常采用原子时作为时间计量系统。

4）力学时

力学时分为两种：一种是基于太阳质心坐标系中天体相对太阳质心运动采用的时间系统，称为太阳系质心力学时（BDT）；另一种是基于地球质心坐标系中天体相对地球质心运动采用的时间系统，称为地球力学时（TDT）。力学时采用由原子时定义的秒长，但二者初始历元不同。

3.1.3　开普勒定律及轨道根数

3.1.3.1　开普勒定律

开普勒定律是由德国天文学家开普勒提出的，揭示了行星运动的三大特点。1609 年，开普勒从天文学家第谷观测火星位置所得到的资料中总结出了第一定律和第二定律。1619 年，开普勒发表了第三定律。开普勒三定律又被称为椭圆定律、面积定律和周期定律。开普勒定律是一个普适的定律，不仅适用于以太阳为中心的行星运动，还适用于绕行星运动的卫星等。将牛顿力学和开普勒三大定律相结合，可以有效地预测天体的运行状态。

1）开普勒第一定律

开普勒第一定律也称椭圆定律，描述了行星绕太阳运行的轨道形状。太阳系中每一个行星都沿各自的椭圆轨道绕太阳做周期运动，而太阳处在椭圆轨道的其中一个焦点上（如图 3-2 所示）。

2）开普勒第二定律

开普勒第二定律也称为面积定律（如图 3-3 所示），对行星的运行轨道有了更准确的描述。太阳系中，太阳和行星的连线在相同时间内扫过的面积相等，即

$$\boldsymbol{v}\boldsymbol{r}\sin\theta = k \tag{3-5}$$

式中，k 为开普勒常量，不同的天体系统有不同的开普勒常量；r 为中心天体的质心到行星的矢量；θ 为行星运行速度与 r 之间的夹角。

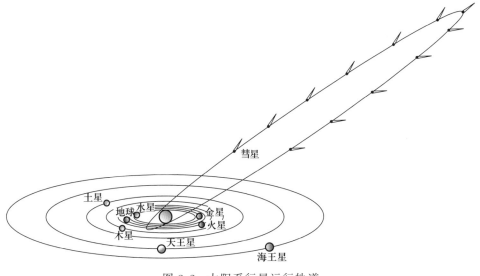

图 3-2 太阳系行星运行轨道

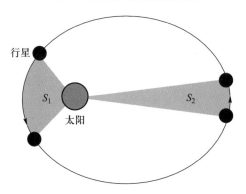

图 3-3 开普勒第二定律示意图

3）开普勒第三定律

开普勒第三定律也称周期定律，指的是以太阳为焦点运行的所有行星各自的椭圆轨道半长轴的立方与轨道周期的平方比为常量，该常量称为开普勒常量。

$$k = \frac{a^3}{T^2} = \frac{GM}{4\pi^2} \tag{3-6}$$

式中，M 为中心天体质量。不同于第一、第二定律只关注单个行星的运行规律，开普勒第三定律将不同行星的运动特性进行了对比。这一定律对系外的行星探测具有十分重大的意义。

开普勒定律在航天领域有非常广泛的应用，例如，开普勒第三定律可用于估算地球同步轨道的高度。地球同步轨道的周期与地球自转周期相同，为23小时 56 分 4 秒, 地球质量为 5.9737×10^{24} kg, 由式 (3–6) 可得, 地球同步轨道的半径约为 42 164 km, 轨道高度约为 35 786 km。

　　同样, 可以根据太阳系各大行星的公转轨道半长轴估算出各大行星绕太阳公转的周期, 如表 3–1 所示。

表 3–1　太阳系八大行星的公转轨道半长轴和公转周期

行星	轨道半长轴/km	公转周期/日
水星	5.79091×10^{7}	87.97
金星	1.08208×10^{8}	224.70
地球	1.49598×10^{8}	365.24
火星	2.27937×10^{8}	686.98
木星	7.78547×10^{8}	4 332.71
土星	1.43340×10^{9}	10 759.50
天王星	2.87668×10^{9}	30 685.10
海王星	4.50344×10^{9}	60 190.62

3.1.3.2　轨道根数

　　在平面上描述一个点的位置需要确立一个直角坐标系, 在太空这个三维空间中也需要建立一个坐标系来描述轨道的位置, 之前介绍的轨道坐标系就是对任意中心天体的轨道描述。对于太阳系各大行星而言, 要准确描述其轨道和运行状态, 通常使用日心坐标系。

　　对于椭圆轨道, 常用轨道根数[29]来描述天体在轨道的运行状态, 也称轨道要素, 天文学上一般采用 6 个参数来完全决定天体轨道的形状、空间的方位及开始计算其运动的时间 (如图 3–4 所示)。

轨道的形状根数 (2 个):

　　1) 半长轴 a

　　半长轴, 即椭圆轨道长轴的一半, 确定了轨道的大小, 用 a 来表示。当轨道为圆形轨道时, 半长轴就是圆的半径。

　　2) 轨道偏心率 e

　　轨道偏心率定义了轨道的形状, 用 e 表示。偏心率为焦距与半长轴的比值。e 的大小在 0 到 1 之间, 如果 e 等于 0, 则轨道是圆形的。

轨道的位置根数 (3 个):

　　3) 轨道倾角 i

　　轨道倾角表示了行星轨道面相对于黄道面的倾斜度。当在黄道面内的行星

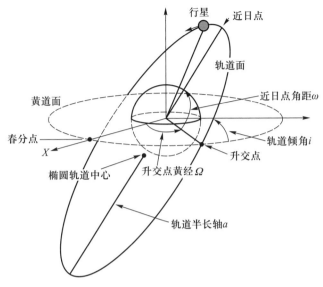

图 3-4 轨道六根数图示

轨道向北极或南极倾斜时，新的轨道所在的平面会与黄道面产生一个夹角，称为轨道倾角，用 i 表示。顺行轨道的轨道倾角为 $0° \sim 90°$，而逆行轨道的轨道倾角为 $90° \sim 180°$。

4）升交点黄经 Ω

轨道倾角不等于零的轨道与黄道面有两个交点，称为节点。若物体经过节点时正从南往北运动，则该节点称为轨道平面内的升交点，另一个节点称为降交点。

升交点黄经表示春分点与升交点间的逆时针角度，用 Ω 表示。

5）近日点角距 ω

近日点角距测量的是行星轨道升交点与近日点之间的角度，用 ω 表示。ω 值为 $0° \sim 180°$ 说明近日点发生在黄道以北，为 $180° \sim 360°$ 说明近日点发生在黄道以南。

天体位置根数（1 个）：

6）历元时刻的真近点角 υ

历元时刻的真近点角是在指定时间（历元）由近地点到行星所在点的角度。

使用以上的轨道根数，可以确定行星按椭圆轨道运行的位置。

轨道六根数中：前五个是几何要素，在理想状况下是不变的，提供了轨道的大小、形状和方向；第六个是时间要素，它总是不停地变化着，提供了物体在轨道上的具体位置。

3.1.4　引力影响球

通常情况下，若要较为准确地分析星际飞行的轨道特点，则需考虑多体问题，即把空间中的相关天体视为引力源，在它们的共同作用下研究深空探测器的轨道运动。然而，目前给出 $n\,(n \geqslant 3)$ 体问题的一般解析解很困难，只能依靠数值计算来研究相关内容，因此在做星际转移轨道的初步设计与分析时，可以引入引力影响球的概念，对其进行简化，并采用圆锥曲线拼接方法进行设计。

在空间中任何有质量的物体都会对其他物体产生引力作用，该引力大小与距离的平方成反比[30]。引力的作用范围在理论上可以达到无限远处，但在实际空间中，某一物体的引力作用仅在其附近一定的范围内有效。对于行星而言，这一影响范围是一个球体，称为"引力影响球"，在这个球体范围内，该行星的引力起主导作用。例如，在地球的引力影响球内，地球的引力对探测器的运动起主导作用，但是在该区域外，地球的引力相对较小，由太阳等其他天体的引力作为主导。

引力影响球的半径求解方式如下：

$$R_{\text{SOI}} = a_{\text{p}} \left(\frac{m_{\text{p}}}{m_{\text{s}}} \right)^{\frac{2}{5}} \tag{3-7}$$

式中，a_{p} 为行星绕太阳公转轨道半长轴；m_{p} 为行星质量；m_{s} 为太阳质量。表 3-2 为太阳系各大行星的引力影响球半径。

表 3-2　太阳系各大行星的引力影响球半径（计算）

行星	引力影响球半径/km
水星	$1.124\,1 \times 10^5$
金星	$6.162\,0 \times 10^5$
地球	$9.246\,1 \times 10^5$
火星	$5.772\,0 \times 10^5$
木星	$4.821\,1 \times 10^7$
土星	$5.480\,1 \times 10^7$
天王星	$5.186\,3 \times 10^7$
海王星	$8.674\,7 \times 10^7$

星际间距离非常远，对于日心轨道而言，行星的引力影响球可看作空间中的一个点。若从行星自身来看，其引力影响球则非常巨大。

3.2 行星际轨道转移

人类迈向深空的起点是地球,而目标却是距地球非常遥远的各大行星和各类小行星,甚至是太阳系以外天体。太阳系内天体是当前人类探索深空的目标,从地球出发抵达其他天体,该过程中探测器需要摆脱地球引力,以太阳为中心运动,最后在目标天体的引力作用下运动。期间需要一定的轨道机动,改变探测器的运动状态,才能使探测器顺利抵达目标天体,进行探测任务。

3.2.1 圆锥曲线轨道

圆锥曲线轨道包括圆轨道、椭圆轨道、抛物线轨道和双曲线轨道,可由二体问题进行求解。因此,圆锥曲线轨道也称为二体问题轨道。轨道所在的平面称为轨道平面,为了进一步讨论轨道,还需要了解轨道在空间的位置和方向。本节主要对椭圆轨道、抛物线轨道和双曲线轨道进行介绍[32]。

1)椭圆轨道

开普勒定律基于纯几何学推断,描述了一个单一质点绕一个固定中心的运动[31],遵循牛顿第二定律以及牛顿万有引力定律。尽管开普勒定律阐明的是行星绕太阳的轨道运动,但其可以应用于任意二体系统的运动,如地球和月亮、地球和人造卫星等。图 3–5 为椭圆轨道的参数示意图。

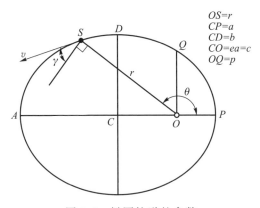

$$OS = r$$
$$CP = a$$
$$CD = b$$
$$CO = ea = c$$
$$OQ = p$$

图 3–5 椭圆轨道的参数

在天体和探测器的椭圆轨道中,当真近点角为 0° 时,运动天体处在近心点,如图 3–5 中的点 P,此时运动天体与中心天体的距离最近,近心点距离为

$$r_P = \frac{p}{1+e} \tag{3–8}$$

当真近点角为 180° 时,运动天体处在远心点,如图 3–5 中的点 A,此时运

动天体与中心天体的距离最远，远心点距离为

$$r_A = \frac{p}{1-e} \tag{3-9}$$

因此可得椭圆轨道的长半轴为

$$a = \frac{1}{2}(r_A + r_P) \tag{3-10}$$

将式 (3–8) 和式 (3–9) 代入式 (3–10) 可得

$$a = \frac{p}{1-e^2} \tag{3-11}$$

$$p = a(1-e^2) \tag{3-12}$$

椭圆的短半轴为

$$b = a\sqrt{1-e^2} = \frac{p}{\sqrt{1-e^2}} \tag{3-13}$$

由图 3–5 可知，偏心率与半长轴、近心点半径和远心点半径之间的关系为

$$e = \frac{a - r_P}{a} = \frac{r_A - r_P}{r_A + r_P} \tag{3-14}$$

椭圆轨道的近心点速度为

$$v_P = \sqrt{2\mu \frac{r_A}{r_P(r_A + r_P)}} \tag{3-15}$$

远心点速度为

$$v_A = \sqrt{2\mu \frac{r_P}{r_A(r_A + r_P)}} \tag{3-16}$$

式中，μ 为中心天体的引力常数，$\mu = GM$。

2）抛物线轨道

抛物线轨道如图 3–6 所示，抛物线轨道可以看作椭圆轨道和双曲线轨道的临界情况。

抛物线轨道的偏心率 $e = 1$，中心天体处于抛物线的焦点处。当探测器飞离中心天体时，将沿着抛物线轨道飞行，逐渐摆脱中心天体的引力，飞向无穷远处，此时，抛物线轨道为逃逸轨道，且抛物线轨道的能量为 0。当探测器飞向中心天体时，将沿着抛物线轨道逐渐靠近中心天体，进入中心天体的引力影响球，通过再次机动可使探测器绕中心天体飞行，此时，抛物线轨道为捕获轨道。

如图 3–6 所示，点 P 为抛物线轨道的近心点，点 S 为运动物体在抛物线轨道上的位置，θ 为运动物体的近心点幅角。

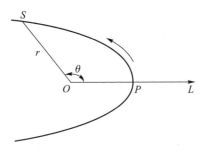

图 3-6 抛物线轨道

抛物线轨道的运动方程为

$$\sqrt{\frac{\mu}{p^3}}\left(t - t_P\right) = \frac{1}{2}\left(\tan\frac{\theta}{2} + \frac{1}{3}\tan^3\frac{\theta}{2}\right) \tag{3-17}$$

式中，t_P 为运动物体到达近心点的时刻。对于给定的时刻，可由式 (3-17) 计算出物体所在的位置；亦可根据物体所在的轨道位置计算出物体的运动时间。

3）双曲线轨道

双曲线轨道如图 3-7 所示。双曲线轨道的偏心率 $e > 1$，半长轴 $a = p\left(1 - e^2\right) < 0$，没有实际的物理意义。平均角速度 $n = \sqrt{\mu/a^3}$，是一个虚数，也没有意义。探测器沿着双曲线轨道飞行，飞向无穷远处。近心点的距离为 $r_P = p/(1 + e)$，其中，p 为半通径。

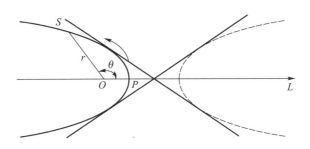

图 3-7 双曲线轨道

3.2.2 霍曼转移

在实际的深空探测任务中，探测器往往需要在不同的轨道中飞行，从而满足任务需求。从地球向各个天体发射的探测器，需要做出相应的轨道机动，才能达到将探测器送往目标天体的目的。然而，探测器要实现行星际转移，需要消耗大量的能量，而霍曼转移则是一种节省燃料的轨道转移方式[33]。

霍曼转移通过一个与初始轨道和目标轨道相连接的椭圆轨道实现变轨。霍曼转移需要满足以下条件：

(1) 轨道在同一个平面上（共面轨道）；

(2) 轨道的主轴（拱点连线）在一条线上（共拱点轨道）；

(3) 瞬间的速度改变（Δv）；

(4) 转移轨道与初始轨道和目标轨道相切。

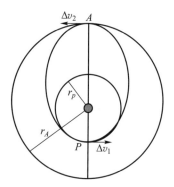

图 3-8　霍曼转移的过程示意图

假设探测器在半径为 r_P 的圆轨道上运动，目标轨道是半径为 r_A 的圆轨道，如图 3-8 所示。霍曼转移轨道所在椭圆的偏心率为

$$e = \frac{(r_A/r_P) - 1}{(r_A/r_P) + 1} \tag{3-18}$$

近日点处的速度为

$$v_P = \sqrt{2\left(\frac{\mu}{r_P} - \frac{\mu}{r_P + r_A}\right)} = \sqrt{\frac{\mu}{r_P} \cdot \frac{2r_A/r_P}{1 + (r_A/r_P)}} \tag{3-19}$$

探测器在半径为 r_P 的圆轨道上运行的速度为

$$v_1 = \sqrt{2\left(\frac{\mu}{r_P} - \frac{\mu}{2r_P}\right)} = \sqrt{\frac{\mu}{r_P}} \tag{3-20}$$

由式（3–19）与式（3–20）可得在 P 点处应施加的切向速度增量为

$$\Delta v_1 = v_P - v_1 = \sqrt{\frac{\mu}{r_P}}\left[\sqrt{\frac{2r_A/r_P}{1 + (r_A/r_P)}} - 1\right] \tag{3-21}$$

同样，探测器沿霍曼转移轨道运行至远日点 A 时的速度为

$$v_A = \sqrt{2\left(\frac{\mu}{r_A} - \frac{\mu}{r_P + r_A}\right)} = \sqrt{\frac{\mu}{r_A} \cdot \frac{2}{1 + (r_A/r_P)}} \tag{3-22}$$

而在目标轨道上运行所需的轨道速度为

$$v_2 = \sqrt{2\left(\frac{\mu}{r_A} - \frac{\mu}{2r_A}\right)} = \sqrt{\frac{\mu}{r_A}} \tag{3-23}$$

由式（3-22）与式（3-23）可得在 A 点应施加的切向速度增量为

$$\Delta v_2 = v_2 - v_A = \sqrt{\frac{\mu}{r_A}}\left[1 - \sqrt{\frac{2}{1+(r_A/r_P)}}\right] \tag{3-24}$$

整个转移所需的总的速度增量为

$$\Delta v_{\mathrm{T}} = \Delta v_1 + \Delta v_2 = \sqrt{\frac{\mu}{r_P}}\left[\sqrt{\frac{2r_A/r_P}{1+(r_A/r_P)}}\left(1 - \frac{r_P}{r_A}\right) + \sqrt{\frac{r_P}{r_A}} - 1\right] \tag{3-25}$$

霍曼转移是最节省能量的方式，但需较长的时间。为了求得飞行时间，由图 3-8 可知，转移过程刚好占椭圆轨道的一半。任何封闭轨道的周期为

$$T = 2\pi\sqrt{\frac{a^3}{\mu}} \tag{3-26}$$

因此，在转移轨道中飞行的时间（TOF）为周期的一半：

$$\mathrm{TOF} = \frac{T}{2} = \pi\sqrt{\frac{a_{\mathrm{t}}^3}{\mu}} \tag{3-27}$$

如图 3-9 所示，若探测器从地球出发，期望转移到达火星。

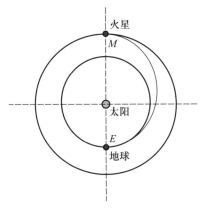

图 3-9 地球 — 火星霍曼转移段

地球的公转速度为

$$v_E = \sqrt{\frac{\mu_{\mathrm{S}}}{r_E}} = \sqrt{\frac{1.327\times10^{11}}{1.496\times10^8}} \approx 29.78\ \mathrm{km/s}$$

火星的公转速度为

$$v_M = \sqrt{\frac{\mu_S}{r_M}} = \sqrt{\frac{1.327 \times 10^{11}}{2.279 \times 10^8}} \approx 24.13 \text{ km/s}$$

霍曼转移轨道的半长轴为

$$a_H = \frac{r_E + r_M}{2} \approx 1.89 \times 10^8 \text{ km}$$

探测器在 E 点的速度为

$$v_{HE} = \sqrt{2\left(\frac{\mu_S}{r_E} - \frac{\mu_S}{r_E + r_M}\right)} \approx 32.73 \text{ km/s}$$

探测器在 M 点的速度为

$$v_{HM} = \sqrt{2\left(\frac{\mu_S}{r_M} - \frac{\mu_S}{r_E + r_M}\right)} \approx 21.48 \text{ km/s}$$

第一次脉冲大小为

$$\Delta v_1 = v_{HE} - v_E = 2.95 \text{ km/s}$$

第二次脉冲大小为

$$\Delta v_2 = v_M - v_{HM} = 2.65 \text{ km/s}$$

因此，要实现地球到火星的霍曼转移，需要在 E 点施加一个方向与探测器当前速度相同、大小为 2.95 km/s 的脉冲，在 M 点施加一个方向与探测器当前速度相反、大小为 2.65 km/s 的脉冲。

3.2.3　圆锥曲线拼接

从地球出发，向太阳系其他行星发射探测器，通常不能一次性完成轨道转移，而是要通过不同阶段的轨道，分步设计使其转移到目标行星。在这个过程中，探测器在每一个阶段运行的轨道都为圆锥曲线，并在各个阶段都可以简化成二体问题处理，将各阶段的轨道拼接在一起就形成了一条完整的转移轨道，这种方法叫作圆锥曲线拼接法[34]。图 3-10 所示为圆锥曲线轨道的种类。

3.2.3.1　圆锥曲线拼接过程

从地球发射探测器到目标行星需要经过 3 个阶段，分别为地球逃逸阶段、日心环绕阶段和行星抵达阶段。

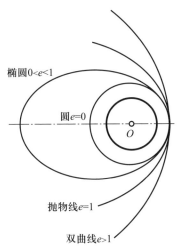

图 3–10　圆锥曲线轨道的种类

1）地球逃逸阶段

探测器沿双曲线轨道或抛物线轨道离开地球引力场，这是用地球中心惯性系中的两个物体运动来分析的。探测器穿过地球引力影响球，达到第一个临界点，此时，探测器受地球引力影响缩小，主要在太阳的引力作用下飞行。

2）日心环绕阶段

探测器沿着椭圆轨道飞行，太阳是主要的引力体。这一"行星际巡航"是在日心黄道坐标系下用两个物体的运动来分析的。由于每个行星的引力影响球半径相对于太阳系的尺度都很小，因此可以用出发和到达行星的日心位置向量作为日心相位的边界条件。

3）行星抵达阶段

探测器穿过目标行星的引力影响球，此时，探测器主要受目标行星引力的作用。目标行星引力影响球内部的到达轨迹是在惯性行星中心框架下分析的双曲线或抛物线。

3.2.3.2　圆锥曲线拼接法实现地球 — 火星转移

探测器从地球出发飞往火星要经历 3 个阶段：第一阶段，在地球引力的作用下，沿双曲线轨道逃逸直到飞离地球的引力影响球；第二阶段，在太阳引力的作用下，沿椭圆轨道做二体运动直到进入火星的引力影响球；第三阶段，在火星的引力作用下，沿双曲线轨道被火星捕获。

沿用 3.2.2 节中地球 — 火星轨道转移的例子，假设探测器从 200 km 的地球圆轨道出发，转移到 500 km 的环火圆轨道，对整个转移过程进行分析。

1）地球逃逸阶段

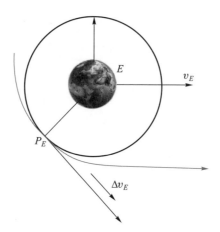

图 3–11　地球 —— 火星转移中的地球逃逸阶段

如图 3–11 所示，探测器在地球引力影响球边界的逃逸速度与霍曼转移段近日点的速度相等，该点速度称为双曲线的剩余速度，记为 $v_{\infty E}$：

$$v_{\infty E} = v_{HE} - v_E = 2.95 \text{ km/s}$$

双曲线轨道近地点 P_E 处的速度为

$$v_{P_E} = \sqrt{v_{\infty E}^2 + \frac{2\mu_E}{r_{P_E}}} \approx 11.40 \text{ km/s}$$

探测器在地球停泊轨道上的速度为

$$v_{CE} = \sqrt{\frac{\mu_E}{r_{P_E}}} \approx 7.78 \text{ km/s}$$

因此有

$$\Delta v_E = v_{P_E} - v_{CE} = 3.62 \text{ km/s}$$

即在 P_E 处沿速度方向施加大小为 3.62 km/s 的脉冲可使探测器逃逸出地球的引力影响球。

2）地球 —— 火星霍曼转移阶段

由 3.2.2 节分析可知，需要在地球引力影响球边界施加一个方向与探测器速度相同、大小为 2.95 km/s 的脉冲，在火星引力影响球边界处施加一个方向与探测器速度相反、大小为 2.65 km/s 的脉冲。

3）火星捕获阶段

如图 3-12 所示，探测器在火星引力影响球边界被捕获的速度可看作是霍曼转移段远日点相对于火星的速度：

$$v_{\infty M} = v_M - v_{HM} = 2.65 \text{ km/s}$$

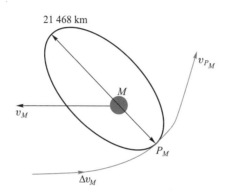

图 3-12 地球 — 火星转移中的火星捕获阶段

双曲线轨道近火点 P_M 处的速度为

$$v_{P_M} = \sqrt{v_{\infty M}^2 + \frac{2\mu_M}{r_{P_M}}} \approx 5.39 \text{ km/s}$$

目标椭圆轨道的近火点速度为

$$\tilde{v}_{P_M} = \sqrt{2\left(\frac{\mu_M}{r_{MP}} - \frac{\mu_M}{r_{MP} + r_{MA}}\right)} \approx 4.25 \text{ km/s}$$

因此，应在近火点施加的脉冲大小为

$$\Delta v_M = v_{P_M} - \tilde{v}_{P_M} = 1.14 \text{ km/s}$$

方向与探测器速度方向相反。

3.3 深空探测轨道借力飞行

在深空探测技术发展的初期，人类能抵达火星已是非常困难，而想要飞向深空更远的空间几乎是不可能的。即使是采用霍曼转移这一节省燃料的方式，抵达更远的行星所需要的燃料也远远高于火箭和航天飞机的运载能力。因此，在过去很长一段时间里，人类深空探索的距离都受到限制。借力飞行技术的出现和在实际工程中的成功应用，突破了火箭运载能力的限制，使探测器可以飞向更远的深空。

在深空探测任务中，探测器需要飞行较远的距离，而探测器所能携带的燃料十分有限，往往不能满足远距离的飞行任务。为了减少星际飞行消耗的能量，降低飞行成本，探测器可以借助行星的引力调整或改变轨道，该技术就是借力飞行，也称引力辅助技术，是深空探测中最常用的轨道转移手段之一。

3.3.1 借力飞行原理

借力飞行可以简单地表述为：探测器经过天体的引力影响球时，借助引力辅助产生的力，使自身的速度发生改变。借力飞行是将深空探测轨道设计到天体附近，并利用其引力来加速、减速或改变速度方向，使探测器朝着更有利于接近目标天体的方向运行[35]。其是探测器在一个天体的引力场内穿过后，飞行状态发生改变的过程。

深空探测器在太阳系内运动时，受到太阳中心引力和各大行星引力作用，是非线性的多体系统。通常用圆锥曲线拼接法设计深空探测初始飞行轨迹，延续圆锥曲线拼接法的思路，将深空转移轨道看作一系列圆锥曲线拼接而成。深空探测器在行星引力影响球之外时，将轨道看成日心椭圆轨道，即假设探测器仅受太阳引力作用；当探测器在行星引力影响球内时，仅考虑此行星的中心引力，沿行星中心双曲线轨道飞行。

根据探测器相对于借力天体飞行的位置关系，借力飞行又可分为前向飞越和后向飞越两种情况，分别如图 3-13 和图 3-14 所示。其中，B 为借力天体，假设探测器在 A 点处沿双曲线渐近线进入天体 B 的引力影响球。在引力影响球内，探测器只受天体 B 的引力作用，按照双曲线轨道飞行一段时间后，再沿渐近线飞出天体 B 的引力影响球，探测器相对于天体 B 的运动速度在此过程中是对称的，表示为 $V_{\infty/B}^{-}$ 和 $V_{\infty/B}^{+}$，称为双曲线超速。天体 B 相对于太阳的运行速度为 V_B，探测器借力前、后在日心坐标系下的速度分别表示为 V^{-} 和 V^{+}。

在借力飞行的过程中，探测器的运动可视为以借力天体为中心的二体运动。探测器从 A 点飞入借力天体的引力影响球，由以太阳为中心的轨道转换为以借力天体为中心的轨道。根据矢量三角形可得探测器在 A 点相对于天体 B 的速度为

$$V_{\infty/B}^{-} = V^{-} - V_B \tag{3-28}$$

在进入天体 B 的引力影响球后，探测器沿双曲线轨道运动，从 C 点飞出天

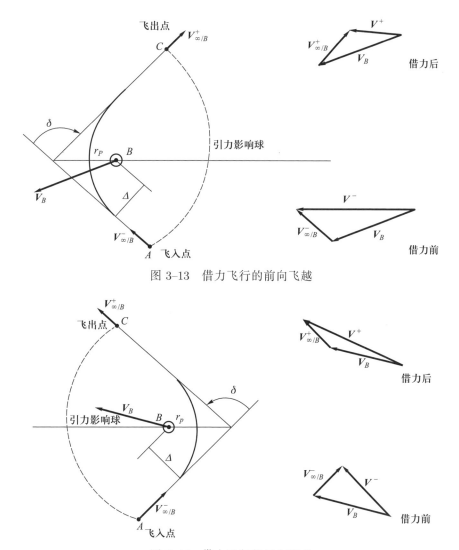

图 3-13　借力飞行的前向飞越

图 3-14　借力飞行的后向飞越

体 B 的引力影响球。根据双曲线对称的性质，探测器在 C 点相对于天体 B 的速度与在 A 点相对于天体 B 的速度大小相等，即

$$\left\| \boldsymbol{V}_{\infty/B}^{-} \right\| = \left\| \boldsymbol{V}_{\infty/B}^{+} \right\| \tag{3-29}$$

探测器从 C 点飞出天体 B 的引力影响球，而后以太阳为中心做二体运动，此时，探测器相对于太阳的速度为

$$\boldsymbol{V}^{+} = \boldsymbol{V}_{\infty/B}^{+} + \boldsymbol{V}_{B} \tag{3-30}$$

借力飞行的双曲线轨道的偏心率与借力天体到渐近线之间的距离 Δ 有关，关系式为

$$e^2 = 1 + \frac{\left\| \boldsymbol{V}_{\infty/B} \right\|^4 \Delta^2}{\mu_B^2} \tag{3-31}$$

式中，μ_B 为借力天体的引力常数。

双曲线轨道的半长轴为

$$a = -\frac{\mu_B}{\left\| \boldsymbol{V}_{\infty/B} \right\|^2} \tag{3-32}$$

不难看出，经过借力后，探测器的速度方向发生了变化，其中前向飞越借力后速度幅值有所减小，而后向绕飞借力后速度幅值有所增加。借力飞行的速度改变量为

$$\Delta V = \frac{2 \left\| \boldsymbol{V}_{\infty/B} \right\|}{1 + \dfrac{r_P \left\| \boldsymbol{V}_{\infty/B} \right\|^2}{\mu_B}} \tag{3-33}$$

借力天体的半径为 R_B，由式（3-33）可知，借力飞行的速度变化量与双曲线轨道的近心点半径 r_P 和双曲线超速 $\boldsymbol{V}_{\infty/B}$ 相关，当 r_P 等于借力天体半径 R_B 时，速度改变量最大，最大值为

$$\Delta v_{\max} = \frac{2 \left\| \boldsymbol{V}_{\infty/B} \right\|}{1 + \dfrac{R_B \left\| \boldsymbol{V}_{\infty/B} \right\|^2}{\mu_B}} \tag{3-34}$$

当双曲线超速与借力天体的第一宇宙速度相等时，借力飞行所产生的速度改变量最大。

3.3.2　气动借力飞行技术

根据前文介绍的借力飞行原理可知，经过借力天体辅助后，探测器的速度发生变化。由图 3-13 和图 3-14 可知，当探测器进入引力影响球和离开引力影响球的速度大小确定时，速度增量受借力转角 δ 的影响，而借力转角 δ 受近心点距离 r_P 的影响：近心点距离 r_P 越小，借力转角 δ 越大，速度增量越大。但在实际飞行过程中，考虑到安全因素，近心点距离 r_P 不可能足够小，因此通过减小近心点距离来增大借力转角和速度增量是十分有限的。太阳系中的多数行星都有大气的存在，因此，另一种增大借力转角的方法就是利用天体周围的大气，通过气动力让探测器产生更大的借力转角，从而增大探测器借力飞行的速度增量[36]。这种利用借力天体周围大气气动力提高借力效果的技术称为气动借力飞行技术。

气动借力飞行的过程如图 3-15 所示。探测器从无穷远处沿渐近线在借力天体大气上界以内的双曲线轨道飞向借力天体。进入大气后，探测器通过气动升力，克服行星引力，在大气中以一定高度飞行。当达到理想的转角时，探测器飞出大气，沿新的双曲线轨道飞离借力天体，继续进行星际航行。

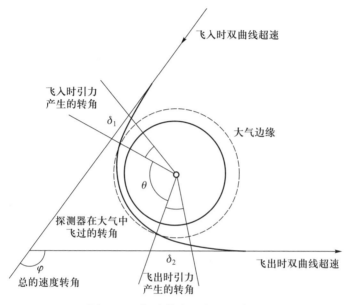

飞入时双曲线超速

飞入时引力
产生的转角
δ_1

大气边缘

θ

探测器在大气中
飞过的转角

δ_2

飞出时双曲线超速

φ

总的速度转角

飞出时引力
产生的转角

图 3-15　气动借力飞行的示意图

由于大气的阻力作用，探测器飞出的双曲线超速 $V_{\infty 2}$ 小于飞入的双曲线超速 $V_{\infty 1}$。随着探测器升阻比 L/D（升力和阻力之比，是表示气动效率的一个重要参数）的提高，其飞越大气后速度的损失将会随之减少。在日心坐标系中，气动借力转移轨道以速度矢量空间的形式表示，如图 3-16 所示，其中 V_P 为借力天体在日心坐标系下的速度，V_{∞} 为探测器的双曲线超速，V_{SC} 为探测器在日心坐标系下的速度，φ 为气动借力时发生的飞行转角。

由此可知，探测器飞入借力天体的引力影响球时，双曲线超速、升阻比和探测器在大气中飞过的转角是影响气动借力飞行的三个重要参数[37]。

探测器在进入借力天体的引力影响球后，将继续在借力天体的大气中飞行，且大气阻力会使探测器的飞行速度逐渐减小，若探测器的速度减小到小于借力天体的逃逸速度，那么探测器将会被借力天体捕获，无法达到利用借力天体获得加速或减速的目的。气动借力飞行的主要目的是改变探测器飞入和飞出时速度的方向，因此，探测器在大气中损失的速度越小越好，那么探测器在大气中

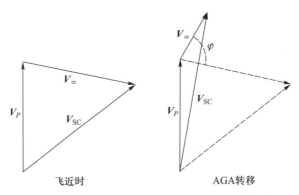

图 3-16　气动借力飞行转移速度矢量的几何关系

的转角 θ 必须满足一定的条件：

$$\theta < \frac{1}{2}\frac{L}{D}\ln\left(\frac{\|\boldsymbol{V}_\infty\|^2 r_P}{\mu}+1\right) \tag{3-35}$$

式中，$\boldsymbol{V}_\infty$ 为探测器的双曲线超速；r_P 为双曲线轨道的近心点半径；μ 为借力天体的引力常数。

　　当探测器在大气中的转角大于这个上限，探测器就会被借力天体捕获。由式（3-35）可知：探测器在借力天体大气中飞行所允许的最大转角随着飞入时的双曲线超速的增大而增大；探测器的升阻比越大，探测器所能允许的最大转角也越大。

　　式（3-35）可作为借力飞行轨道设计的依据。由于双曲线超速是由双曲线轨道决定的，因此，设计出合理的双曲线轨道可以高效地利用借力天体的引力，实现速度改变的目的。同时，可以通过增大升阻比的方式来提高借力飞行的性能。

　　气动借力飞行的最大速度增量为

$$\Delta v_{\max} = \frac{\|\boldsymbol{V}_{\infty/B}^-\|}{\sqrt{\mu_B/r_P}}\left[1+\ln\left(\frac{L}{D}\right)/\pi\right] \tag{3-36}$$

　　由式（3-36）可知：通过增大升阻比，能够提高借力飞行的最大速度增量，从而提高借力飞行的性能。

3.3.3　借力飞行轨道设计

　　在利用借力飞行进行轨道设计时，借力天体的引力影响球半径相对于整个太阳系空间来说非常小，所以通常将借力天体和它的引力影响球看作一个质点，探测器在借力过程中经过这个质点时，速度发生瞬时的改变。在设计轨道时，通常将借力飞行分为无推力的借力飞行和有推力的借力飞行[38]。

1）无推力的借力飞行

无推力的借力飞行指的是探测器在飞越行星的过程中不施加任何外力，仅仅依靠行星的引力场来改变探测器的速度大小和方向。

回顾图 3-13，当探测器在借力天体的引力影响球内飞行时，在近心点处的速度幅值达到最大值。随着探测器与借力天体的距离逐渐增大，探测器在借力天体惯性系下的速度将会衰减到某一个恒定值，这个速度称为双曲线剩余速度。当探测器到达借力天体引力影响球的边界时，其速度几乎等于双曲线剩余速度。图 3-13 中的 $V^-_{\infty/B}$ 和 $V^+_{\infty/B}$ 分别表示探测器进入和飞离借力天体引力影响球时的双曲线剩余速度。

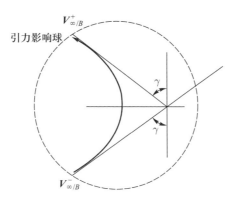

图 3-17　无推力的借力飞行

如图 3-17 所示，γ 为双曲线剩余速度的转角，则双曲线轨道的高度为

$$r = \frac{p}{1 + e\cos(\gamma + 90°)} \tag{3-37}$$

当 $r \to \infty$ 时，有 $1 + e\cos(\gamma + 90°) \to 0$，可以计算出双曲线轨道的偏心率：

$$e = -\frac{1}{\cos(\gamma + 90°)} \tag{3-38}$$

进而可得到双曲线轨道的近心点半径：

$$r_P = a(1 - e) = \frac{\mu}{\|V_\infty\|^2}\left(-\frac{1}{\cos(\gamma + 90°)} - 1\right) \tag{3-39}$$

根据双曲线轨道的对称性，可知探测器飞越借力天体前后，在借力天体的惯性坐标系下，速度大小没有变化，但速度方向发生了改变。由前文可知，在没有外力的情况下,若要控制探测器速度增量的大小,需要调整近心点的距离。因此,在设计无推力的借力飞行轨道时,需要同时考虑探测器飞行的安全性和对应速度增量所需要的近心点距离,选取合适的掠飞高度。

2) 有推力的借力飞行

如果仅依靠借力天体的引力改变探测器的速度,需要特定的发射时间,而合适的发射时间相对来说较少,这就导致探测器借力飞行的窗口特别小。但如果在探测器掠飞的过程中施加一个脉冲,给探测器一个速度增量,将会扩大窗口,对探测器发射时间的要求也变得宽松(如图 3-18 所示)。

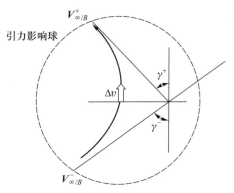

图 3-18　有推力的借力飞行

为使施加的脉冲更加高效,常选择探测器进入借力天体引力影响球后的双曲线轨道近心点作为施加脉冲的位置。与无推力的借力飞行不同,有推力的借力飞行在进入影响球时的剩余速度和飞离影响球时的剩余速度大小不同。

3.4　深空探测轨道设计案例

在人类探索深空的历史中,将许多探测器送往了各大行星及其卫星和小天体等。这些目标不同的探测器有着各自的运行轨道。本节将介绍我国的第一颗火星探测器"天问一号"、人类第一次使用借力飞行的水星探测器"水手 10 号"以及借力次数最多的土星探测器"卡西尼号"的轨道。

3.4.1　"天问一号"的轨道

2020 年 7 月 23 日,我国第一颗火星探测器"天问一号"于文昌卫星发射中心发射升空,7 个月后成功抵达火星开始绕火飞行,并计划在 2～3 个月的绕飞观测后实施火星着陆,开展火星表面探测任务。

"天问一号"此次的任务是对火星表面的地形特征、土壤结构、物质成分及磁场等进行科学探测,对我国的深空探测有着重大意义,并将大力推动我国空间科学与深空探测技术的全面发展。

我国火星探测任务使用"长征五号"运载火箭,直接将探测器发射至地火转移轨道。如图 3-19 所示,探测器与运载火箭分离后,在深空机动(deep space maneuver,DSM)前,属于轨道自由飞行,2020 年 10 月 9 日进行一次深空机动后,在约 4 个月后与火星交会。探测器在近火点附近实施制动以实现火星捕获,进入周期约 10 个火星日的环火椭圆轨道,再择机实施轨道机动,进入周期约 2 个火星日的椭圆停泊轨道,完成着陆区遥感探测和着陆点调整后,择机释放着陆器。环绕器随即进行轨道调整,进入中继通信轨道。

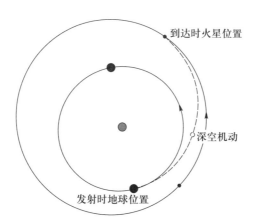

图 3-19　火星探测的霍曼转移轨道

由于"天问一号"要在一次任务中完成绕、落、巡三大目标,它在飞行的每一个过程都可能会产生微小的轨道偏差,因此火星探测任务涉及的动力学问题远不止二体问题和三体问题这么简单。在深空中,除各个天体对探测器的引力外,还有很多非引力因素存在,这种力称为非保守力。这些力随着探测器的工作状态等因素而变化,也会使火星探测器的轨道产生偏差。

为解决深空探测直接转移轨道发射窗口较窄、携带推进剂质量有限、到达火星的光照条件限制、测控条件与通信条件较差等一系列问题,在探测器转移轨道设计中加入深空机动。深空机动是在转移轨道的过程中施加一次或多次速度脉冲,从而达到改变轨道、节省推进剂或者扩展任务窗口等目的。

考虑从发射到火星捕获的各种约束条件,为使推进剂消耗尽可能小,"天问一号"的轨道设计采用了一次深空机动的飞行策略。"天问一号"的深空机动

是在距离地球大约 2.94×10^7 km 的位置实施，使探测器由逃逸转移轨道变轨为准确到达火星轨道。深空机动后，根据探测器的实际飞行状态，还需进行中途修正，保证探测器能够准确到达火星。

"天问一号"发射升空后，飞行 2 000 多秒进入预定轨道；在 20 天后，发动机开始工作，进行第一次轨道修正；50 天左右的时间后，发动机再次工作，进行第二次轨道修正。而第三次轨道修正则是为了在深空机动之后，对轨道再次进行微调，使探测器能够实现火星交会。

3.4.2   "水手 10 号"的轨道

"水手 10 号"是美国"水手计划"中的第 10 颗探测器，也是世界上第一颗采用借力飞行的深空探测器、第一颗水星探测器和首颗执行双星探测任务的探测器，它的设计目标是飞越水星和金星两大行星。"水手 10 号"探测器以飞掠的方式探测水星与金星，其借助金星的引力实现探测器轨道调整，将近日点降低到与水星轨道相重合的位置上（如图 3–20 所示）。

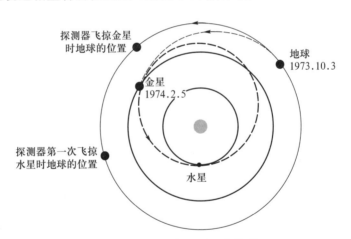

图 3–20   "水手 10 号"的轨道

"水手 10 号"在 1973 年发射升空，首先进入地球 — 金星转移轨道，飞入金星的引力影响范围，借助金星的引力，沿着双曲线轨道飞出金星引力影响球，速度的大小和方向都得到了改变。进而，探测器进入金星 — 水星转移轨道。最终，"水手 10 号"从离水星表面 700 km 的地方飞过，进入周期为 176 地球日的公转轨道，环绕太阳运行，其周期正好是两个水星年，这使它每次回到水星时都是在同一地点。也就是说，"水手 10 号"每绕太阳一圈，水星正好绕两圈。在飞往水星的过程中，探测器进行了三次轨道修正，第一次修正用于消除运载火箭导航系统带来的偏差，第二次修正用于消除第一次修正的执行偏差，第三次修正大约在到达金星 8 天后，用于修正第二次机动时的导航偏差，多次轨道修正机动达到了足够的精度，使探测器满足金星借力飞行到达水星。

对于太阳系的其他行星，探测器的轨道转移路径与火星探测器的路径大致相同。而若要抵达距离较远的行星，则需要借助多个天体，经过多次借力飞行，以达到改变速度和方向的目的，最终完成探测任务。

3.4.3 "卡西尼号"的轨道

"卡西尼号"是由 NASA、欧空局和意大利航天局共同研发的项目，其主要任务是对土星进行环绕探测，获取土星大气、磁场等环境数据。如果仅仅依靠火箭的推力将探测器送往土星，那么至少需要 70 t 的燃料，然而，人类至今都未能制造出可以携带如此多燃料的运载火箭。因此，"卡西尼号"采用借力飞行的方法来获得加速，从而抵达土星。

如图 3-21 所示，"卡西尼号"在飞行过程中充分利用了各个天体的引力，借助金星、地球、木星等的引力最终抵达土星。"卡西尼号"发射后，首先在距金星 284 km 处飞掠，并利用金星的引力获得加速，在绕太阳飞行一圈后第二次利用金星加速，在距离金星 600 km 处飞掠。不久后在距地球 1 171 km 处借助地球的引力再次获得加速。"卡西尼号"第二次离开地球后，开始飞往太阳系的外层，在距离木星 1×10^7 km 处飞掠，借助木星的引力再次加速，此时"卡西尼号"的飞行速度已达到 30 km/s，最后向土星飞去。土星与地球的距离，最近时

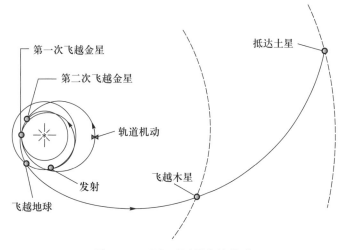

图 3-21 "卡西尼号"的轨道

不到 1.3×10^9 km，最远时也不超过 1.6×10^9 km。然而"卡西尼号"由于采用了上述多次借力的飞行路线，飞往土星的行程长达 3.5×10^9 km。"卡西尼号"在经过 6 年零 8 个月的漫长太空旅行之后，于 2004 年 7 月 1 日按计划顺利进入环绕土星运行的轨道，开始对土星大气、光环和其卫星进行历时 4 年的科学考察。

在"卡西尼号"环绕土星飞行的 4 年中，对土星全貌和它的众多卫星进行了观测。在临近入轨前，它对土卫九进行了探测，并拍摄了清晰的照片，在距土卫九 2 000 km 处对其质量和密度进行了测量。进而，"卡西尼号"在 499 km 处对土卫二的磁场进行了探测。2005 年 4 月至 9 月，"卡西尼号"依次接近土卫四、土卫五、土卫七和土卫三，并分别进行了探测活动。而后，"卡西尼号"在距土卫八 1 000 km 处对其进行探测，并两次接近土卫十一。在离开地球的 20 年之后，"卡西尼号"在土星和土星环之间穿梭，最终于 2017 年坠毁于土星大气中。

3.5　本 章 小 结

本章介绍了宇宙速度、时间系统和开普勒定律等与深空探测轨道紧密相关的基础知识，以及圆锥曲线拼接法和借力飞行这两种常用的轨道设计方法。其中，圆锥曲线拼接法将椭圆轨道、抛物线轨道和双曲线轨道相结合，可设计出一条完整的行星际转移轨道。霍曼转移是圆锥曲线拼接法的一个特例，是行星际轨道转移中最省燃料的转移方式。借力飞行技术能够使探测器在燃料有限的情况下利用行星的引力到达更远的位置。然而，目前人类对深空的探索还不够深入，所能到达的距离也有限，因此，需要对深空探测轨道技术进行进一步的研究，为未来深空探测的发展奠定基础。

第 4 章 深空探测器自主导航技术

深空探测飞行距离远、时间长，且轨道机动、轨道转移、轨道保持以及姿态转换等在轨操作次数多、难度大、精度要求高，对深空探测任务中的各项关键技术均提出了新的要求，尤其是导航定位技术。传统的导航方法基于无线电跟踪技术，精确测量探测器相对于地面站的距离和径向速度，进而利用复杂的滤波技术，结合其他星历信息来估计探测器的状态。这种地面站导航方式非常可靠，并且具有较强的鲁棒性，先后应用在多次深空探测任务中。但是，这种观测需要持续的人为操作和频繁的地面站 – 探测器通信，尤其是在一些特殊任务阶段，如飞越、近距离变轨等。另外，太阳系内无线电信号的延迟和数据的处理时间使得观测信息的处理不能满足实时性要求。自主导航能减少操作的复杂性、降低任务的费用，简化探测器的地面支持系统，大大增强深空探测的效率，即使在与地面通信联络完全中断的条件下，仍然能够完成轨道确定、轨道保持等日常功能，使探测器具有较强的生存能力，是未来深空探测任务最重要的关键技术之一。

4.1 深空探测器的导航问题

4.1.1 深空探测器导航的概念

广义的导航是指将航天器从一个位置引导到另一个位置的过程，也可以理解为引导航天器沿预定轨道以要求的精度在指定时间内到达目标天体的技术。航天器在飞行过程中通过导航控制使其完成预定的任务（例如交会、着陆等）。航天器控制分为轨道控制与姿态控制，这两种控制密切相关。从航天器控制的角度出发，航天器导航技术是航天器控制的最基本的问题，也是航天器姿态和轨道控制系统（简称姿轨控系统）的基础。

在深空探测任务中，深空探测器导航系统的任务是确定探测器相对于所选定天体（地球、太阳、目标星球及其他）的位置、速度和飞行姿态，并预报它的进一步的运动。深空探测器的导航方式按照所采用导航数据的类型可以分为地基导航和自主导航两类。用于深空探测器导航的具体数据类型主要是由探测器在其飞行路径上所处的位置来决定的：在从进入行星转移轨道一直到接近目标天体的巡航飞行段，目前一般采用地基无线电跟踪测量数据进行导航；在接近目标天体段，地基导航数据可以与深空探测器上的自主导航数据一起使用。

深空探测器的地基导航主要依靠地面的深空测控系统来完成，地面测控系统通过与深空探测器所载的测控设备配合，获取探测器相对于地球的速度、距离和角度信息，并利用所获取的数据确定深空探测器的轨道。目前，深空探测器的地基导航主要采用无线电跟踪测量数据，数据类型包括多普勒测速、测距和甚长基线干涉测量（very long baseline interferometry，VLBI）[39]。

自主导航就是飞行器依靠自身所载设备自主地获取相关信息完成导航任务，和外界不发生任何光、电联系或信息交换。如果探测器的运动参数用星载导航仪来确定，而该仪器的工作又不取决于地球或其他天体上的导航和通信手段，那么这种空间导航系统就是自主的，称为自主导航系统。探测器飞行最终实现自主导航是每个探测器设计者所面临的关键问题。早在 20 世纪 70 年代，LeMay 就提出了自主导航系统的一些典型特征：① 自主控制；② 实时操作；③ 不借助于其他星体的通信；④ 不依赖地面站。最纯粹意义上的自主导航应不依赖任何外部资源来实现，但是在严格定义下的一些变化是可以的，而且会使导航方法更实际并更容易实现。

最基本的自主导航方式是惯性导航，但是惯性器件的误差会随时间的推移而不断累积，所以需要其他自主导航方式辅助，深空探测器在执行深空探测任务时会根据任务飞行阶段的不同选择相应的自主导航方式。在巡航接近段一般采用光学自主导航，通过处理探测器拍摄的天体图像获得探测器到某一天体的视线矢量或者位置信息。在下降着陆或附着阶段可采用多普勒雷达导航，以获得探测器相对于天体表面的距离和速度信息；在该阶段也可采用视觉导航的方式，探测器在下降过程中拍摄着陆区图像，通过与地形库或序列图像之间的匹配，获得探测器的位置信息。脉冲星导航是具有发展前景的深空探测器自主导航方式，通过在探测器上安装 X 射线探测器，探测脉冲星辐射的 X 射线光子，经过相应的信息和数据处理确定探测器的运动参数[40]。

4.1.2　深空自主导航的必要性

深空探测器飞行距离远、时间长，环境未知性较强，传统的依靠地面测控站的导航与控制方法在实时性、成本和资源上受到种种限制，存在诸多不足，很难满足深空探测任务对高精度导航与控制的需要。为此，深空探测器自主导航技术受到了人们的关注，在深空探测任务中不断取得进展，成为保障深空探测任务成功实施的关键技术。

自主导航技术是保证深空探测器安全生存的重要方法。深空探测器长时间飞行在未知因素多且复杂的深空环境,这就使得其导航制导与控制系统及部件遭遇突发事件和故障的概率增大。此外,深空探测器对地面测控站的通信延迟大,信号还有可能被太阳或其他天体遮挡,这使得地基导航系统的导航与控制反应慢,不利于突发事件的处理,尤其对于载人深空探测任务将会十分危险。因此,深空探测需要发展自主导航技术,使深空探测器在地面通信完全中断的情况下仍然能够完成轨道确定和控制、姿态定向及目标跟踪等任务,增强深空探测器在深空环境下的自主生存能力。

深空探测器自主导航技术是对已有地面测控的重要补充和备份。到目前为止,人类发射的深空探测器仍然是以地面测控为主。随着在轨探测器数目的增多,地面测控的负担越来越重。深空探测器的运行时间一般都比较长,从几年到十几年不等,在这么漫长的时间中完全依靠地面测控实现深空探测器的导航与控制,要占用地面有限的测控资源。从这个角度来说,自主导航技术是降低地面测控负担、节约深空探测任务成本的一种重要技术手段。

自主导航技术是深空探测某些特殊任务段的需要。对于深空探测器的接近、飞越、伴飞、着陆和撞击等任务,需要精确地获得深空探测器相对于目标天体的位置、速度和姿态等信息,进行制导和控制。由于深空探测器距离地球较远,且对于一些小天体而言,形状参数或轨道参数存在较大的不确定性,因此,仅靠地面测控无法满足实际的任务需求。所以,发展深空探测器的自主导航技术变得尤为重要。

深空探测器自主导航技术也是航天科学技术发展的趋势之一。由于深空探测器相比地球卫星来说,飞行距离远,深空环境未知因素多且复杂,地面测控难度大,因此早在 20 世纪 60 年代,国外研究人员就开始对深空探测器自主导航技术进行理论研究。随着高性能星载计算机、高精度星敏感器和成像导航敏感器技术的发展,自主导航技术发展越发迅速。自主导航技术作为深空探测的关键技术,对于无人和载人深空探测任务都具有十分重要的意义与应用价值。

4.1.3 深空自主导航的分类

深空自主导航按其获得信息的方法可分为三类:① 连续地将测量的加速度对时间积分得到速度和位置信息,如惯性导航等;② 直接由测量信息获得位置信息,如天文导航、无线电导航等;③ 利用处理后的测量信息获得导航信息,如光学导航、雷达图形匹配导航等。下面简单介绍下这些导航方法。

1）惯性导航

惯性导航通过测量探测器的加速度（惯性），并自动进行积分运算，从而获得探测器的瞬时速度和瞬时位置数据。惯性导航系统一般由加速度计、平台、陀螺仪和计算机组成。导航设备全部安装在探测器内，工作时不依赖于外部信息，也不向外界辐射能量，故隐蔽性好、不易受到外部干扰，是一种自主导航方式。惯性导航只适用于探测器主动飞行段，不适用于仅引力作用下的飞行轨道段。由于陀螺仪存在漂移，所以惯性导航有累积误差，在长时间的空间飞行中是很不利的。在主动飞行段，如果惯性导航使用的时间不长，则可达到较高的导航精度。

2）天文导航

天文导航是通过观测天体来测定探测器位置和姿态的一种技术。天体的坐标位置和运动规律是已知的，测量天体相对于探测器参考基准面的高度角和方位角，可以计算出探测器的位置和姿态。天文导航系统通常由星跟踪器、稳定平台、计算机和标准时钟等组成。天文导航精度高、自主能力强、不依赖于地面，不受时间和距离的限制，又不受大气影响，因此适用于星际航行。然而，由于星光微弱，测量、跟踪和信号处理比较复杂，捕获目标比较困难，测量时容易丢失目标，因此天文导航经常与惯性导航、多普勒导航系统构成组合导航系统，从而达到较高的导航精度。

3）无线电导航

无线电导航是根据无线电波传播的特性（直线性、匀速性和反射性），测定探测器相对于已知地理位置发射台的导航参数（方位、距离和速度）。无线电导航方法精度较高、技术较成熟，但自主性差、易受干扰。由于受无线电波传递时间延迟的限制，无线电导航方法不能完全满足星际飞行整个过程的要求。对于月球、火星等深空天体，可以利用已有在轨运行轨道器的无线电测量，辅助探测器实现交会、环绕以及着陆等过程的自主导航。

4）光学导航

探测器利用自身的图像设备观测目标行星或其他已知星历的天体，然后规划和处理观测到的天体光学图像，利用已知的天体信息确定探测器的位置和姿态信息。光学导航方法自主性强、精度高，是自主导航系统的重要组成部分，已成为深空探测广泛应用的导航方式。

5）组合导航

为了能充分发挥各种导航方式的特点，往往将几种导航方法组合成一体进行自主导航，达到取长补短、综合发挥各种导航方式优势的目的。目前发展的自主导航系统大多是组合导航系统。例如深空导航可采用如下组合导航方式：在地球逃逸段，采用惯性导航和光学导航的组合导航方式，用光学导航校准惯性基准；在日心转移轨道段则可利用光学导航来完成；而在最后的着陆段，采用光学导航和探测器机载雷达导航相结合的方式，以达到改善精度的目的。

4.1.4 深空自主导航的关键技术

深空探测任务正朝着复杂化和多样化的方向发展，不断增加的未知环境因素对自主导航技术提出了更高的要求。深空探测自主导航系统的难点在于需要针对任务转移段、接近段、环绕段、着陆段、巡视探测段等不同阶段的不同特点分别进行设计。深空自主导航所涉及的关键技术主要包括以下内容[41]。

1) 深空光学导航敏感器技术

光学导航敏感器是深空光学自主导航系统的关键部件。深空光学自主导航系统要求导航光学敏感器的测量精度高、灵敏度高、动态范围大、体积小、质量轻，因此，对导航光学敏感器在光学、结构、机构、热控和杂光消除等方面提出了极其严格的要求。突破深空导航光学敏感器的这些关键技术是研制深空光学导航敏感器的关键。

2) 导航信息获取与目标特征识别技术

对于深空探测来说，导航往往缺乏丰富的信息源，只能利用空间中的自然信标来获取导航信息，主要途径是利用导航敏感器获取深空天体目标（如小行星、卫星等）的光学信息进行导航。而深空中许多天体属于暗弱目标，因此需要相机长时间曝光才能获得可用导航图像，但平台的运动和姿态指向控制的精度问题会造成图像的模糊和拖影，给图像处理和目标识别带来了困难。因此，为了能够为自主导航系统提供可用的信息，快速确定深空探测器的位置和速度，需对目标特征提取方法、序列图像处理方法、背景星剔除与目标星识别技术等进行深入研究。

3) 多源信息融合与状态快速自主估计技术

深空自主导航最主要的功能是通过获取的多源导航信息快速确定深空探测器当前时刻的空间状态，并给出下一周期内探测器的空间状态预报值。目前工程上应用最多的导航滤波器是扩展卡尔曼滤波器，它通过对非线性动力学方程和观测方程进行线性化，利用卡尔曼最优估计理论进行状态估计。虽然其运算量较小，易于工程实现，但线性化过程会引入截断误差，精度与稳定性较低。因此，对于深空探测器而言，在考虑动力学系统非线性特性的前提下，研究合适的多源信息融合与快速估计方法，以提高探测器状态的估计精度，尽量降低算法运算负担，保证自主导航与控制系统的实时性与快速性，是该方向的关键技术。

4）导航系统自主故障诊断和容错技术

自主故障诊断和容错技术是深空探测器实现长期可靠自主运行的重要保障。采用多种导航方式的深空探测器，由于导航敏感器数量多、系统规模大，其发生故障的概率也大大增加了。为了确保自主导航系统的可靠性和安全性，必须要求探测器具备自主故障诊断和容错能力，这也是深空探测自主导航发展的必然要求。

4.2　深空自主导航系统模型

对于深空自主导航系统，探测器轨道动力学模型、导航观测模型以及导航滤波算法都是最基本要素。由于深空探测任务持续时间长、空间跨度大，不同阶段的参考坐标系及动力学模型有较大差异，且导航观测方式也呈现多样化的特点。对于不同的动力学模型和导航观测模型，又需要有相应的导航滤波方法估计探测器的运动参数。本节将从深空探测自主导航的基本原理出发，介绍深空探测器各阶段动力学模型、常用导航观测模型、导航几何分析法以及导航滤波方法。

4.2.1　轨道动力学模型

深空探测任务的难点之一就是对深空的动力学环境了解较少，所以建立合理的动力学模型是导航系统设计的主要工作内容。根据对探测器飞行轨迹的分析以及对目标天体的特性分析，深空导航系统需要建立不同阶段、不同任务目标的动力学模型[42]。

1）巡航段轨道动力学模型

探测器脱离地球引力球就进入了日心轨道，对于深空任务，此段一般称为巡航段轨道。此时，中心引力天体为太阳，各类摄动力包括大天体引力摄动、太阳光压摄动、探测器推力等，距离地球较近时还要考虑月球摄动。此时探测器的轨道动力学方程建立在 J2000 日心黄道惯性坐标系中，其形式为

$$\begin{cases} \dot{\boldsymbol{r}} = \boldsymbol{v} \\ \dot{\boldsymbol{v}} = -\dfrac{\mu_s}{r^3}\boldsymbol{r} + \displaystyle\sum_{i=1}^{n_t} \mu_i \left(\dfrac{\boldsymbol{r}_{ri}}{r_{ri}^3} - \dfrac{\boldsymbol{r}_{ti}}{r_{ti}^3} \right) - \dfrac{AG}{mr^3}\boldsymbol{r} + \dfrac{k}{m}\boldsymbol{T} + \boldsymbol{a} \end{cases} \tag{4-1}$$

式中, r 和 v 分别为探测器在日心黄道坐标系的位置矢量和速度矢量, 且 $r = \|r\|$; r_{ti} 为第 i 个摄动行星在日心黄道惯性坐标系的位置矢量, 且 $r_{ti} = \|r_{ti}\|$; r_{ri} 为第 i 个摄动行星相对于探测器的位置矢量, 即 $r_{ri} = r_{ti} - r$, 且 $r_{ri} = \|r_{ri}\|$; μ_s 为太阳的引力常数; μ_i 为第 i 个摄动行星的引力常数; n_t 为摄动行星的个数; A 为探测器截面积; m 为探测器的质量; G 为太阳光压系数, $G = k' p_0 \Delta_0$, 其中 k' 为综合吸收系数, Δ_0 为太阳到地球表面的距离, p_0 为地球表面的太阳光压强度; k 是推力系数; T 为推力矢量; a 为各种其他摄动加速度矢量, 包括探测器在日心黄道惯性坐标系中的位置和速度、太阳光压系数、未知加速度等。

2) 接近段轨道动力学模型

探测器接近目标天体时的动力学模型要根据目标天体的特性和任务特点分别进行考虑。当前的探测目标一般包括大行星、大行星的卫星、小行星、彗星。接近段任务包括撞击、近距离飞越、远距离飞越、环绕等。

目标天体为大行星或者大行星的卫星时, 探测器由于距离目标天体较近, 虽然仍旧是以太阳为中心引力天体, 但此时的摄动力主要为目标大行星的引力和太阳光压。其动力学方程建立在 J2000 日心黄道惯性坐标系中, 其形式为

$$\begin{cases} \dot{r} = v \\ \dot{v} = -\dfrac{\mu_s}{r^3} r + \mu_a \left(\dfrac{r_r}{r_r^3} - \dfrac{r_t}{r_t^3} \right) - \dfrac{AG}{m r^3} r + \dfrac{k}{m} T + a \end{cases} \tag{4-2}$$

式中, r 和 v 分别为探测器在日心黄道坐标系的位置和速度矢量, 且 $r = \|r\|$; r_t 为大行星在日心黄道惯性坐标系的位置矢量, 且 $r_t = \|r_t\|$; r_r 为大行星相对于探测器的位置矢量, 即 $r_r = r_t - r$, 且 $r_r = \|r_r\|$; μ_a 为大行星的引力常数。其中的未知变量包括探测器在日心黄道惯性坐标系中的位置和速度、太阳光压系数、未知加速度等。

目标天体为小行星或彗星时, 由于小行星和彗星的质量很小, 引力也很弱, 所以探测器的动力学方程与巡航段的动力学方程一致。

针对不同的任务特点, 探测器的动力学方程可以分为绝对运动和相对运动两种。当探测器仅仅是远距离观察目标天体并执行简单拍照任务时, 探测器的动力学方程应该建立在日心惯性坐标系中, 其形式与式 (4-1) 和式 (4-2) 相同。但是当探测器执行撞击或者绕飞任务时, 所需考虑的主要是探测器相对于目标天体的距离信息, 采用相对运动的动力学方程更加合适, 此时假设探测器相对目标天体的运动在短时间内为匀速直线运动, 于是有相对坐标系下的简化动力

学模型：

$$\begin{cases} \boldsymbol{X}_t = \boldsymbol{X}_{t0} + \dot{\boldsymbol{X}}_t(t - t_0) \\ \dot{\boldsymbol{X}}_t = \dot{\boldsymbol{X}}_{t0} \end{cases} \tag{4-3}$$

式中，$\boldsymbol{X}_t$、$\dot{\boldsymbol{X}}_t$ 分别是探测器在以目标天体为中心的 J2000 惯性坐标系中的位置矢量和速度矢量。

3）绕飞段轨道动力学模型

绕飞段是指探测器进入目标天体的引力影响范围后的阶段，此时探测器与目标天体的距离足够近，能够执行环绕飞行任务，需要考虑的是以目标天体为中心的二体受摄运动，主要的摄动项是目标天体的非球形引力摄动、太阳光压摄动、第三体引力摄动等。目标天体为大行星时，由于对其形状模型、质量分布、磁场模型、大气密度等有较为详细的了解，所以其动力学模型的形式与地球卫星的动力学模型相似，建立在目标天体质心惯性坐标系中，其形式为

$$\begin{cases} \dot{\boldsymbol{r}} = \boldsymbol{v} \\ \dot{\boldsymbol{v}} = \dfrac{\partial U_{\mathrm{a}}}{\partial \boldsymbol{r}} + \mu_{\mathrm{s}}\left(\dfrac{\boldsymbol{r}_{rs}}{r_{rs}^3} - \dfrac{\boldsymbol{r}_{ts}}{r_{ts}^3}\right) + \mu_{\mathrm{w}}\left(\dfrac{\boldsymbol{r}_{rw}}{r_{rw}^3} - \dfrac{\boldsymbol{r}_{tw}}{r_{tw}^3}\right) - \dfrac{AG}{mr_{rs}^3}\boldsymbol{r}_{rs} + \dfrac{k}{m}\boldsymbol{T} + \boldsymbol{a}_{\mathrm{d}} + \boldsymbol{a} \end{cases} \tag{4-4}$$

式中，$\boldsymbol{r}$ 和 $\boldsymbol{v}$ 分别为探测器的位置和速度矢量，且 $r = \|\boldsymbol{r}\|$；U_{a} 为目标天体引力势函数；$\boldsymbol{r}_{ts}$ 和 $\boldsymbol{r}_{tw}$ 分别为太阳和大行星的卫星在目标天体质心惯性坐标系的位置矢量，且 $r_{ts} = \|\boldsymbol{r}_{ts}\|$，$r_{tw} = \|\boldsymbol{r}_{tw}\|$；$\boldsymbol{r}_{rs}$ 和 $\boldsymbol{r}_{rw}$ 分别为太阳和卫星相对探测器的位置矢量，即 $\boldsymbol{r}_{rs} = \boldsymbol{r}_{ts} - \boldsymbol{r}$，$\boldsymbol{r}_{rw} = \boldsymbol{r}_{tw} - \boldsymbol{r}$，且 $r_{rs} = \|\boldsymbol{r}_{rs}\|$，$r_{rw} = \|\boldsymbol{r}_{rw}\|$；$\mu_{\mathrm{a}}$ 和 μ_{w} 分别为目标天体和其卫星的引力常数；$\boldsymbol{a}_{\mathrm{d}}$ 为大气阻力摄动加速度。其中的未知变量包括探测器的位置和速度、太阳光压系数、推力系数、未知加速度、大天体的引力场系数等。

在小天体探测任务中，因为导航系统在确定和预报探测器轨道时需要精确的小天体引力场模型，所以确定小天体引力环境成为重要的问题。小天体的引力场和形状能够用来推导小天体的质量密度分布，对小天体引力场参数的估计涉及对同步测量到的小天体表面多普勒数据和光学图像的处理。激光测距仪测量到的探测器到小天体表面距离也可以用来确定小天体的形状[43]。尽管小天体的形状非常不规则，但一般仍能用球谐项展开来表达其引力势函数：

$$U = \frac{GM}{r}\sum_{n=0}^{\infty}\sum_{m=0}^{n}\left(\frac{r_0}{r}\right)^n \overline{\boldsymbol{P}}_{nm}(\sin\phi) \cdot \left[\overline{\boldsymbol{C}}_{nm}\cos(m\lambda) + \overline{\boldsymbol{S}}_{nm}\sin(m\lambda)\right] \tag{4-5}$$

式中，G 为小天体引力常数；M 为小天体的质量 $\overline{\boldsymbol{P}}_{nm}$ 为勒让德多项式及其函数，n 和 m 分别为多项式的次数和阶数；r_0 为小天体的参考半径；r 为探测器到

小天体中心的距离；ϕ 和 λ 分别为小天体的纬度和经度；$\overline{C}_{nm}$ 和 $\overline{S}_{nm}$ 为归一化系数。

归一化系数与无归一化系数之间的关系如下式：

$$(\overline{C}_{nm}; \overline{S}_{nm}) = \left[\frac{(n+m)!}{(2-\delta_{0m})(2n+1)(n-m)!} \right]^{\frac{1}{2}} (C_{nm}; S_{nm}) \tag{4-6}$$

式中，δ_{0m} 为克罗内克符号函数。

考虑到对小天体各类信息了解很少，采用的导航方式主要为相对导航，所以摄动项主要考虑小天体形状不规则摄动和太阳光压及引力摄动，探测器动力学方程建立在小天体固连坐标系中，其具体描述如下：

$$\begin{cases} \dot{\boldsymbol{r}} = \boldsymbol{v} \\ \dot{\boldsymbol{v}} = -2\boldsymbol{\omega} \times \boldsymbol{v} - \boldsymbol{\omega} \times \boldsymbol{\omega} \times \boldsymbol{r} + \dfrac{\partial V(\boldsymbol{r})}{\partial \boldsymbol{r}} + \boldsymbol{a} \end{cases} \tag{4-7}$$

式中，$\boldsymbol{r}$ 和 $\boldsymbol{v}$ 分别为探测器的位置矢量和速度矢量；$\boldsymbol{\omega}$ 为小天体自旋角速度矢量；$\boldsymbol{a}$ 为其他未考虑摄动力加速度矢量；$V(\cdot)$ 为势函数，具体表达式为

$$V(\boldsymbol{r}) = U(\boldsymbol{r}) + \frac{\beta \boldsymbol{d} \cdot \boldsymbol{r}}{\|\boldsymbol{d}\|^3} - \frac{\mu_{\mathrm{s}}}{2d^3} \left[\boldsymbol{r} \cdot \boldsymbol{r} - 3 \left(\frac{\boldsymbol{d} \cdot \boldsymbol{r}}{\|\boldsymbol{d}\|} \right)^2 \right] \tag{4-8}$$

式中，第一项为小天体引力势函数；第二项为太阳光压摄动势函数，其中 β 为太阳光压参数；第三项为太阳引力摄动势函数，其中 $\boldsymbol{d}$ 为小天体相对太阳的位置矢量，可以由小行星的星历计算得到。其中的未知变量包括探测器的位置和速度、太阳光压系数、推力系数、小天体的物理参数等。

4）着陆段轨道动力学模型

在月球等无大气的大天体表面着陆，其自旋角速度对探测器动力学的影响可以忽略。则考虑推力发动机构型的简化着陆动力学方程为

$$\begin{pmatrix} \ddot{x} \\ \ddot{y} \\ \ddot{z} \\ \ddot{m} \end{pmatrix} = \begin{pmatrix} T_{M1}/m + \Delta_x \\ T_{M2}/m + \Delta_y \\ T_{M3}/m + g_M + \Delta_z \\ -\alpha \|T_M\| \end{pmatrix} \tag{4-9}$$

式中，$\boldsymbol{T}_M = (T_{M1}, T_{M2}, T_{M2})^{\mathrm{T}}$ 为合力向量，定义为 $\boldsymbol{T}_M = \beta \boldsymbol{u}$，其中，$\beta = nT\cos\phi$ 为探测器的侧滑角，$\boldsymbol{u}$ 为推力方向单位矢量，n 为发动机数量，T 为每个发动机的推力，ϕ 为发动机安装方向与合力方向夹角；系数 $\alpha = 1/(I_{\mathrm{sp}}g_e\cos\varphi)$，其中 I_{sp} 为发动机比冲，g_e 为地表重力加速度；Δ_x、Δ_y、Δ_z 分别为探测器在着陆过程中

受到的未建模扰动力。在动力下降过程中，引力场的高阶项对探测器运动的影响较小，可以忽略不计，通常视引力加速度为常数 g_M。

对于火星等有大气大天体的进入段过程，考虑到行星大气进入为高速飞行，时间比较短，忽略目标天体自转带来的误差（即忽略含 ω 及其更高次幂的项），并认为大气相对于目标天体静止，即不考虑风力的影响，可以得到简化的动力学方程：

$$\begin{cases} \dot{r} = v \sin \gamma \\ \dot{\theta} = \dfrac{v \cos \gamma \cos \psi}{r \cos \phi} \\ \dot{\phi} = \dfrac{v \cos \gamma \sin \psi}{r} \\ \dot{v} = -D - g \sin \gamma \\ \dot{\gamma} = \dfrac{1}{v} \left[L \cos \sigma - \left(g - \dfrac{v^2}{r} \right) \cos \gamma \right] \\ \dot{\psi} = -\dfrac{1}{v \cos \gamma} \left(L \sin \sigma + \dfrac{v^2}{r} \cos^2 \gamma \cos \psi \tan \phi \right) \end{cases} \tag{4-10}$$

式中，探测器矢径 r、经度 θ、纬度 ϕ、速度 v、航迹角 γ、航向角 ψ 为动力学模型的状态。探测器通常设计为稳定的气动外形，所以可以假设在大气进入过程中探测器的攻角 α 始终为平衡攻角，侧滑角 β 为 $0°$，而倾侧角 σ 视为控制变量。气动阻力 D、升力 L 及侧向力 Z 可由下式计算得到[44]：

$$\begin{cases} D = 0.5 \rho V^2 S C_D \\ L = 0.5 \rho V^2 S C_L \\ Z = 0.5 \rho V^2 S C_Z \end{cases} \tag{4-11}$$

式中，ρ 为大气密度；S 为探测器的参考面积；C_D 为阻力系数；C_L 为升力系数；C_Z 为侧向力系数。

在着陆弱引力小天体过程中，由于着陆阶段探测器距离小天体很近，小天体引力和探测器推力将对探测器的运动起主要作用。考虑到小天体形状不规则摄动和太阳光压及引力摄动，在小天体着陆点坐标系描述探测器轨道动力学方程如下：

$$\begin{cases} \dot{\boldsymbol{r}} = \boldsymbol{v} \\ \dot{\boldsymbol{v}} = \dfrac{\partial V (\boldsymbol{\rho} + \boldsymbol{r})}{\partial \boldsymbol{r}} - 2\boldsymbol{\omega} \times \boldsymbol{v} - \boldsymbol{\omega} \times [\boldsymbol{\omega} \times (\boldsymbol{\rho} + \boldsymbol{r})] + \boldsymbol{R}_b^f \boldsymbol{u}_b + \boldsymbol{a} \end{cases} \tag{4-12}$$

式中，$\boldsymbol{r}$ 和 $\boldsymbol{v}$ 分别为探测器的位置矢量和速度矢量；$\boldsymbol{\rho}$ 为着陆点相对于小天体中心的位置矢量；$\boldsymbol{u}_b$ 为在探测器本体坐标系的推力加速度；$\boldsymbol{R}_b^f$ 为从本体坐标系转换到着陆点坐标系的矩阵；$V(\cdot)$ 为引力势函数；$\boldsymbol{a}$ 为其他未考虑摄动力加速度矢量。

5) 动平衡点的动力学模型

动平衡点也称为拉格朗日点，是深空研究的热点之一。对动平衡点的研究建立在"太阳 – 大行星 – 探测器"组成的圆形限制性三体 (Circular-Restricted Three-Body Problem, CRTBP) 模型这一力学系统中，其中，太阳为大天体，大行星为小天体，探测器为第三体且其对太阳和大行星的作用力忽略不计。

建立大行星质心旋转坐标系 $O_p xyz$：大行星的质心为原点 O_p，基本面为黄道面，x 轴正向由日心指向大行星的质心，y 轴在黄道面中沿大行星运动方向垂直于 x 轴，z 轴遵循右手定则。将 J2000 日心惯性坐标系表示为 $OXYZ$。

两坐标系间的转换有以下关系式：

$$\begin{pmatrix} X \\ Y \\ Z \end{pmatrix} = \begin{pmatrix} \cos t & -\sin t & 0 \\ \sin t & \cos t & 0 \\ 0 & 0 & 1 \end{pmatrix} \begin{pmatrix} x+1 \\ y \\ z \end{pmatrix} \tag{4-13}$$

在大行星质心旋转坐标系中，探测器的动力学方程为

$$\begin{cases} \ddot{x} - x - 2\dot{y} = -\partial U/\partial x + u_x + w_x \\ \ddot{y} - y + 2\dot{x} = -\partial U/\partial y + u_y + w_y \\ \ddot{z} = -\partial U/\partial z + u_z + w_z \end{cases} \tag{4-14}$$

式中，U 为 CRTBP 模型下的引力势函数，即 $U(x,y,z) = -\mu/r_2 - 1/r_1 - x$，其中，$\mu = \mu_p/\mu_s$，$\mu_p$ 为大行星的引力系数，μ_s 为太阳的引力系数。

式 (4-14) 展开后的形式如下：

$$\begin{cases} \ddot{x} - x - 2\dot{y} = -\mu x/(x^2+y^2+z^2)^{3/2} - (1+x)/\left[(x+1)^2+y^2+z^2\right]^{3/2} + 1 + u_x + w_x \\ \ddot{y} - y + 2\dot{x} = -\mu y/(x^2+y^2+z^2)^{3/2} - y/\left[(x+1)^2+y^2+z^2\right]^{3/2} + u_y + w_y \\ \ddot{z} = -\mu z/(x^2+y^2+z^2)^{3/2} - z/\left[(x+1)^2+y^2+z^2\right]^{3/2} + u_z + w_z \end{cases} \tag{4-15}$$

式中，$\boldsymbol{w} = (w_x, w_y, w_z)$ 为噪声变量；$\boldsymbol{u} = (u_x, u_y, u_z)$ 为三轴所施加的发动机推力。

4.2.2 导航观测模型

1) 图像信息

光学导航是深空探测中广泛采用的一种自主导航方式，主要利用星载导航相机获取导航天体或天体表面可视导航目标的图像，进而通过位置解算实时估

计探测器的轨道参数。在深空任务中，可用于光学图像测量的导航目标主要有恒星、大行星及其卫星、小天体（小行星、彗星）以及目标天体表面特征等。

通过光学图像测量可以得到导航目标在相机焦平面内的像元和像线 (p, l)，其观测模型为[45]

$$\begin{cases} p = f\dfrac{T_{11}(x_i - x) + T_{12}(y_i - y) + T_{13}(z_i - z)}{T_{31}(x_i - x) + T_{32}(y_i - y) + T_{33}(z_i - z)} \\ l = f\dfrac{T_{21}(x_i - x) + T_{22}(y_i - y) + T_{23}(z_i - z)}{T_{31}(x_i - x) + T_{32}(y_i - y) + T_{33}(z_i - z)} \end{cases} \tag{4-16}$$

式中，f 为相机焦距；(x_i, y_i, z_i) 和 (x, y, z) 分别为导航目标和探测器在导航坐标系的位置；$T_{jk}(j, k = 1, 2, 3)$ 为相机坐标系相对于导航坐标系的姿态转换矩阵第 j 行第 k 列的元素。对图像测量精度影响较大的因素包括相机硬件精度、图像处理精度和姿态确定精度。

2）目标视线矢量测量

在深空探测任务中，可用于视线矢量观测的参考天体主要有太阳、大行星及其卫星、已知星历的小行星以及目标天体表面特征等[46]。相机坐标系内目标相对于探测器的视线矢量为 $\boldsymbol{V}_C = (V_{C1}, V_{C2}, V_{C3})^{\mathrm{T}}$，把 $\boldsymbol{V}_C$ 转换到二维相机焦平面上有

$$\begin{pmatrix} x \\ y \end{pmatrix} = \frac{f}{V_{C3}} \begin{pmatrix} V_{C1} \\ V_{C2} \end{pmatrix} \tag{4-17}$$

式中，f 为相机焦距；x, y 为视线矢量在相机焦平面的投影。

在不考虑电磁和光畸变的情况下，从相机焦平面直角坐标系转化为像元和像线为

$$\begin{pmatrix} p \\ l \end{pmatrix} = \boldsymbol{K} \begin{pmatrix} x \\ y \end{pmatrix} + \begin{pmatrix} p_0 \\ l_0 \end{pmatrix} \tag{4-18}$$

式中，$\boldsymbol{K}$ 为由毫米到像素的转换矩阵；(p_0, l_0) 为相机中心的像元和像线。

由像元、像线表示的目标视线矢量为

$$\boldsymbol{l}_{\mathrm{B}} = \frac{1}{\sqrt{\left(\dfrac{p}{K_x}\right)^2 + \left(\dfrac{l}{K_y}\right)^2 + f^2}} \begin{pmatrix} \dfrac{p}{K_x} \\ \dfrac{l}{K_y} \\ f \end{pmatrix} \tag{4-19}$$

3）近天体视线角测量

根据天体与地球的距离分为近天体与远天体，太阳系中的天体（太阳、行星、月球、彗星）称为近天体，并认为近天体是半径已知的圆球，而恒星则称为

远天体。近天体视线角测量指对已知天体的方位角、高度角的测量,比如通过分光计或者光谱摄制仪可以观测太阳光线方向,通过导航相机也可获取此类信息。近天体视线角的观测模型为

$$\begin{cases} \Phi = \arctan\left(\dfrac{y - y_c}{x - x_c}\right) \\ \Theta = \arcsin\left(\dfrac{z - z_c}{r_{rc}}\right) \end{cases} \qquad (4\text{-}20)$$

式中, (x, y, z) 为探测器在日心黄道惯性坐标系中的位置矢量; (x_c, y_c, z_c) 为目标天体在导航相机坐标系中的位置矢量; r_{rc} 为探测器与目标天体间的距离。

4)夹角信息测量

角度信息测量指对已知天体视线夹角的测量,通过空间六分仪类的敏感器或者通过相机图像得到目标天体与背景恒星间的夹角,主要代表有天文导航中提到的近天体 – 探测器 – 远天体夹角测量、近天体 – 探测器 – 近天体夹角测量和探测器对近天体视角测量等[47]。

其观测模型可以表示为

$$\theta_c = \arccos\left[\frac{(x_c - x)x + (y_c - y)y + (z_c - z)z}{\sqrt{(x_c - x)^2 + (y_c - y)^2 + (z_c - z)^2}\sqrt{x^2 + y^2 + z^2}}\right] \qquad (4\text{-}21)$$

$$\theta_{st} = \arccos\left[-\frac{(\cos\beta_{st}\cos\sigma_{st})x + (\cos\sigma_{st}\sin\beta_{st})y + (\sin\sigma_{st})z}{\sqrt{x^2 + y^2 + z^2}}\right] \qquad (4\text{-}22)$$

式(4–21)为两个已知近天体的视线夹角。式(4–22)为中心天体/近天体的视线与某恒星方向的夹角。 β_{st} 、 σ_{st} 分别为恒星的赤经和赤纬。利用夹角信息的优点是夹角的计算与姿态无关。

5)径向速度测量

利用太阳和探测器之间的相对运动产生的多普勒漂移现象,可以计算出探测器相对于测量天体的径向速度。多普勒漂移可以通过多普勒补偿器或者共振散射分光计测量,目前前者的速度估计精度可以达到 $1 \sim 10$ m/s,后者的速度估计精度可以达到 1 cm/s。

其观测模型可以表示为

$$v_r = \frac{\boldsymbol{r} \cdot \boldsymbol{v}}{\|\boldsymbol{r}\|} \qquad (4\text{-}23)$$

式中, $\boldsymbol{r}$ 和 $\boldsymbol{v}$ 分别为探测器在日心黄道惯性坐标系中的位置矢量和速度矢量。

6）距离测量

在接近和着陆阶段，由于探测器与目标天体表面的距离进入了激光测距仪的测量范围，可以通过激光测距仪等测距敏感器来得到距离信息。当前任务中的高度计性能如表 4-1 所示。

表 4-1　高度计性能表

任务	高度计名称	频率/Hz	最大距离/km	精度/m
克莱门汀号	LIDAR	1	640	40
火星全球探勘者号	MOLA	10	786	2
NEAR	NEAR LA	8	50	2
深空 4 号	LRI	1×10^5	2	0.2

其观测模型可以表示为

$$r_i = \|(x - x_i, y - y_i, z - z_i)\| \tag{4-24}$$

式中，(x, y, z) 为探测器在目标天体质心固连坐标系中的位置矢量；(x_i, y_i, z_i) 为激光测距仪指向的目标天体表面特征点在目标天体质心固连坐标系中的位置矢量。

7）脉冲星导航系统观测信息

X 射线脉冲星导航定位原理与现代卫星导航系统类似，能够为探测器提供位置、速度、时间和姿态等丰富的信息。此类导航系统由 X 射线探测器（包括 X 射线成像仪和 X 射线光子计数器）、星载原子钟、星载计算设备组成。其基本原理是利用 X 射线探测器接收脉冲星辐射的 X 频段电磁波，测量其脉冲到达时间，然后与事先建立的以太阳系质心惯性系为基准的到达时间模型进行比较，直接观测量为观测者测量 N 个脉冲的时间间隔。

忽略接收 N 个脉冲的时间间隔期间观测者的位置变化，可以得到脉冲星导航的基本观测方程：

$$\Delta t_0 = \Delta t_b + \frac{\boldsymbol{n} \cdot \boldsymbol{r}_0}{c} + \delta t_a + \delta t_v + \delta t_g + \delta t_w \tag{4-25}$$

式中，Δt_0 为观测者测量 N 个脉冲的时间间隔，是直接观测量；Δt_b 是太阳系质心接收 N 个脉冲的时间间隔的零级近似，用来作为时间计算的基准，它仅取决于脉冲星的固有参数；δt_a、δt_v、δt_g 和 δt_w 均为时间误差，分别对应周年视差影响、脉冲星的运动速度产生的多普勒频移、宇宙介质产生的色散延缓和太阳系引力场的广义相对论效应影响；$\boldsymbol{n} \cdot \boldsymbol{r}_0 / c$ 是脉冲从太阳系质心系到观测者的传播时间的零级近似,是确定探测器位置矢量 $\boldsymbol{r}_0$ 的主要部分,其中 c、n 分别为光速和光波传播方向的单位矢量。

4.2.3 导航几何分析法

导航几何分析法是根据探测器与导航目标之间的几何关系,通过求解观测量所构成的方程组获得探测器的位置信息。而位置面是导航问题中的一个基本概念,是当观测信息为常值时,探测器可能位置形成的曲面。

4.2.3.1 导航位置面

深空天文导航中的轨道确定方法可以归结为通过天体的测量获得位置面,再通过位置面的组合进行定位的方法。当然,随着观测信息的丰富,有些观测量已经无法简单地通过位置面来描述了。

对天体进行观测时,作如下假设:① 用来进行导航的天体在观测时刻对已知坐标系的位置可由天文年历查得;② 忽略光速以及恒星与飞行器之间距离的有限性,认为光速和探测器与恒星的距离均为无穷大;③ 按现有的技术条件,认为当探测器的运动状态发生变化时,敏感器能够测量到相应的变量,且精度满足要求。五种位置面定义如下。

(1)近天体–探测器–远天体的夹角测量,其矢量描述为

$$\boldsymbol{r} \cdot \boldsymbol{i} = -r\cos A \tag{4-26}$$

式中,$\boldsymbol{r}$ 为近天体到探测器的位置矢量,为待估计状态;$\boldsymbol{i}$ 为近天体到恒星的视线的单位矢量,可由天文年历计算得到;r 为探测器到近天体的距离;A 为夹角信息,也就是观测量。其位置面几何形状为一圆锥面。

(2)近天体–探测器–近天体的夹角测量,其矢量描述为

$$\boldsymbol{r} \cdot \boldsymbol{r}_p = r^2 - r\|\boldsymbol{r} - \boldsymbol{r}_p\|\cos A \tag{4-27}$$

式中,$\boldsymbol{r}_p$ 为两近天体之间的距离矢量。其位置面几何形状为一超环面。

(3)探测器对近天体视线角测量,其矢量描述为

$$r = \frac{D}{2\sin(A/2)}; r = \sqrt{(x-x_t)^2 + (y-y_t)^2 + (z-z_t)^2} \tag{4-28}$$

式中,D 为近天体的直径;r 为探测器到近天体的距离;(x_t, y_t, z_t) 为近天体在日心惯性坐标系内的位置矢量。其位置面几何形状为一圆球面。

(4)掩星测量,其位置面几何形状为一圆柱面。

(5)通过相机得到的视线测量,可以以方位角和高度角表示,如之前所述的近天体视线角测量,其位置面几何形状为一条直线。

4.2.3.2　探测器位置确定

定位问题是要计算探测器相对于太阳或者目标天体的位置信息，有三个未知量，所以如果存在三个互不相关的观测方程组成的方程组，就可以确定探测器的位置。下面以巡航段为例，典型的巡航段自主导航方案包括基于日地月信息的导航方案、基于恒星信息的导航方案和基于小行星信息的导航方案。

1）基于日地月信息的导航方案

日地月信息属于近天体信息，可以观测的内容包括探测器相对于三个天体的方向信息、探测器与任意两个天体间的夹角信息、探测器观测地球或月球的视线角信息和探测器相对于太阳的径向速度信息等。

在已知探测器姿态的情况下，如果测量视线矢量能精确指向导航目标，则指向任意两个不同导航目标点的视线必然交于一点（探测器），从而可以确定探测器的位置。由近天体视线角测量方程可知，一次测量能得到两个互不相关的方程，所以需要两次测量就能确定探测器的位置，方程组如下：

$$
\begin{cases}
\Phi_1 = \arctan\left(\dfrac{y - y_{c1}}{x - x_{c1}}\right) \\[2mm]
\Theta_1 = \arcsin\left(\dfrac{z - z_{c1}}{r_{rc1}}\right) \\[2mm]
\Phi_2 = \arctan\left(\dfrac{y - y_{c2}}{x - x_{c2}}\right) \\[2mm]
\Theta_2 = \arcsin\left(\dfrac{z - z_{c2}}{r_{rc2}}\right)
\end{cases}
\tag{4-29}
$$

探测器与任意两个近天体的夹角测量是指 4.2.3.1 节中提到的近天体 – 探测器 – 近天体夹角测量，日地月三个近天体能够得到三个超环面，通过三个超环面的交界可以确定探测器的位置，可能有多个解。由近天体 – 探测器 – 近天体夹角测量的矢量描述方程可知，一次测量能得到一个方程，所以需要三次测量就能确定探测器的位置（如图 4-1），方程组如下：

$$
\begin{cases}
\boldsymbol{r} \cdot \boldsymbol{r}_{p1} = r^2 - r\,\|\boldsymbol{r} - \boldsymbol{r}_{p1}\| \cos A_1 \\
\boldsymbol{r} \cdot \boldsymbol{r}_{p2} = r^2 - r\,\|\boldsymbol{r} - \boldsymbol{r}_{p2}\| \cos A_2 \\
\boldsymbol{r} \cdot \boldsymbol{r}_{p3} = r^2 - r\,\|\boldsymbol{r} - \boldsymbol{r}_{p3}\| \cos A_3
\end{cases}
\tag{4-30}
$$

由于地球或者月球的半径已知，所以根据测量得到的地球或者月球的视线角可以得到以地球或者月球为中心的圆球面，两者的交线为圆形，具有无穷多解，因此无法仅通过测量视线角确定探测器的位置，还需加入其他观测信息。由其数学描述可知，一次观测能确定一个方程，需要三次观测就可以确定位置，

几何分析可知一般也存在多个解,方程组如下:

$$\begin{cases} r_1 = \dfrac{D_1}{2\sin(A_1/2)}; r_1 = \sqrt{(x-x_{p1})^2 + (y-y_{p1})^2 + (z-z_{p1})^2} \\ r_2 = \dfrac{D_2}{2\sin(A_2/2)}; r_2 = \sqrt{(x-x_{p2})^2 + (y-y_{p2})^2 + (z-z_{p2})^2} \\ r_3 = \dfrac{D_3}{2\sin(A_3/2)}; r_3 = \sqrt{(x-x_{p3})^2 + (y-y_{p3})^2 + (z-z_{p3})^2} \end{cases} \quad (4\text{--}31)$$

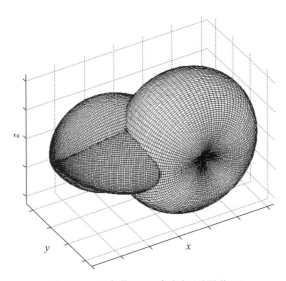

图 4–1 三个位置面确定探测器位置

利用多普勒频移现象计算出探测器相对测量天体的径向速度。从其描述形式可知一次观测仅能得到一个观测方程,所以必须配合其他观测才能进行轨道确定,比如加入近天体的视线方向等。

通过上述分析可知,采用单一观测方式时,视线测量需要测量两次,角度测量最少需要测量三次;采用不同种观测方式的组合时,必须保证存在三个互不相关的观测方程。

2) 基于恒星信息的导航方案

恒星信息属于远天体信息,可以观测的信息包括近天体 – 探测器 – 远天体的夹角信息、掩星测量、星光折射、恒星视线方向等。当前较受关注的 X 射线脉冲星导航,观测的就是一类特殊的恒星。近天体 – 探测器 – 远天体的夹角测量主要是指太阳 – 探测器 – 恒星的夹角,通过导航相机得到的是导航天体亮心以及其背景恒星,从中可以得到恒星视线方向以及恒星 – 探测器 – 导航天体的夹角。掩星测量和星光折射在地球附近可以执行,但在远离地球阶段不适用。

因为对导航天体的物理特性了解很少,掩星测量中的星体半径无法获取。星光折射导航的关键因素是大气密度模型,存在大气的行星较少,即使存在大气,其大气密度模型的精度也无法满足任务要求,所以也不适于在深空探测任务中应用。

由近天体 – 探测器 – 远天体的矢量描述可知,观测一次仅能获取一个方程,如果观测三次,虽然能够获取三个互不相关的方程,但是非线性方程的解是否为有限个还需要进行几何分析。由于近天体 – 探测器 – 远天体的夹角测量能够提供的是以近天体为顶点的圆锥面,观测两颗恒星后得到的是两条以近天体为顶点的射线,即使观测第三颗恒星,也仅仅可以选定两条射线中的一条,仍然存在无穷多解,所以无论增加多少次测量均无法获取探测器具体位置,此类观测必须增加其他种类的观测信息。

通过相机能够得到恒星视线方向,但是由于恒星为无穷远处,所以仅仅能够用来指示方向也就是计算探测器姿态,无法进行轨道确定计算。

对 X 射线脉冲星的观测能够获得的是已知脉冲星所发射脉冲的到达时间。由其观测方程可知,最少通过对三颗脉冲星进行观测可以确定探测器位置,其方程组为

$$
\begin{cases}
\Delta t_0 = \Delta t_b + \dfrac{\boldsymbol{n}_1 \cdot \boldsymbol{r}_0}{c} + \cdots \\[2mm]
\Delta t_0 = \Delta t_b + \dfrac{\boldsymbol{n}_2 \cdot \boldsymbol{r}_0}{c} + \cdots \\[2mm]
\Delta t_0 = \Delta t_b + \dfrac{\boldsymbol{n}_3 \cdot \boldsymbol{r}_0}{c} + \cdots
\end{cases}
\tag{4-32}
$$

3）基于小行星信息的导航方案

深空中可以用来导航的还包括大行星、小行星和彗星。小行星的数目是巨大的,主带小行星、近地小行星等分布得非常广泛,且获取其信息较为方便,所以巡航段导航依据小行星信息较为可行,“深空 1 号”任务就采用此类导航策略。对小行星的观测主要是通过导航相机对不同的小行星拍照获取其视线信息,也属于近天体视线角测量,一次观测能够得到两个方程,于是观测两颗小行星能确定位置。如果同时对速度进行估计,则最少需要观测三颗小行星才能得到六个互不相关的方程。

接近段、绕飞段以及着陆段的导航所能依托的主要是目标天体的信息。由于距离目标天体较近所以能够得到的观测信息包括目标天体的视线方向、目标天体的轮廓、探测器相对于目标天体表面特征点的视线方向等。上述信息均可通过导航相机获取,通过高度计还可以得到探测器距离目标天体上某点的距离

信息。

（1）观测亮心。观测亮心能够获得目标天体的视线方向，其几何描述为一条直线，仅仅通过一次观测无法得到探测器定位，依据式（4–29）最少要进行两次观测。

（2）观测轮廓。目标天体的轮廓信息也就相当于近天体视线角的测量，但是由于小天体的形状很不规则，而且对其形状信息了解很少，所以很难应用。

（3）观测特征点。特征点观测包括高度计信息的获取和特征点视线信息的获取。不考虑高度计信息时，依据式（4–29）最少需要两个特征点方向才能确定探测器相对特征点的位置。如果同时要估计速度，则最少要再有两个方程，也就是必须再加上一个特征点所提供的方向信息，同时为了保证方程之间相互独立，三个特征点不能共线。考虑高度计信息时，由于高度信息的位置面是以特征点为中心的圆球面，再加上特征点方向信息所提供的射线，完全可以确定探测器相对于特征点的位置，所以一个特征点就可以定位。

4.2.3.3 探测器姿态确定

当前对姿态确定算法的研究较为成熟，星敏感器结合陀螺定姿的技术能够使姿态确定达到较高精度。在星敏感器失效或者其他特殊情况下，才会通过其他观测手段进行姿态确定，比如"深空1号"任务中，由导航相机代替星敏感器进行姿态确定。姿态确定的主要观测信息是恒星的分布，通过相机对固定区域背景恒星的观测可以得到多颗恒星在天球的分布，再与已知的星图进行星图匹配，从而能够确定相机坐标系与惯性坐标系的转化矩阵，进而通过相机坐标系与体坐标系间的关系就可以确定姿态，并不断对陀螺漂移进行修正。涉及相机的观测信息均需要考虑姿态问题，所以在上述过程中如果能够得到姿态的变化规律则可以将姿态作为状态变量之一进行估计，比如"星尘号"任务中，通过加装反光镜保证了姿态的固定，从而在轨道确定过程中同时对姿态进行了估计。

4.2.4 导航滤波方法

根据对观测数据处理方式的不同，导航滤波器算法可分为两种：批量处理和递推处理。

批量处理是基于在一段时间内获得的一批观测数据进行反复迭代运算，得出在此时间段内某一特定时刻的最优轨道估计，常用最小二乘法。1795年，高斯利用最小二乘估计解决了轨道确定的问题，一般用来提供探测器轨道的初始状态。而其改进形式如加权最小二乘法被用来确定精确的轨道，如"深空1号"利用加权最小二乘法估计了探测器的轨道参数，并且在计算误差方差矩阵时采用了 U–D 分解算法。

递推处理是由即时观测数据更新现有估计，得出新的估计，一般用于轨道观测实时处理。递推滤波方法包括预测滤波方法、扩展卡尔曼滤波方法、Unscented 卡尔曼滤波方法、粒子滤波方法等，其中后面三种方法为统计滤波方法。

基于非线性控制中的预测跟踪方法和最小模型误差方法，预测滤波方法的基本思想为根据系统最优条件和模型输出误差协方差约束，实时估计两次测量采样时刻之间的模型误差，以实现模型输出对敏感器测量数据的跟踪。由于基于非线性系统的更高阶的近似，在一定条件下，预测滤波法能够给出优于扩展卡尔曼滤波方法的结果，目前预测滤波方法在姿态确定方面应用得较多。预测滤波方法假设模型误差在一个测量采样周期内为常值，因此在测量稀疏的情况下，其性能下降。另外，预测滤波算法中权矩阵的调整直接影响算法的性能。

扩展卡尔曼滤波方法是目前应用最广泛、最成熟的非线性滤波方法。它的算法结构与经典的线性卡尔曼滤波方法相同，由状态估值和协方差的时间更新与测量更新构成。由于一般非线性函数的均值和协方差的计算是极其困难或者不可能的，扩展卡尔曼滤波方法基于非线性状态方程和测量方程在状态预测值附近的局部线性化近似。扩展卡尔曼滤波是轨道确定最常用的估计算法，也是自主导航系统中最为广泛应用的状态估计器，各航天大国发展的自主导航系统都利用扩展卡尔曼滤波进行状态估计。尽管扩展卡尔曼滤波已经广泛应用于航天器的导航，但是其实现过程中的发散现象已经引起了大量关注，发散的出现可能是由于以下原因：一是错误的先验统计信息和存在无模型参数；二是非线性模型线性化；三是计算机有限字长造成的截断误差。针对问题一，自适应的扩展卡尔曼滤波、自调整（self-tuning）扩展卡尔曼滤波等算法被提出，其基本思想为：当滤波不收敛和状态误差方差阵出现异常（超出临界值）时，就调整滤波参数来重新启动卡尔曼滤波，利用模糊神经系统分析、处理状态误差方差矩阵和测量残差来产生用以调整过程误差方差矩阵的数据。对于存在无模型加速度情况下的轨道确定问题，基本思想：用一阶高斯 – 马尔科夫过程来近似作用在航天器上的无模型加速度，利用扩展卡尔曼滤波估计每个观测时刻的航天器状态和无模型加速度，以有效地解决出现无模型加速度时的航天器轨道确定问题。针对问题二，迭代的扩展卡尔曼滤波、二阶滤波法、非线性补偿（nonlinearity compensation）扩展卡尔曼滤波等算法被提出。针对问题三，U–D 滤波和 L–D 滤波等一系列处理状态误差方差阵的滤波算法被提出。

在强非线性、大初始估计误差等情况下，扩展卡尔曼滤波由于局部线性化近似可能会导致有偏估计甚至发散。因此，采用先进的非线性滤波方法有助于获得优于扩展卡尔曼滤波方法的性能。基于近似高斯分布比近似任意非线性函数容易的思想，Julier 等提出并完善了 Unscented 卡尔曼滤波（UKF）方法。Unscented 卡尔曼滤波方法的应用限于离散时间系统，保持了离散卡尔曼滤波方法的结构。当系统状态方程和测量方程为线性，初始状态、过程噪声和测量噪声为高斯分布时，Unscented 卡尔曼滤波算法与经典的线性卡尔曼滤波方法等价，获得的状态估计值为状态变量的条件均值。Unscented 卡尔曼滤波方法与扩展卡尔曼滤波方法的测量更新方程等价，但是 Unscented 卡尔曼滤波方法在计算状态的预测值、测量量的预测值、协方差的预测值等时，采用了基于 Unscented 变换的方法，从而获得更好的性能。Unscented 变换的基本思想是用一组根据状态估计值和误差协方差确定性计算出的采样点（称为 Sigma 点）来近似代表状态变量的分布。相对于扩展卡尔曼滤波算法而言，Unscented 卡尔曼滤波方法能够更精确地对状态和状态误差方差进行估计，不需要计算非线性函数的雅可比矩阵，可以应用于不可微的系统。Unscented 卡尔曼滤波算法已经在很多领域取得了一些成功的应用。

对于一般非线性系统的统计滤波问题，贝叶斯估计理论给出了严格、完备的理论框架，问题的关键是求解系统状态的后验概率密度函数，但是除一些特殊情况（如线性高斯系统）外，求解系统状态的后验概率密度函数在数学上是极其困难或者不可能的。从不能得到系统状态的后验概率密度函数这个意义上说，实际能够实现的绝大多数滤波方法是近似方法。扩展卡尔曼滤波方法、Unscented 卡尔曼滤波方法等仅对系统状态的均值和协方差进行估计，因为只有在系统状态为高斯分布的情况下，概率密度函数才可以完全由均值和协方差表示。这意味着当系统状态的分布不能够近似为高斯分布时，扩展卡尔曼滤波方法、Unscented 卡尔曼滤波方法等的性能降低。而粒子滤波算法是一种基于蒙特卡罗仿真的近似贝叶斯滤波算法，其核心思想为用一批离散的随机采样点（粒子）来近似状态变量的概率密度函数。当采样点的数目很大时，这将是一个对后验概率密度函数的很好的近似。相对于扩展卡尔曼滤波算法和 Unscented 卡尔曼滤波算法而言，粒子滤波算法能够处理任意的非线性函数和非高斯分布，根据采样点能够很容易地给出均值、协方差和其他统计量。Gordon 等在 20 世纪90 年代提出的 SIR（Sampling Importance Resampling）滤波算法，也叫作 Bootstrap算法，是最基本和常用的粒子滤波算法之一，许多改进的粒子滤波算法也基于该算法。SIR 滤波算法采用先验概率密度（状态转移概率密度）作为重要性函数。与其他粒子滤波算法相比，SIR 滤波算法具有简单、易于实现的特点。

4.3　典型深空自主导航方法

　　自主导航能够自主确定探测器在惯性空间的轨道，也就能确定探测器相对于太阳和地球的位置。因此，当受到攻击或较大扰动时，探测器就能够在不需要地面干预的情况下自动恢复，确定自身轨道和姿态，保证太阳帆板定向太阳，通信天线指向地球。由此可见，探测器实现自主导航有很大的优越性。但与地面导航相比，自主轨道确定带来许多新的问题：① 由于在星上完成，算法实现必然受到星载计算机字长、处理速度和内存大小的限制，而且对算法的数值稳定性和鲁棒性提出了更高的要求；② 没有直接的速度测量是大部分自主导航系统需要面临的一个问题，这表明探测器的速度矢量必须通过轨道动力学方程和一系列与位置相关的观测量来确定，但由于很难事先确定精确的引力场模型和各种摄动因素的影响，很难建立精确的探测器轨道动力学模型，这给基于轨道动力学模型的自主轨道确定带来较大的困难；③ 由于探测器轨道动力学方程的非线性，扩展卡尔曼滤波成为设计探测器导航系统常用的滤波算法。但扩展卡尔曼滤波算法是通过非线性模型的线性化来实现的，不可避免的轨道模型误差必然加大线性化带来的误差，这可能导致滤波性能变差，甚至会引起滤波算法的发散[48]。针对这些问题，本节在分析自主导航过程与系统设计原则的基础上，给出几种典型的探测器自主导航方法。

4.3.1　自主导航过程与系统设计原则

4.3.1.1　自主导航过程

　　轨道确定应利用观测数据来给出探测器在过去、当前和未来一段时间内任意时刻的运动状态。因此，自主轨道确定必然包括四个基本过程：数据预处理、初始轨道确定、轨道改进和轨道预报。

　　1）数据预处理

　　轨道观测数据的预处理是探测器自主轨道确定的前提和基础。对测量设备所获得的外测数据进行适当的修正和统计处理，以达到对每一个独立测量元素消除其部分系统误差，减少随机误差，剔除观测资料中的异常观测值，提高测量数据的精度，提高测量结果的置信度。

　　2）初始轨道确定

　　如果轨道确定是第一次运行，则选择指定的观测数据，利用最小二乘法确定探测器的初始轨道参数；否则，从探测器星历文件读取该历元的初始轨道参数。

3）轨道改进

轨道改进包括：递推探测器轨道参数到观测历元；利用观测模型计算观测量及残差；轨道修正，计算与导航滤波器相关的一些量，进而确定该历元精确的轨道参数和其他待定参数。

4）轨道预报

为了实时向探测器其他系统提供星历信息，利用该历元的轨道参数和轨道动力学模型积分预报到规定的时间，并将轨道数据保存到星历文件中。

4.3.1.2 自主导航系统设计原则

由于受到星载计算机处理速度和内存的限制，自主导航确定通常比地面导航受到更多的约束。因此，在轨道确定算法中，对观测模型、状态模型和滤波算法的选择提出了更严格的要求。

1）观测模型和状态模型的选择

由于自主导航系统很难直接测量到探测器的位置和速度，必须利用轨道动力学模型和一系列的观测量来估算探测器的轨道，因此选择合适的观测模型和状态模型成为一个关键因素。建立模型的第一步就是选择参考坐标系，选择的原则是尽量保持观测模型和状态模型的表达简单。选择一个合适的参考坐标系可以有效地增加整个计算的效率，同时，不同的参考坐标系会影响到轨道确定的性能。状态模型的选择包括状态量的选取以及状态方程规模的确定，观测模型的选择包括观测参数的选取以及依据观测参数建立观测仿真的计算模型。观测模型和状态模型必须相适应，以免观测模型或状态模型过于简化或烦琐。状态矢量应明显地影响观测模型矢量，并有一定实际的物理意义。根据同一测量可以建立不同的观测模型，也可将几个不同敏感器的测量进行组合，构成一个观测量，选择观测模型最基本的原则是要能精确地估计出状态矢量。

2）滤波算法的确定

设计导航系统的关键问题之一是滤波算法的选择，只有通过滤波算法处理测量数据，才能得到最小误差的系统状态和参数估计。滤波算法更新轨道参数就会涉及数值积分方法问题，考虑到星载计算机的处理速度和内存大小限制，利用高阶和变步长的积分方法是不可能的，已经证实选用低阶定步长龙格－库塔法是比较合适的。另外，单位的选取直接影响积分精度，对于不同任务背景的状态模型，需要选择不同的单位。例如，巡航段通常选择正则单位，接近目标天体体段则选择国际单位。

4.3.2　基于 U–D 协方差分解的自主导航方法

由于探测器轨道动力学方程的非线性，扩展卡尔曼滤波已成为设计探测器导航系统常用的滤波算法。但是，利用扩展卡尔曼滤波的自主轨道确定算法存在如下导致严重计算舍入误差的因素：① 受星载计算机字长和内存的限制，计算精度下降，必然导致更大的相对舍入误差；② 由于探测器轨道状态参数维数较大，而且多数情况下还需估计一些相关参数，导致需要处理较大维数的矩阵，数学运算量与矩阵维数的平方或立方成比例，而每次运算都会带来舍入误差，则会带来更大的计算误差；③ 扩展卡尔曼滤波算法存在矩阵求逆运算，必然导致更大的计算舍入误差，而计算舍入误差可能导致协方差矩阵失去非负定性甚至变得不对称，从而严重地降低卡尔曼滤波的性能，甚至引起滤波的发散；④ 卡尔曼滤波算法中的大量矩阵运算使得计算机的计算量和数据存储量都较大，因此大大增加了星载计算机的负担。由于递推的 U–D 协方差分解滤波算法通过 U–D 分解算法和多个测量逐个更新，可以避免计算舍入误差的影响，保证了协方差矩阵的非负定性和对称性，而且减少了计算机的计算量和数据存储量，所以非常适合星上自主轨道确定的需要。

4.3.2.1　基于 U–D 协方差分解的滤波算法

U–D 分解即把一个对称和正定的矩阵 M 分解成 $M = UDU^{\mathrm{T}}$ 的形式，其中，U 为单位上三角阵（即对角线元素都为 1 的上三角阵），D 为对角阵。单位上三角阵 U 有如下性质：① 单位上三角阵的行列式为 1，故其总是非奇异的，存在逆矩阵；② 单位上三角阵的逆也是单位上三角阵。

卡尔曼滤波的时间更新可表示为

$$P_k(-) = \boldsymbol{\Phi}_{k-1} P_{k-1}(+) \boldsymbol{\Phi}_{k-1}^{\mathrm{T}} + Q_{k-1} \tag{4-33}$$

测量更新可表示为

$$
\begin{aligned}
K_k &= P_k(-) H_k^{\mathrm{T}} [H_k P_k(-) H_k^{\mathrm{T}} + R_k]^{-1} \\
P_k(+) &= [I - K_k H_k] P_k(-)
\end{aligned}
\tag{4-34}
$$

下面利用 U–D 协方差分解来实现卡尔曼滤波的时间和测量更新。

分解预测协方差矩阵 $\widehat{P}$

$$\widehat{P} = \widehat{U} \widehat{D} \widehat{U}^{\mathrm{T}} \tag{4-35}$$

为了不使计算过程增维，通过下面修正的加权格莱姆 – 施密特（Gram-Schmidt）递推正交化过程来计算更新的 $\widetilde{U}$ 和 $\widetilde{D}$。定义 $\widetilde{U} = (\widetilde{u}_1,\cdots,\widetilde{u}_n)$，$\widehat{U} = (\widehat{u}_1,\cdots,\widehat{u}_n)$，$\widetilde{D} = \mathrm{diag}(\widetilde{d}_1,\cdots,\widetilde{d}_n)$，$\widehat{D} = \mathrm{diag}(\widehat{d}_1,\cdots,\widehat{d}_n)$。

1）时间更新算法

定义

$$\begin{aligned} W &= (\boldsymbol{\Phi}\widehat{U}, I_{n\times n}) \\ D &= \mathrm{diag}(\widehat{D}, Q) \\ W^{\mathrm{T}} &= (w_1, w_2, \cdots, w_n) \end{aligned} \quad (4\text{--}36)$$

式中，$\boldsymbol{\Phi}$ 为状态转移矩阵；$I_{n\times n}$ 为 n 维单位矩阵；Q 为模型误差方差矩阵。

对于 $j = n-1,\cdots,1$，有

$$\begin{cases} \widetilde{D}_{j+1} = w_{j+1}^{\mathrm{T}} D w_{j+1} \\ \widetilde{U}_{k,j+1} = w_k^{\mathrm{T}} D w_{j+1}/\widetilde{D}_{j+1} \quad (k=1,\cdots,j+1) \\ w_k = w_k - \widetilde{U}_{k,j+1} w_{j+1} \quad (k=1,\cdots,j+1) \\ \widetilde{D}_1 = w_1^{\mathrm{T}} D w_1 \\ \widetilde{U}_{1,1} = w_1^{\mathrm{T}} D w_1/\widetilde{D}_1 \end{cases} \quad (4\text{--}37)$$

2）测量更新算法

对于 m 个不同测量，对应的观测矩阵和测量噪声方差分别为 H_k 和 $r_k(k=1,\cdots,m)$

$$\begin{cases} f = \widetilde{U}^{\mathrm{T}} H_k^{\mathrm{T}}; \quad f^{\mathrm{T}} = (f_1,\cdots,f_n) \\ v_v = \widetilde{D}f; \quad v_{v_i} = \widetilde{d}_i f_i \quad (i=1,2,\cdots,n) \end{cases} \quad (4\text{--}38)$$

初始化，对于 $j=1$，有

$$\widehat{d}_1 = \widetilde{d}_1 r_k/\alpha_1; \quad \alpha_1 = r_k + v_{v_1} f_1; \quad K_2^{\mathrm{T}} = (v_{v_1}, 0, \cdots, 0) \quad (4\text{--}39)$$

对于 $j = 2,\cdots,n$，有

$$\begin{cases} \alpha_j = \alpha_{j-1} + v_{v_j} f_j \\ \widehat{d}_j = \widetilde{d}_j \alpha_{j-1}/\alpha_j \\ \widehat{u}_j = \widetilde{u}_j - f_j K_j/\alpha_{j-1} \\ K_{j+1} = K_j + v_{v_j} \widetilde{u}_j \end{cases} \quad (4\text{--}40)$$

对于每个 k，都有

$$K_k = K_{n+1}/\alpha_n \quad (4\text{--}41)$$

则扩展卡尔曼滤波的增益为

$$K = (K_1, \cdots, K_k, \cdots, K_m) \tag{4-42}$$

于是，估计的轨道参数为

$$\hat{X} = \tilde{X} + K[z - h(\tilde{X})] \tag{4-43}$$

式中，$\tilde{X}$ 为预测的轨道参数。

4.3.2.2　相关测量噪声的处理

由于在测量更新中，一次计算处理一个测量数据，所以 U–D 分解滤波算法无法处理测量噪声方差阵 R 为非对角矩阵（相关噪声）的情况。但由于测量噪声一般都是相关的，所以必须对测量更新进行一些处理才能应用 U–D 分解滤波算法。

设观测模型为

$$z = h(X) + v \tag{4-44}$$

式中，v 为测量噪声（相关噪声）。

由于 R 必然是对称正定矩阵，所以可以对 R 进行 U–D 分解，令

$$R = UDU^{\mathrm{T}} \tag{4-45}$$

定义

$$\begin{aligned}
z' &= U^{-1}z \\
&= U^{-1}[h(X) + v] \\
&= (U^{-1}HX) + (U^{-1}v) \\
&= H'X + v'
\end{aligned} \tag{4-46}$$

式中，H 为观测量对应的观测矩阵。于是有

$$\begin{aligned}
R' &= \mathrm{E}(v'v'^{\mathrm{T}}) \\
&= \mathrm{E}((U^{-1}v)(U^{-1}v)^{\mathrm{T}}) \\
&= \mathrm{E}(U^{-1}vv^{\mathrm{T}}(U^{\mathrm{T}})^{-1}) \\
&= U^{-1}E(vv^{\mathrm{T}})(U^{\mathrm{T}})^{-1} \\
&= U^{-1}R(U^{\mathrm{T}})^{-1} \\
&= U^{-1}(UDU^{\mathrm{T}})(U^{\mathrm{T}})^{-1} \\
&= D
\end{aligned} \tag{4-47}$$

还需利用观测数据和观测矩阵 $\boldsymbol{H}$，通过

$$\begin{cases} \boldsymbol{U}\boldsymbol{z}' = \boldsymbol{z} \\ \boldsymbol{U}\boldsymbol{H}' = \boldsymbol{H} \end{cases} \tag{4-48}$$

解算出 $\boldsymbol{z}'$ 和 $\boldsymbol{H}'$，这样就可以利用基于 U–D 协方差分解的滤波算法。

4.3.3 利用高斯 – 马尔科夫过程的自主导航方法

没有直接的速度测量是任何完全自主的导航系统都存在的一个问题，这表明探测器的速度矢量必须通过轨道动力学方程和一系列与位置相关的观测量来确定。但由于无法确定引力场模型和各种摄动因素的影响，导致难以建立精确的探测器轨道动力学模型，这给基于轨道动力学模型的自主轨道确定带来较大的挑战。由于探测器轨道动力学中的无模型加速度可以用一阶高斯 – 马尔科夫过程来近似，所以本节利用一阶高斯 – 马尔科夫过程来近似探测器轨道动力学中的无模型加速度，利用 4.3.2 节给出的基于 U–D 协方差分解的滤波来估计探测器的位置、速度及无模型加速度，进而解决无法得到精确轨道动力学模型带来的自主轨道确定困难的问题。

1）无模型加速度的近似

探测器的轨道动力学方程可以表达为

$$\begin{aligned} \dot{\boldsymbol{r}} &= \boldsymbol{v} \\ \dot{\boldsymbol{v}} &= \boldsymbol{a}_m(\boldsymbol{r}, \boldsymbol{v}) + \boldsymbol{m}(t) \end{aligned} \tag{4-49}$$

式中，$\boldsymbol{r} = (x_1, x_2, x_3)^{\mathrm{T}}$ 和 $\boldsymbol{v} = (x_4, x_5, x_6)^{\mathrm{T}}$ 分别为探测器的位置矢量和速度矢量；$\boldsymbol{a}_{\mathrm{m}}(\boldsymbol{r}, \boldsymbol{v})$ 为作用在探测器上的模型加速度；$\boldsymbol{m}(t)$ 为作用在探测器上的所有未建模的加速度。

对探测器的轨道动力学模型而言，其运动学模型是严格和精确的，但其动力学模型存在各种不确定性，如模型参数误差、未知的高阶引力场模型、未建模摄动力和推力测量误差等，都能归结为无模型加速度。一般可假设无模型加速度包括两部分：与时间相关的部分和纯粹随机的部分。所以，可用一阶高斯 – 马尔卡夫过程 $\boldsymbol{\varepsilon}(t)$ 来代替无模型加速度 $\boldsymbol{m}(t)$。$\boldsymbol{\varepsilon}(t)$ 满足下面矢量微分方程

$$\dot{\boldsymbol{\varepsilon}}(t) = \widetilde{\boldsymbol{F}}\boldsymbol{\varepsilon}(t) + \widetilde{\boldsymbol{G}}\boldsymbol{u}(t) \tag{4-50}$$

式中，$\boldsymbol{\varepsilon}(t)$ 为三维矢量；$\boldsymbol{u}(t)$ 为三维高斯噪声矢量，假设其满足下式

$$\begin{aligned} \mathrm{E}(\boldsymbol{u}(t)) &= 0 \\ \mathrm{E}(\boldsymbol{u}(t)\boldsymbol{u}^{\mathrm{T}}(t)) &= \boldsymbol{I}\delta(t - \tau) \end{aligned} \tag{4-51}$$

其中，I 为三维单位矩阵；系数矩阵 $\widetilde{F}$ 和 $\widetilde{G}$ 的元素分别由 $\widetilde{F}_{ij} = \beta_i \delta_{ij}$ 和 $\widetilde{G}_{ij} = q_i \delta_{ij}$ 来定义，其中，$i, j = 1, 2, 3$，β_i 是未知的参数，q_i 是常数，δ_{ij} 是克罗内克符号。

2）扩展的状态方程

定义状态变量为 $\boldsymbol{X}^{\mathrm{T}} = (\boldsymbol{r}^{\mathrm{T}} : \boldsymbol{v}^{\mathrm{T}} : \boldsymbol{\varepsilon}^{\mathrm{T}} : \boldsymbol{\beta}^{\mathrm{T}})$，组合式（4–49）和式（4–50），且 $\dot{\beta} = 0$，则有

$$\dot{\boldsymbol{X}} = \boldsymbol{F}(\boldsymbol{X}, \boldsymbol{u}, t) \tag{4–52}$$

式中，$\boldsymbol{F}^{\mathrm{T}} = \left(\boldsymbol{v}^{\mathrm{T}} : (\boldsymbol{a}_m + \boldsymbol{\varepsilon})^{\mathrm{T}} : (\widetilde{\boldsymbol{F}} \boldsymbol{\varepsilon}(t) + \widetilde{\boldsymbol{G}} \boldsymbol{u}(t))^{\mathrm{T}} : 0 \right)$。

对于 $t > t_i$，t_i 为某一参考时刻，对式（4–52）积分可得

$$\begin{cases} \boldsymbol{r}(t) = \boldsymbol{r}_i + \boldsymbol{v}_i \Delta t + \displaystyle\int_{t_i}^{t} \boldsymbol{a}(\boldsymbol{r}, \boldsymbol{v}, \boldsymbol{\varepsilon}, \tau)(t - \tau) \mathrm{d}\tau \\ \boldsymbol{v}(t) = \boldsymbol{v}_i + \displaystyle\int_{t_i}^{t} \boldsymbol{a}(\boldsymbol{r}, \boldsymbol{v}, \boldsymbol{\varepsilon}, \tau) \mathrm{d}\tau \\ \boldsymbol{\varepsilon}(t) = \boldsymbol{E} \boldsymbol{\varepsilon}_i + \boldsymbol{l}_i \\ \boldsymbol{\beta}(t) = \beta_i \end{cases} \tag{4–53}$$

式中，

$$\Delta t = t - t_i \tag{4–54}$$

$$\boldsymbol{a}(\boldsymbol{r}, \boldsymbol{v}, \boldsymbol{\varepsilon}, t) = \boldsymbol{a}_{\mathrm{m}}(\boldsymbol{r}, \boldsymbol{v}, t) + \boldsymbol{\varepsilon}(t) \tag{4–55}$$

$$\boldsymbol{E} = \begin{pmatrix} \alpha_1 & 0 & 0 \\ 0 & \alpha_2 & 0 \\ 0 & 0 & \alpha_3 \end{pmatrix} \tag{4–56}$$

$$\boldsymbol{l}_i = \begin{pmatrix} \sigma_1 \sqrt{1 - \alpha_1^2} u_1 \\ \sigma_2 \sqrt{1 - \alpha_2^2} u_2 \\ \sigma_3 \sqrt{1 - \alpha_3^2} u_3 \end{pmatrix} \tag{4–57}$$

式中，$\alpha_i = \exp[-\beta_i(t - t_i)]$，$\sigma_j = q_j/2\beta_j$，$i, j = 1, 2, 3$。

利用状态变量 $\boldsymbol{X}$ 的定义，式（4–53）可表达为

$$\boldsymbol{X}(t) = \theta(\boldsymbol{X}_i, t_i, t) + n_i \quad (t \geqslant t_i) \tag{4–58}$$

式中

$$n_i = (\boldsymbol{n}_{r_i}^{\mathrm{T}} : \boldsymbol{n}_{v_i}^{\mathrm{T}} : \boldsymbol{n}_{\varepsilon_i}^{\mathrm{T}} : 0)^{\mathrm{T}} \tag{4–59}$$

$$\begin{aligned} \boldsymbol{n}_r &= \int_{t_i}^{t} \boldsymbol{l}_i (t - \tau) \mathrm{d}\tau \\ \boldsymbol{n}_v &= \int_{t_i}^{t} \boldsymbol{l}_i \mathrm{d}\tau \\ \boldsymbol{n}_\varepsilon &= \boldsymbol{l}_i \end{aligned} \tag{4–60}$$

$$\mathrm{E}(\boldsymbol{n}_i) = \boldsymbol{0}$$

$$\mathrm{E}(\boldsymbol{n}_i \boldsymbol{n}_j^{\mathrm{T}}) = \boldsymbol{Q}_i \delta_{ij} = \begin{pmatrix} \boldsymbol{Q}_{rr} & \boldsymbol{Q}_{rv} & \boldsymbol{Q}_{r\varepsilon} & 0 \\ \boldsymbol{Q}_{vr} & \boldsymbol{Q}_{vv} & \boldsymbol{Q}_{v\varepsilon} & 0 \\ \boldsymbol{Q}_{\varepsilon r} & \boldsymbol{Q}_{\varepsilon v} & \boldsymbol{Q}_{\varepsilon\varepsilon} & 0 \\ 0 & 0 & 0 & 0 \end{pmatrix} \delta_{ij} \tag{4-61}$$

式中,

$$\boldsymbol{Q}_{rr} = \boldsymbol{S}_i \Delta t^4/4, \quad \boldsymbol{Q}_{rv} = \boldsymbol{Q}_{vr} = \boldsymbol{S}_i \Delta t^3/2, \quad \boldsymbol{Q}_{r\varepsilon} = \boldsymbol{Q}_{\varepsilon r} = \boldsymbol{S}_i \Delta t^2/2,$$

$$\boldsymbol{Q}_{vv} = \boldsymbol{S}_i \Delta t^2, \quad \boldsymbol{Q}_{v\varepsilon} = \boldsymbol{Q}_{\varepsilon v} = \boldsymbol{S}_i \Delta t, \quad \boldsymbol{Q}_{\varepsilon\varepsilon} = \boldsymbol{S}_i \tag{4-62}$$

$\boldsymbol{S}_i$ 为 3×3 对角矩阵, 对角线元素分别为 $S_{11} = \sigma_1^2(1-\alpha_1^2)$, $S_{22} = \sigma_2^2(1-\alpha_2^2)$, $S_{33} = \sigma_3^2(1-\alpha_3^2)$。

4.4 本章小结

本章描述了深空探测器的导航问题,介绍了深空导航概念及分类,分析了实现深空自主导航涉及的关键技术。从深空探测自主导航的基本原理出发,介绍了深空探测器各阶段动力学模型、常用导航观测模型、导航几何分析以及导航滤波方法,并在分析自主导航过程与系统设计原则的基础上,给出了两种典型的探测器自主导航方法。深空探测任务正朝着复杂化和多样化的方向发展,不断增加的未知环境因素对自主导航技术提出了更高的要求,发展先进自主导航技术是保障未来复杂深空探测任务成功实施的关键。

第 5 章 深空自主姿态控制技术

5.1 引　　言

深空探测相对于近地探测，具有姿态精度要求高、深空环境不确定和任务约束复杂等特点，常规姿态控制方法难以适用。同时为了完成特定的航天任务，需要深空探测器做大角度的姿态机动，不仅要求控制系统能完成向指定目标的机动，还要求机动的路径能够满足各种约束条件。基于深空探测现状，迫切需要发展自主姿态控制技术，通过规划姿态机动路径，实现复杂约束下的精确自主姿态控制。本章主要介绍深空探测器姿态自主控制系统的基本原理[49]。

5.2　自主姿态控制系统基础

5.2.1　探测器常用坐标系与姿态描述方式

1）探测器常用坐标系

如同要定量描述一个点的位置就必须事先确立好坐标系一样，要确定深空探测器的姿态，也要建立与探测器运行环境相适应的坐标系，本节将介绍常用的坐标系以及如何使用这些坐标系描述探测器的姿态[50]。

（1）本体坐标系：它是一个坐标原点位于探测器质心、坐标轴与三个惯量主轴重合、固连于探测器本身的坐标系。对于做行星环绕运动的探测器，定义 X_B（下标"B"表示本体系）轴指向（不要求重合而是接近）探测器速度方向，Z_B 轴指向行星质心方向，Y_B 轴由右手定则确定。描述探测器的姿态光靠本体坐标系是不够的，还需要确立一个参考坐标系。

（2）空间惯性坐标系：由于不存在绝对静止的物体，也不存在始终保持匀速运动的物体，所以很难找到理想的惯性参考系，但是可以视情况找到最"接近"惯性参考系的坐标系。对于在恒星轨道上环绕的探测器而言，坐标原点位于恒星质心，$X_I O_I Y_I$（下标"I"表示惯性系）平面与恒星黄道平面重合。以太阳为例，X_I 轴可以指向太阳圆盘中心，Z_I 轴垂直于太阳黄极，Y_I 轴由右手定则确定。

（3）轨道坐标系：使用上述空间惯性坐标系作为参考坐标系是不方便的。为了更为直观地描述探测器的姿态，应建立一个原点位于探测器质心的坐标系作为参考系，即它的原点 O_O（下标"O"表示轨道系）与本体系的原点重合，Z_O 轴指向环绕行星的质心，X_O 轴在轨道平面内与 Z_O 轴垂直并指向速度方向，Y_O 轴垂直于轨道平面并遵循右手定则。

上述三种坐标系如图 5–1 所示，探测器的本体坐标系与参考坐标系如图 5–2 所示。

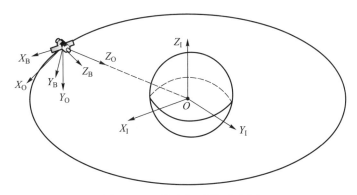

图 5–1　三种坐标系的示意图

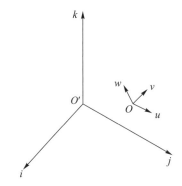

图 5–2　探测器本体坐标系与参考坐标系示意图

2）姿态描述方式

深空探测器的姿态描述方式有多种，下面介绍四种主要描述方法：方向余弦矩阵、欧拉角、欧拉轴/角、姿态四元数。

（1）**方向余弦阵表示姿态**：三维姿态变换大多是基于方向余弦矩阵。方向余弦矩阵的本质是两个参考系之间的坐标转换矩阵，空间任意的姿态变换都可以转换为这个基本表达式。

假设矢量 S 在参考坐标系 $O'ijk$ 中的表达式为

$$S = a_1 i + a_2 j + a_3 k = (i, j, k) \begin{pmatrix} a_1 \\ a_2 \\ a_3 \end{pmatrix} \tag{5-1}$$

式中，i, j, k 分别为参考坐标系三个坐标轴方向的单位矢量。

矢量 S 在本体坐标系 $Ouvw$ 中的表达式为

$$S = b_1 u + b_2 v + b_3 w = (u, v, w) \begin{pmatrix} b_1 \\ b_2 \\ b_3 \end{pmatrix} \tag{5-2}$$

式中，u, v, w 分别为本体坐标系三个坐标轴方向的单位矢量。

矢量 S 可以看作不随坐标系改变的一阶张量，显然 S 是由坐标列阵 (i, j, k) 或 (u, v, w) 和分量列阵 $(a_1, a_2, a_3)^{\mathrm{T}}$ 或 $(b_1, b_2, b_3)^{\mathrm{T}}$ 两部分构成。其中：形如 (i, j, k) 的列阵由于其元素是矢量称之为矢量列阵，简称矢阵；$(a_1, a_2, a_3)^{\mathrm{T}}$ 则称为矢量 S 在坐标系 $O'ijk$ 下的分量列阵。根据公式（5-1）与（5-2）可得

$$(i, j, k) \begin{pmatrix} a_1 \\ a_2 \\ a_3 \end{pmatrix} = (u, v, w) \begin{pmatrix} b_1 \\ b_2 \\ b_3 \end{pmatrix} \tag{5-3}$$

根据矩阵乘法规则和单位正交矢量性质可知：

$$\begin{pmatrix} u \\ v \\ w \end{pmatrix} (u, v, w) = \begin{pmatrix} 1 & 0 & 0 \\ 0 & 1 & 0 \\ 0 & 0 & 1 \end{pmatrix} = E_3 \tag{5-4}$$

式中，E_3 为三阶单位矩阵，它乘以任何列阵都等于列阵本身。因此在式（5-3）两边同乘 $(u, v, w)^{\mathrm{T}}$ 并结合式（5-4）可得

$$\begin{pmatrix} b_1 \\ b_2 \\ b_3 \end{pmatrix} = \begin{pmatrix} u \\ v \\ w \end{pmatrix} (i \ j \ k) \begin{pmatrix} a_1 \\ a_2 \\ a_3 \end{pmatrix} = \begin{pmatrix} u \cdot i & u \cdot j & u \cdot k \\ v \cdot i & v \cdot j & v \cdot k \\ w \cdot i & w \cdot j & w \cdot k \end{pmatrix} \begin{pmatrix} a_1 \\ a_2 \\ a_3 \end{pmatrix} \tag{5-5}$$

记矩阵 $C = \begin{pmatrix} u \cdot i & u \cdot j & u \cdot k \\ v \cdot i & v \cdot j & v \cdot k \\ w \cdot i & w \cdot j & w \cdot k \end{pmatrix}$，由于两个单位矢量的点积等于它们夹角

的余弦值, 所以 C 的元素都是本体坐标系单位矢量与参考坐标系轴夹角的余弦值, 因此 C 被称为方向余弦矩阵。

(2) 欧拉角法表示姿态: 欧拉角为本体坐标系绕参考坐标系三个正交坐标轴做连续旋转重合后的角度。通常定义绕 x 轴旋转的角度为欧拉翻滚角 φ, 绕 y 轴旋转的角度为欧拉俯仰角 θ, 绕轴 z 旋转的角度为欧拉偏航角 ψ。下面给出一个完整旋转的例子。

假定旋转顺序依次为 $\psi \to \theta \to \varphi$, 分别绕 z 轴、y 轴、x 轴旋转。首先, 绕 z 轴旋转角度 ψ。如图 5-3 所示, 坐标系 $Oxyz$ 旋转角度 ψ 到坐标系 $Ox'y'z'$, 显然 z 轴与 z' 轴重合 (图中垂直纸面向外, 并未显示), 设 x 轴、y 轴上的单位矢量分别为 $\boldsymbol{i}$、$\boldsymbol{j}$, x' 轴、y' 轴上的单位矢量分别为 $\boldsymbol{i}'$、$\boldsymbol{j}'$, 矢量 $\boldsymbol{S}$ 在两个坐标系下的两个分量分别表示为 (x,y) 和 (x',y')。对应于坐标平面内的旋转有

$$\boldsymbol{S} = x\boldsymbol{i} + y\boldsymbol{i} + z\boldsymbol{k} = x'\boldsymbol{i}' + y'\boldsymbol{i}' + z\boldsymbol{k} \tag{5-6}$$

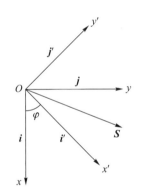

图 5-3　绕 z 轴的第一次旋转

写成矩阵形式为

$$(\boldsymbol{i}, \boldsymbol{j}, \boldsymbol{k}) \begin{pmatrix} x \\ y \\ z \end{pmatrix} = (\boldsymbol{i}', \boldsymbol{j}', \boldsymbol{k}) \begin{pmatrix} x' \\ y' \\ z \end{pmatrix} \tag{5-7}$$

根据式 (5-5), 可将式 (5-9) 写成:

$$\begin{pmatrix} x' \\ y' \\ z \end{pmatrix} = \begin{pmatrix} \boldsymbol{i}' \cdot \boldsymbol{i} & \boldsymbol{i}' \cdot \boldsymbol{j} & \boldsymbol{i}' \cdot \boldsymbol{k} \\ \boldsymbol{j}' \cdot \boldsymbol{i} & \boldsymbol{j}' \cdot \boldsymbol{j} & \boldsymbol{j}' \cdot \boldsymbol{k} \\ \boldsymbol{k} \cdot \boldsymbol{i} & \boldsymbol{k} \cdot \boldsymbol{j} & \boldsymbol{k} \cdot \boldsymbol{k} \end{pmatrix} \begin{pmatrix} x \\ y \\ z \end{pmatrix} \tag{5-8}$$

由图 5-3 几何关系可以得出:

$$\boldsymbol{i}' \cdot \boldsymbol{i} = \cos\psi, \quad \boldsymbol{i}' \cdot \boldsymbol{j} = \sin\psi, \quad \boldsymbol{j}' \cdot \boldsymbol{i} = -\sin\psi, \quad \boldsymbol{j}' \cdot \boldsymbol{j} = \cos\psi \tag{5-9}$$

其他单位矢量间的几何关系较为明显，不再赘述。于是，可以得到由欧拉角表示的旋转矩阵 $\boldsymbol{R}_\psi$：

$$\boldsymbol{R}_\psi = \begin{pmatrix} \cos\psi & \sin\psi & 0 \\ -\sin\psi & \cos\psi & 0 \\ 0 & 0 & 1 \end{pmatrix} \tag{5-10}$$

同理，可以采用同样的方式推出绕 y 轴的第二次旋转与绕 x 轴的第三次旋转的旋转矩阵，分别为

$$\boldsymbol{R}_\theta = \begin{pmatrix} \cos\theta & 0 & -\sin\theta \\ 0 & 1 & 0 \\ \sin\theta & 0 & \cos\theta \end{pmatrix} \tag{5-11}$$

$$\boldsymbol{R}_\varphi = \begin{pmatrix} 1 & 0 & 0 \\ 0 & \cos\varphi & \sin\varphi \\ 0 & -\sin\varphi & \cos\varphi \end{pmatrix} \tag{5-12}$$

物体从一个姿态旋转到另一个姿态可以看作依次绕 z 轴、y 轴、x 轴做连续的旋转变换。根据旋转矩阵的第四条性质，可以得到由欧拉角表示的姿态旋转矩阵：

$$\boldsymbol{R}_{\psi\theta\varphi} = \boldsymbol{R}_\varphi \boldsymbol{R}_\theta \boldsymbol{R}_\psi \tag{5-13}$$

注意：由于矩阵乘法不满足交换律，所以任意交换旋转顺序都会改变最终姿态，所以在用欧拉角表示姿态时要指明旋转顺序。

（3）欧拉轴/角表示姿态：首先引入刚体转动的欧拉定理。刚体绕固定点的任意角位移可以由绕通过该点的某个轴转过某一角度得到，其中该轴叫作欧拉轴，该转角叫作欧拉角。该定理可以视为正交矩阵的一个性质：一个常实正交矩阵 $\boldsymbol{C}$ 至少存在一个特征值为 1 的特征向量，亦即存在一个满足下式的单位矢量 $\boldsymbol{e}$：

$$\boldsymbol{e} = \boldsymbol{C}\boldsymbol{e} \tag{5-14}$$

由前文讨论，方向余弦矩阵为正交矩阵，若将式（5-14）中的矩阵 $\boldsymbol{C}$ 替换为从参考系到本体系的方向余弦矩阵，则式（5-14）表明矢量 $\boldsymbol{e}$ 在参考系与本体系中的分量相同，此单位矢量即刚体转动轴方向的单位矢量。由欧拉定理可知，使用一轴加一角的模式即可描述两个坐标系之间的相对转动，一般记该转轴为 $\boldsymbol{e}$、该转角为 α。

要注意这里的欧拉轴/角表示姿态与欧拉角法表示姿态的区别和联系。由于绕坐标轴的三个正交单元矢量的连续旋转的任意姿态变换都可以通过绕特征值 1 对应的特征矢量的一次旋转得到，所以也可以用欧拉轴/角表示姿态。

e 称为特征旋转矢量，$e = (e_1, e_2, e_3)^{\mathrm{T}}$。关于矢量 e 和旋转角度 α 与方向余弦矩阵的关系为

$$C_\alpha = E \cos \alpha + [1 - \cos \alpha] ee^{\mathrm{T}} - e^\times \sin \alpha \tag{5-15}$$

式中，E 为三阶单位矩阵；$e^\times$ 为矢量 e 的叉乘矩阵，一个三维矢量的叉乘矩阵定义如下：

$$e^\times = \begin{pmatrix} 0 & -e_3 & e_2 \\ e_3 & 0 & -e_1 \\ -e_2 & e_1 & 0 \end{pmatrix} \tag{5-16}$$

矢量的叉乘矩阵是一个非常重要的概念，它可以将两个三维矢量的外积运算转换为普通的矩阵运算，即 $a \times b = a^\times b$。

（4）姿态四元数表示姿态：四元数是由爱尔兰数学家哈密顿在 1843 年提出的数学概念。姿态四元数由标量和矢量两部分组成：

$$q = q_0 + iq_1 + jq_2 + kq_3 \tag{5-17}$$

记矢量部分 $q_v = iq_1 + jq_2 + kq_3$，则有

$$q = (q_0, q_v) \tag{5-18}$$

深空探测器的姿态四元数是基于欧拉轴/角得到的，其表达式为

$$\begin{cases} q_0 = \cos \dfrac{\alpha}{2} \\ q_1 = e_1 \sin \dfrac{\alpha}{2} \\ q_2 = e_2 \sin \dfrac{\alpha}{2} \\ q_3 = e_3 \sin \dfrac{\alpha}{2} \end{cases} \tag{5-19}$$

式中，特征旋转矢量 $e = (e_1, e_2, e_3)^{\mathrm{T}}$；$\alpha$ 为欧拉角。很明显有

$$q_0^2 + q_1^2 + q_2^2 + q_3^2 = 1 \quad \text{即} \quad \|q\| = 1 \tag{5-20}$$

方向余弦矩阵也可以用四元数表示如下：

$$C_q = \begin{pmatrix} q_0^2 + q_1^2 - q_2^2 - q_3^2 & 2(q_1q_2 + q_0q_3) & 2(q_1q_3 - q_0q_2) \\ 2(q_1q_2 - q_0q_3) & q_0^2 - q_1^2 + q_2^2 - q_3^2 & 2(q_2q_3 + q_0q_1) \\ 2(q_1q_3 + q_0q_2) & 2(q_2q_3 - q_0q_1) & q_0^2 - q_1^2 - q_2^2 + q_3^2 \end{pmatrix} \tag{5-21}$$

写成紧凑的矩阵形式为

$$C_q = (q_0^2 - \boldsymbol{q}_v^{\mathrm{T}}\boldsymbol{q}_v)\boldsymbol{E}_3 + 2\boldsymbol{q}_v\boldsymbol{q}_v^{\mathrm{T}} - 2q_0\boldsymbol{q}_v^{\times} \tag{5-22}$$

5.2.2　姿态敏感器

姿态敏感器是姿态控制系统的测量部件。它获取探测器的姿态信息,输出与姿态参数成函数关系的电量。深空探测器姿态敏感器按照不同的基准方位主要分为以下两类。

1) 以天体为基准方位:太阳敏感器、星敏感器

太阳敏感器是通过对太阳光辐射的敏感来测量探测器相对太阳矢量与探测器某一体轴之间夹角的敏感器。几乎所有的探测器均安装太阳敏感器,其广泛的通用性是因为:① 在大多数应用场合,可以把太阳近似看作点光源,因此可简化姿态敏感器的设计和姿态确定算法;② 太阳光源很强,从而使姿态敏感器结构简单,功率要求小;③ 太阳敏感器的视场很大,分辨率可以从几度到几角秒。

星敏感器以恒星为基准,测量其相对于探测器的角位置,并同星历表中该星的角位置参数进行比较来确定探测器的姿态,亦即通过对恒星星光的敏感来测量探测器的某一个基准轴与该恒星视线之间的夹角。

恒星为姿态敏感器中最精确的光学基准(星敏感器可达到角秒级):① 恒星影像是在真空中摄取的,且在惯性系中固定;② 摄影时恒星的方位(赤经、赤纬)由于长期天文观察的结果是精确已知的;③ 距离非常远,尺寸很小。

2) 以惯性空间为基准方位:陀螺、加速度计

陀螺的基本原理是利用一个高速旋转的质量块来敏感其自旋轴在惯性空间定向的变化。陀螺具有两大特性:

(1) 定轴性:当陀螺不受外力矩作用时,陀螺旋转轴相对于惯性空间保持方向不变;

(2) 进动性:当陀螺受到外力矩作用时,陀螺旋转轴将沿最短的途径趋向于外力矩矢量,进动角速度正比于外力矩大小。

二自由度陀螺分为速率陀螺和速率积分陀螺两大类。

(1) 速率陀螺:测量探测器的角速度,通常是进行自旋速率控制或作为姿态稳定控制的速率反馈敏感器。

(2) 速率积分陀螺:把速率陀螺的输出量进行一次积分,可直接测量探测器的角位置。

加速度计是用于测量探测器上加速度计安装点的绝对加速度沿加速度计输入轴分量的惯性敏感器。基本原理:测量一个约束质量受到加速度作用时的运动。加速度计的种类很多,有陀螺加速度计、摆式加速度计、振动加速度计、石英加速度计等。

5.2.3 姿态控制执行机构

对探测器进行姿态控制的方式可分为两种,一种是主动姿态控制,另一种是被动姿态控制。主动姿态控制是通过探测器自身携带的控制硬件作为执行机构来完成姿态控制。下面介绍常见执行机构及其基本原理,并且通过对动力学建模方法及各类执行机构所涉及技术的介绍展示未来探测器执行机构的发展趋势。

1) 推力器

推力器是唯一一种既能控制探测器质心运动又能控制绕质心运动的执行机构,能够产生较大的控制力矩,满足快速姿态机动的需求。推力器将工质从燃烧室经过喷管向外喷射,在相反方向产生推力。

推力器通常基于化学反应或电推进技术,但它们的基本原理都是通过喷射推进剂来产生推力。在目前的技术条件下,线性特性的推力器阀门尚不能在轨使用,因此经典的连续控制律不能直接实现。由于推力器使用开关阀门,从而引入了非线性的问题。推力器不是线性变量控制,只能产生恒定大小的推力,对于连续的力矩指令,可通过脉冲持续时间调制而产生开关形式的等价力矩。除最大推力外,还需对推力器的其他主要特性进行设计,如下:

(1) 开始时间:达到规定常值推力的时间延迟。对于 10 N 的推力器,其开始时间约为 15 ms。

(2) 关闭时间:关闭推力器的时间延迟。对于 10 N 的推力器,其关闭时间约为 10 ms。

(3) 最小脉冲位:最小脉冲位特别重要,它与对探测器姿态控制的最小变化量有关。对于 0.2 N 的推力器,其最小脉冲位是 5 ms;对于 10 N 的推力器,其最小脉冲位是 30~40 ms。

可以采用不同的技术实现脉冲持续时间调制,最主要的方式有脉冲宽度调制和脉冲宽度频率调制。

脉冲宽度调制的原理如图 5-4 所示。其中,$r(t)$ 表示离散化的输入指令;$u(t)$ 表示脉宽调制的输出。脉动输出的宽度和力矩指令输入的大小成正比,脉动输出的面积可以近似看作一个脉冲。

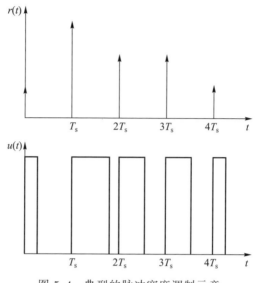

图 5-4　典型的脉冲宽度调制示意

脉冲宽度调制和脉冲宽度频率调制都使用了施密特触发器。当输入大于施密特触发器的阈值时，输出高位；当输入低于另一个低位阈值时，输出为低位；输入位于两个阈值之间，则无输出。

2）反作用轮

反作用轮是探测器上最常用的动量交换装置，应用的是角动量守恒原理。反作用轮的旋转产生了作用于探测器本体的内力矩，内力矩使本体沿相反方向旋转。反作用轮由电动机（通常是直流电动机）和沿最大转动惯量轴安装的飞轮组成，以产生更大的角动量。设计时需要对电动机和飞轮的质量及形状进行优化，以得到较高的惯量/质量比。

反作用轮尤其适用于需要较高指向精度的情况。通常使用由四个反作用轮组成的执行机构群，用于较高精度的三轴姿态控制，同时存在系统冗余，提高可靠性。反作用轮可以产生 0.01~1 N·m 的力矩。飞轮的大小由敏捷性的要求决定，通常用姿态每秒能够机动的角度来表示敏捷性。反作用轮组可以提供完全的三轴稳定性。

飞轮通常有以下两种运行模式。

（1）速率模式：将外环输出的加速度需求转换成对飞轮转速的需求，再传递给反作用轮测速回路。内回路在存在轴承摩擦和不确定性的情况下保证合适的飞轮响应。测速计测量飞轮转速，并与转速需求进行比较，得到偏差传递给电动机以实现精确的转速控制。为了限制反作用轮在零速度附近的静摩擦，反作用轮需要运行在速率模式以实现高精度稳定。

（2）力矩模式：电机的电流与电机产生的力矩成正比，使用电流反馈，电机与飞轮的组合就变成了反作用轮。当探测器运行在太阳指向或者大角度机动模式时，反作用轮需要运行在力矩模式。

在不考虑噪声和干扰力矩的情况下，可以建立反作用轮的动力学模型，动量轮或反作用轮的角动量为

$$h = I_{\mathrm{wh}} \Omega \tag{5-23}$$

式中，I_{wh} 为飞轮的转动惯量矩阵；Ω 为在本体坐标系中的飞轮角速度矢量。在零动量模式中，由角动量守恒原理可得：

$$h = -I_{\mathrm{s}} \omega \tag{5-24}$$

式中，I_{s} 为航天器本体（不包括飞轮）的转动惯量矩阵；ω 为探测器的角速度矢量。

3）控制力矩陀螺

控制力矩陀螺能够提供较大的力矩，因此被用于大型航天器的姿态控制，尤其是缓慢运动的平台，如天空实验室（Skylab）、国际空间站（ISS）等。飞轮以恒定转速绕其对称轴旋转，单位向量 $\hat{h}$，输入力矩作用在框架轴 $\hat{g}$ 方向，与飞轮转轴垂直。结果产生一个沿 $\hat{t}$ 方向的输出力矩，与这两个轴都垂直：

$$N_{\mathrm{output}} = h \times \dot{\delta} \hat{g} \tag{5-25}$$

式中，$\dot{\delta}$ 为框架的角速度；h 为飞轮的角动量。该控制力矩可使探测器进行机动，通过适当变化框架角速率可获得期望的控制力矩。

控制力矩陀螺的输入力矩为陀螺力矩和使框架加速所需力矩之和，即

$$N_{\mathrm{input}} = \omega_{\mathrm{output}} \times h + I_{\mathrm{G}} \ddot{\delta} \hat{g} \tag{5-26}$$

式中，ω_{output} 为探测器相对惯性系的角速度在输出力矩方向的分量；I_{G} 为框架的转动惯量；$\ddot{\delta}$ 为框架的角加速度。

对于大多数实际应用的控制力矩陀螺（Control moment gyroscope，CMG）系统，框架加速所需的力矩相对于其他项可以忽略不计。因此，输出力矩与输入力矩的大小的比值满足：

$$N_{\mathrm{output}} / N_{\mathrm{input}} = \dot{\delta} / \omega_{\mathrm{output}} \tag{5-27}$$

当 $\dot{\delta}/\omega_{\text{output}} > 1$ 时,可实现力矩放大。当探测器角度较小和框架角速率较大时,控制力矩陀螺的力矩放大作用更加明显。

使用 n 个单框架控制力矩陀螺的探测器系统的总角动量在惯性系中表示为

$$H = I_\omega + \sum_{i=1}^{n} (C_i^{\text{T}} J_i \dot{\delta}_i \hat{h} + C_i^{\text{T}} J_i \Omega_i \hat{g}_i) \tag{5-28}$$

式中,H 为总角动量;I_ω 为航天器的总转动惯量(包括 CMG);$\dot{\delta}_i$ 为第 i 个 CMG 的框架角速度;J_i 为在框架坐标系中表示的第 i 个 CMG 转动惯量;Ω_i 为第 i 个 CMG 的转动角速度;C_i^{T} 是从 CMG 坐标系到星体坐标系的转换矩阵,由 CMG 的布局决定。

5.2.4 探测器自主姿态控制系统

探测器自主姿态控制系统主要分为姿态规划和姿态控制两部分。传统姿态控制系统由于深空探测器通信时间过长和深空探测环境不确定等特点,难以适用。

自主姿态控制系统可以提前接受姿态任务,在姿态机动开始之前根据任务分析提前规划好满足姿态约束的机动路径和期望的姿态速度等信息,然后在姿态任务开始后,姿态控制跟踪规划好的姿态路径,最后完成自主姿态控制任务,可提高姿态控制精度和减少姿态控制系统的资源消耗,同时也可快速地满足航天器姿态约束。探测器自主姿态控制系统流程如图 5-5 所示。

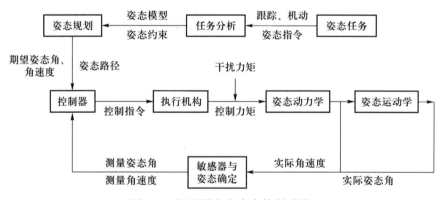

图 5-5　探测器自主姿态控制系统

5.3　多约束姿态机动规划方法

探测器姿态机动规划是在姿态机动之前规划出姿态机动路径,但探测器在姿态机动过程中往往会受到姿态指向约束。在科学观测过程中,某些星载仪器必须规避强光天体对其镜头的照射才能正常工作，星载天线为了数据传输必须保持指向某一目标姿态等。总的来说，探测器姿态指向约束可以分为两类：禁忌约束和强制约束。禁忌约束是指探测器姿态需要规避某一指向。强制约束是指探测器姿态需要保持某一指向。指向约束下的姿态机动问题逐渐成为探测器姿态规划领域的一个热点[51]。到目前为止，学者们主要是以几何方法、势能函数法、约束监测算法、随机运动规划算法和非线性规划法来开展这方面的研究工作。

5.3.1 姿态规划问题概述

由探测器内部特性带来的约束主要包括动力学约束和状态有界约束[52]，而外部环境产生的约束主要是空间指向约束[53-54]。在探测器执行任务过程中，这些约束会耦合在一起，限制姿态机动的可行空间[55-56]。尤其是针对时间/能量最优姿态机动问题，约束的合理表示可以避免复杂的计算[57-58]。

刚体探测器的执行机构可提供三轴旋转的控制力矩，那么探测器姿态机动过程中需要满足的动力学约束如下[59]：

$$\boldsymbol{J}\dot{\boldsymbol{\omega}} = \boldsymbol{u} - \boldsymbol{\omega}^{\times}\boldsymbol{J}\boldsymbol{\omega} \tag{5-29}$$

式中，$\boldsymbol{J}$ 表示转动惯量，$\boldsymbol{J} = \mathrm{diag}(J_1, J_2, J_3)$；$\boldsymbol{u}$ 表示控制力矩，$\boldsymbol{u} = (u_1, u_2, u_3)^{\mathrm{T}}$；$\boldsymbol{\omega}$ 表示角速度，$\boldsymbol{\omega} = (\omega_1, \omega_2, \omega_2)^{\mathrm{T}}$；$\boldsymbol{\omega}^{\times}$ 为 $\boldsymbol{\omega}$ 的叉乘矩阵，具体形式如下：

$$\boldsymbol{\omega}^{\times} = \begin{pmatrix} 0 & -\omega_3 & \omega_2 \\ \omega_3 & 0 & -\omega_1 \\ -\omega_2 & \omega_1 & 0 \end{pmatrix} \tag{5-30}$$

在实际工程中，执行机构提供的力矩幅值是有限的，这就形成了控制输入有界约束：

$$|u_i| \leqslant \gamma_{\boldsymbol{u}} \quad (i = 1, 2, 3) \tag{5-31}$$

同时，由于某些角速度敏感器的量程有限，要求探测器的角速度必须保持在某个范围内，这就形成了角速度有界约束：

$$|\omega_i| \leqslant \gamma_{\boldsymbol{\omega}} \quad (i = 1, 2, 3) \tag{5-32}$$

在姿态机动过程中要避免强光天体进入某些光学敏感元件视场，以免损害敏感元件，这类约束称为禁忌约束。图 5-6 为探测器姿态指向示意图，其中，$\boldsymbol{r}_{\mathrm{B}}$

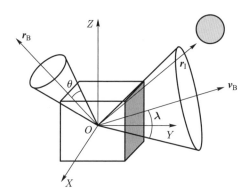

图 5-6　探测器姿态指向示意图

表示某一光学敏感元件在本体坐标系中的方向矢量，r_I 表示某一强光天体在惯性系中的方向矢量。

如果强光天体方向矢量没有进入光学敏感元件视场，就表示 r_B 与 r_I 的夹角大于某个值，描述成数学表达式如下：

$$r_B^T(A_{BI}r_I) \leqslant \cos\theta \tag{5-33}$$

式中，$r_B = (r_{B_1}, r_{B_2}, r_{B_3})^T$；$r_I = (r_1, r_2, r_3)^T$；$A_{BI}$ 为航天器本体系到惯性系的姿态余弦矩阵。将式 (5-33) 转换成如下四元数表示形式：

$$A_{BI}r_I = r_I - 2\underline{q}^T\underline{q}r_I + 2\underline{q}\,\underline{q}^Tr_I + 2q_0(r_I^\times\underline{q}) \tag{5-34}$$

式中，$r_I^\times$ 为 r_I 的叉乘矩阵。

那么，式 (5-34) 右边展开可得：

$$A_{BI}r_I = (1 - 2q_1^2 - 2q_2^2 - 2q_3^2)\begin{pmatrix} r_1 \\ r_2 \\ r_3 \end{pmatrix} +$$

$$2\begin{pmatrix} q_1^2 & q_1q_2 & q_1q_3 \\ q_1q_2 & q_2^2 & q_2q_3 \\ q_1q_3 & q_2q_3 & q_3^2 \end{pmatrix}\begin{pmatrix} r_1 \\ r_2 \\ r_3 \end{pmatrix} + 2q_0\begin{pmatrix} -r_3q_2 + r_2q_3 \\ r_3q_1 - r_1q_3 \\ -r_2q_1 + r_1q_2 \end{pmatrix} \tag{5-35}$$

由式 (5-35) 可以得到：

$$r_B^T(C_{BI}r_I) - \cos\theta = (q_0^2 + q_1^2 - q_2^2 - q_3^2)r_{B_1}r_1 + (q_0^2 + q_2^2 - q_1^2 - q_3^2)r_{B_2}r_2 +$$

$$(q_0^2 + q_3^2 - q_1^2 - q_2^2)r_{B_3}r_3 + (2q_0q_3 + 2q_1q_2)r_{B_1}r_2 +$$

$$(-2q_0q_2 + 2q_1q_3)r_{B_1}r_3 + (-2q_0q_3 + 2q_1q_2)r_{B_2}r_1 +$$

$$(2q_0q_1 + 2q_2q_3)r_{B_2}r_3 + (2q_0q_2 + 2q_1q_3)r_{B_3}r_1 +$$

$$(-2q_0q_1 + 2q_2q_3)r_{B_3}r_2 - \cos\theta \tag{5-36}$$

把式 (5-36) 右边写成矩阵形式为

$$\boldsymbol{r}_B^T(\boldsymbol{C}_{BI}\boldsymbol{r}_I) - \cos\theta = (q_0, q_1, q_2, q_3)(\boldsymbol{R}_1, \boldsymbol{R}_2, \boldsymbol{R}_3, \boldsymbol{R}_4)\begin{pmatrix} q_0 \\ q_1 \\ q_2 \\ q_3 \end{pmatrix} \tag{5-37}$$

式中,

$$\boldsymbol{R}_1 = \begin{pmatrix} r_{B_1}r_1 + r_{B_2}r_2 + r_{B_3}r_3 - \cos\theta \\ -r_{B_3}r_2 + r_{B_2}r_3 \\ r_{B_3}r_1 - r_{B_1}r_3 \\ -r_{B_2}r_1 + r_{B_1}r_2 \end{pmatrix}, \quad \boldsymbol{R}_2 = \begin{pmatrix} -r_{B_3}r_2 + r_{B_2}r_3 \\ r_{B_1}r_1 - r_{B_2}r_2 - r_{B_3}r_3 - \cos\theta \\ r_{B_2}r_1 + r_{B_1}r_2 \\ r_{B_3}r_1 + r_{B_1}r_3 \end{pmatrix},$$

$$\boldsymbol{R}_3 = \begin{pmatrix} r_{B_3}r_1 - r_{B_1}r_3 \\ r_{B_2}r_1 + r_{B_1}r_2 \\ r_{B_2}r_2 - r_{B_1}r_1 - r_{B_3}r_3 - \cos\theta \\ r_{B_3}r_2 + r_{B_2}r_3 \end{pmatrix}, \quad \boldsymbol{R}_4 = \begin{pmatrix} -r_{B_2}r_1 + r_{B_1}r_2 \\ r_{B_3}r_1 + r_{B_1}r_3 \\ r_{B_3}r_2 + r_{B_2}r_3 \\ r_{B_3}r_3 - r_{B_1}r_1 - r_{B_2}r_2 - \cos\theta \end{pmatrix}$$

那么, 式 (5-33) 可以表示成更加简洁的二次型:

$$\boldsymbol{q}^T \boldsymbol{K}_f \boldsymbol{q} \leqslant 0 \tag{5-38}$$

式中,

$$\boldsymbol{K}_f = \begin{pmatrix} \boldsymbol{r}_I^T \boldsymbol{r}_B - \cos\theta & (\boldsymbol{r}_B^\times \boldsymbol{r}_I^T)^T \\ \boldsymbol{r}_B^\times \boldsymbol{r}_I^T & \boldsymbol{r}_I \boldsymbol{r}_B^T + \boldsymbol{r}_B \boldsymbol{r}_I^T - (\boldsymbol{r}_I^T \boldsymbol{r}_B + \cos\theta)\boldsymbol{I}_3 \end{pmatrix} \tag{5-39}$$

其中, $r_B^\times$ 是 r_B 的叉乘矩阵。

在空间任务中, 探测器需要保持姿态在某一指向范围内, 这类指向约束称为强制约束。以太阳能帆板为例, v_B 表示太阳能帆板在本体坐标系中的方向矢量。要保持太阳能帆板指向太阳方向, v_B 和 r_I 的夹角要小于某一值 λ, 即

$$\boldsymbol{v}_B^T(\boldsymbol{A}_{BI}\boldsymbol{r}_I) \geqslant \cos\lambda \tag{5-40}$$

同理, 式 (5-40) 转化成二次型:

$$\boldsymbol{q}^T \boldsymbol{K}_m \boldsymbol{q} \geqslant 0 \tag{5-41}$$

式中，

$$\boldsymbol{K}_m = \begin{pmatrix} \boldsymbol{r}_{\mathrm{I}}^{\mathrm{T}}\boldsymbol{v}_{\mathrm{B}} - \cos\lambda & (\boldsymbol{v}_{\mathrm{B}}^{\times}\boldsymbol{r}_{\mathrm{I}}^{\mathrm{T}})^{\mathrm{T}} \\ \boldsymbol{v}_{\mathrm{B}}^{\times}\boldsymbol{r}_{\mathrm{I}}^{\mathrm{T}} & \boldsymbol{r}_{\mathrm{I}}\boldsymbol{v}_{\mathrm{B}}^{\mathrm{T}} + \boldsymbol{v}_{\mathrm{B}}\boldsymbol{r}_{\mathrm{I}}^{\mathrm{T}} - (\boldsymbol{r}_{\mathrm{I}}^{\mathrm{T}}\boldsymbol{v}_{\mathrm{B}} + \cos\lambda)\boldsymbol{I}_3 \end{pmatrix} \tag{5-42}$$

以 $\boldsymbol{K}_f$ 为例对约束进行分析，由式 (5-38) 和式 (5-39) 可知，可以将对称矩阵 $\boldsymbol{K}_f$ 表示成如下形式：

$$\boldsymbol{K}_f = \boldsymbol{K}_1 - \boldsymbol{K}_2 \tag{5-43}$$

式中，

$$\boldsymbol{K}_1 = \begin{pmatrix} 2\boldsymbol{r}_{\mathrm{I}}^{\mathrm{T}}\boldsymbol{r}_{\mathrm{B}} & (\boldsymbol{r}_{\mathrm{B}}^{\times}\boldsymbol{r}_{\mathrm{I}})^{\mathrm{T}} \\ \boldsymbol{r}_{\mathrm{B}}^{\times}\boldsymbol{r}_{\mathrm{I}} & \boldsymbol{r}_{\mathrm{I}}\boldsymbol{r}_{\mathrm{B}}^{\mathrm{T}} + \boldsymbol{r}_{\mathrm{B}}\boldsymbol{r}_{\mathrm{I}}^{\mathrm{T}} \end{pmatrix}$$
$$\boldsymbol{K}_2 = (\boldsymbol{r}_{\mathrm{I}}^{\mathrm{T}}\boldsymbol{r}_{\mathrm{B}} + \cos\theta)\boldsymbol{I}_4$$

由于 $\boldsymbol{r}_{\mathrm{B}}$ 和 $\boldsymbol{r}_{\mathrm{I}}$ 都是单位方向矢量，则 $\|\boldsymbol{r}_{\mathrm{B}}\| = 1$，$\|\boldsymbol{r}_{\mathrm{I}}\| = 1$。求取 $\boldsymbol{K}_1$ 矩阵特征值为

$$\boldsymbol{\lambda}(\boldsymbol{K}_1) = \begin{pmatrix} \boldsymbol{r}_{\mathrm{I}}^{\mathrm{T}}\boldsymbol{r}_{\mathrm{B}} - 1 \\ \boldsymbol{r}_{\mathrm{I}}^{\mathrm{T}}\boldsymbol{r}_{\mathrm{B}} - 1 \\ \boldsymbol{r}_{\mathrm{I}}^{\mathrm{T}}\boldsymbol{r}_{\mathrm{B}} + 1 \\ \boldsymbol{r}_{\mathrm{I}}^{\mathrm{T}}\boldsymbol{r}_{\mathrm{B}} + 1 \end{pmatrix} \tag{5-44}$$

由对角阵的性质可知，矩阵 $\boldsymbol{K}_f$ 的特征值为

$$\boldsymbol{\lambda}(\boldsymbol{K}_f) = \begin{pmatrix} \boldsymbol{r}_{\mathrm{I}}^{\mathrm{T}}\boldsymbol{r}_{\mathrm{B}} - 1 - (\boldsymbol{r}_{\mathrm{I}}^{\mathrm{T}}\boldsymbol{r}_{\mathrm{B}} + \cos\theta) \\ \boldsymbol{r}_{\mathrm{I}}^{\mathrm{T}}\boldsymbol{r}_{\mathrm{B}} - 1 - (\boldsymbol{r}_{\mathrm{I}}^{\mathrm{T}}\boldsymbol{r}_{\mathrm{B}} + \cos\theta) \\ \boldsymbol{r}_{\mathrm{I}}^{\mathrm{T}}\boldsymbol{r}_{\mathrm{B}} + 1 - (\boldsymbol{r}_{\mathrm{I}}^{\mathrm{T}}\boldsymbol{r}_{\mathrm{B}} + \cos\theta) \\ \boldsymbol{r}_{\mathrm{I}}^{\mathrm{T}}\boldsymbol{r}_{\mathrm{B}} + 1 - (\boldsymbol{r}_{\mathrm{I}}^{\mathrm{T}}\boldsymbol{r}_{\mathrm{B}} + \cos\theta) \end{pmatrix} = \begin{pmatrix} -1 - \cos\theta \\ -1 - \cos\theta \\ +1 - \cos\theta \\ +1 - \cos\theta \end{pmatrix} \tag{5-45}$$

分析矩阵 $\boldsymbol{K}_f$ 的特征值可知，除了 $\theta = \pi$ 时其特征值为非负外，其他情况都存在负数特征值。在实际工程中，可知矩阵为非正定的。根据凸函数的充要条件可知式 (5-38) 为非凸函数，即式 (5-38) 表示的约束为非凸约束[60]。

5.3.2　RRT 姿态规划算法

RRT 算法作为一种快速随机搜索算法，在机器人领域已经得到广泛运用。它以一个初始点作为根节点，通过随机采样增加叶子节点的方式，生成一个随机扩展树，当随机树中的叶子节点包含了目标点或进入了目标区域，便可以在随机树中找到一条由从初始点到目标点的路径。假设状态空间为 X，X_free 表示可行区域，X_obs 表示障碍区域，X_free 和 X_obs 同为 X 的子集，而且满足 $X\_free \cap X\_obs = \varnothing$ 和 $X = X\_free \cup X\_obs$。初始状态 $x\_init \in X\_free$ 和目标状

态 $x\_goal \in X\_free$，因此本节的目标就是快速地规划出从初始状态到目标状态的可行姿态机动路径。

RRT 算法的核心内容是构造搜索随机树[61]。RRT 算法通过逐步迭代的增量方式进行随机树的构造，在状态空间内选定起始节点 x_init 作为树的根节点，通过从根节点不断地扩展出叶节点的方式构建随机树，整个随机树用 Tr 表示。首先以概率 r_{g} 在状态空间内随机选择一个随机目标点 $\boldsymbol{x}\_random$，从随机树当前所有的节点之中选择出一个离 $\boldsymbol{x}\_random$ 最近的节点，称为临近节点 $\boldsymbol{x}\_near$；然后从 $\boldsymbol{x}\_near$ 向 $\boldsymbol{x}\_random$ 的方向延伸一个步长的距离，得到一个新的节点 $\boldsymbol{x}\_new$。在延伸过程中，判断是否与已知的障碍区域有冲突：若无冲突，则接受该新节点 $\boldsymbol{x}\_new$，并将其添加为随机树的节点；若有冲突，说明该次扩展出的新节点不符合安全要求，则舍弃该新节点，并重新进行随机目标点 $\boldsymbol{x}\_random$ 的选取。通过这样不断的延伸扩展，当随机树中的节点与目标位置足够接近时，停止随机树的延伸，此时以距离目标位置最近的叶节点为起始，依次向上搜索父节点，则可以获得一条从起始位置到目标位置的可行路径。RRT 算法节点扩展过程如图 5-7 所示。

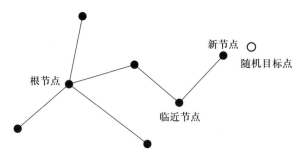

图 5-7 RRT 算法节点扩展过程

RRT 算法流程如下：

（1）生成初始化随机树；

（2）$i \leftarrow 1$；

（3）**while** i 不满足终止条件且没有到达目标状态 **do**；

（4）$i \leftarrow i+1$ 在搜索空间里生成随机目标扩展节点 $\boldsymbol{x}\_random$；

（5）寻找临近节点 $\boldsymbol{x}\_near$；

（6）从 $\boldsymbol{x}\_near$ 向 $\boldsymbol{x}\_random$ 的方向延伸一个步长的距离，得到一个新的节点 $\boldsymbol{x}\_new$；

（7）判断 $\boldsymbol{x}\_new$ 是否违反约束：若不违反，把该节点和对应的序号加入整

棵树 Tr 中, 程序继续进行; 若违反, 直接到第 (9) 步;

　　(8) 将 $\boldsymbol{x\_new}$ 选为 $\boldsymbol{x\_near}$ 继续扩展, 返回到第 (7) 步;

　　(9) $i \leftarrow i+1$, **end while**;

　　(10) 在整棵树 Tr 中找出从起始状态到目标状态的路径。

　　求解姿态机动路径的本质: 规划出姿态机动路径的控制量、角速度和对应的姿态四元数。所以, 状态空间可以选取为 $\{\boldsymbol{X} = (\boldsymbol{u}^{\mathrm{T}}(k), \boldsymbol{\omega}^{\mathrm{T}}(k), \boldsymbol{q}^{\mathrm{T}}(k))^{\mathrm{T}}\} \in \mathbf{R}^{10}$,姿态动力学和运动学决定了状态空间里从第 k 步到第 $k+1$ 步的关系, 从这个角度分析, 状态空间实质就是将连续的状态离散化成状态点, 相邻的点满足动力学和运动学约束。那么, 动力学和运动学约束可由一阶欧拉法则得到, 即

$$\begin{cases} \boldsymbol{q}(k+1) = \boldsymbol{q}(k) + \Delta T \left[\dfrac{1}{2} \boldsymbol{Q}(k) \boldsymbol{\omega}(k+1) \right] \\ \boldsymbol{J}\boldsymbol{\omega}(k+1) = \boldsymbol{J}\boldsymbol{\omega}(k) + \Delta T \left[\boldsymbol{u}(k+1) - \boldsymbol{\omega}(k)^{\times} \boldsymbol{J}\boldsymbol{\omega}(k) \right] \end{cases} \tag{5-46}$$

　　把式 (5-46) 进行整合变型, 可以得到更加紧凑的约束方程:

$$\boldsymbol{DX} = \boldsymbol{G} \tag{5-47}$$

式中,

$$\boldsymbol{X} = (\boldsymbol{u}^{\mathrm{T}}(k+1), \boldsymbol{\omega}^{\mathrm{T}}(k+1), \boldsymbol{q}^{\mathrm{T}}(k+1))^{\mathrm{T}} \tag{5-48}$$

$$\boldsymbol{D} = \begin{pmatrix} -\Delta T \boldsymbol{I}_{3\times3} & \boldsymbol{J} & \boldsymbol{0}_{3\times4} \\ \boldsymbol{0}_{4\times3} & -0.5\Delta T \boldsymbol{Q}(k) & \boldsymbol{I}_{4\times4} \end{pmatrix} \tag{5-49}$$

$$\boldsymbol{G} = \begin{pmatrix} \boldsymbol{J}\boldsymbol{\omega}(k) - \Delta T \boldsymbol{\omega}(k)^{\times} \boldsymbol{J}\boldsymbol{\omega}(k) \\ \boldsymbol{q}(k) \end{pmatrix} \tag{5-50}$$

$$\boldsymbol{Q}(k) = \begin{pmatrix} -q_1(k) & -q_2(k) & -q_3(k) \\ q_0(k) & -q_3(k) & q_2(k) \\ q_3(k) & q_0(k) & -q_1(k) \\ -q_2(k) & q_1(k) & q_0(k) \end{pmatrix} \tag{5-51}$$

　　随机树在状态空间进行扩展时需要一个度量函数来衡量临近点的 "距离", 本节选取姿态四元数和角速度的偏差量作为度量函数, 即

$$\rho = \underline{\boldsymbol{q}}_{\mathrm{e}}^{\mathrm{T}} \underline{\boldsymbol{q}}_{\mathrm{e}} + \boldsymbol{\omega}_{\mathrm{e}}^{\mathrm{T}} \boldsymbol{\omega}_{\mathrm{e}} \tag{5-52}$$

式中, $\underline{\boldsymbol{q}}_{\mathrm{e}}$ 为两姿态四元数间偏差的矢部; $\boldsymbol{\omega}_{\mathrm{e}}$ 为两角速度间的偏差。

　　CE-RRT 算法在 RRT 算法的基础上引入了一种对比评价策略来增强搜索的目的性, 将原来生成 1 个随机扩展节点 $\boldsymbol{x\_random}$ 转变为生成 M 个随机扩展节

点，然后进行评价，将姿态空间内离目标最近的点选为待扩展节点。以 CE-RRT 作为全局规划器，对姿态空间的一致分布节点进行随机采样，在安全空间中增量扩展，保证指向约束的满足；在局部扩展中，将动力学约束转化成二次规划中的线性约束，保证指向约束和动力学约束的分层满足。该算法流程如图 5-8 所示。

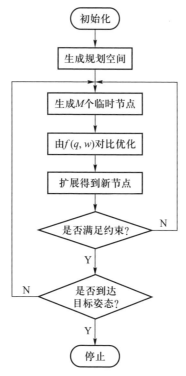

图 5-8　CE-RRT 算法流程

具体算法流程如下。

（1）生成状态空间，包括初始状态 x_init、目标状态 x_goal 和约束区域 X_obs，令 $Tr(0) = \boldsymbol{x}\_init$。

（2）随机生成 M 个随机目标点 $\boldsymbol{x}\_random$，对于每个 $\boldsymbol{x}\_random$ 都找到树上离它最近的临时节点 $\boldsymbol{x}\_temp$，最后得到 M 个 $\boldsymbol{x}\_temp$，如图 5-9 所示。

（3）从 M 个 $\boldsymbol{x}\_temp$ 中筛选出最优的节点作为当前扩展节点，为了找出最优的节点，引入如下评价函数：

$$f(\boldsymbol{q}, \boldsymbol{w}) = \underline{\boldsymbol{q}}_e^{\mathrm{tT}} \boldsymbol{a} \underline{\boldsymbol{q}}_e^{\mathrm{t}} + \boldsymbol{\omega}_e^{\mathrm{tT}} \boldsymbol{b} \boldsymbol{\omega}_e^{\mathrm{t}} \tag{5-53}$$

式中，$\boldsymbol{a}$ 和 $\boldsymbol{b}$ 为正定矩阵；$\underline{\boldsymbol{q}}_e^{\mathrm{t}}$ 为当前四元数和目标四元数的偏差矢量部分；$\boldsymbol{\omega}_e^{\mathrm{t}}$

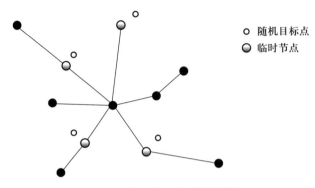

○ 随机目标点
◐ 临时节点

图 5-9　算法节点扩展示意图

为当前角速度和目标角速度的偏差。

由式 (5-53) 可以得到最优的 $\boldsymbol{x\_temp}$，记为 $\boldsymbol{x\_ext}$，将 $\boldsymbol{x\_ext}$ 作为当前扩展节点 $\boldsymbol{X}(k)$。

（4）设计控制目标

$$J(k) = \underline{\boldsymbol{q}}_e^T(k+1)\boldsymbol{R}_1\underline{\boldsymbol{q}}_e(k+1) + \boldsymbol{\omega}_e^T(k+1)\boldsymbol{R}_2\boldsymbol{\omega}_e(k+1) \tag{5-54}$$

式中，$\underline{\boldsymbol{q}}_e(k+1)$ 和 $\boldsymbol{\omega}_e(k+1)$ 分别为 $k+1$ 步的姿态四元数偏差矢部和角速度偏差，可分别表示为

$$\begin{cases} \underline{\boldsymbol{q}}_e(k+1) = (\boldsymbol{0}_{3\times1}, \boldsymbol{I}_{3\times3})\, q_{fl}^* \otimes q(k+1) \\ \boldsymbol{\omega}_e(k+1) = \boldsymbol{\omega}(k+1) - \boldsymbol{\omega}_{fl} \end{cases} \tag{5-55}$$

式中，q_{fl}^* 为姿态四元数 q_{fl} 的共轭，而 $\boldsymbol{q}_{fl}$ 和 $\boldsymbol{\omega}_{fl}$ 为扩展过程中的第 l 个随机目标扩展节点，表示四元数乘。

继而，有

$$\underline{\boldsymbol{q}}_e(k+1) = \boldsymbol{C}\boldsymbol{q}(k+1) \tag{5-56}$$

式中，$\boldsymbol{C} = (-\underline{\boldsymbol{q}}_{fl}\ (q_{fl0}\boldsymbol{I}_3 - \underline{\boldsymbol{q}}_{fl}^\times))$，其中 $\underline{\boldsymbol{q}}_{fl}$ 为 $\boldsymbol{q}_{fl}$ 的矢部，q_{fl0} 为 $\boldsymbol{q}_{fl}$ 的标部。

若目标节点的角速度设为零，那么最终的线性约束二次规划表达式为

$$\begin{aligned} &J(k+1) = \boldsymbol{X}^T\boldsymbol{M}\boldsymbol{X} \\ &s.t. \quad \boldsymbol{A}\boldsymbol{X} = \boldsymbol{B} \\ &\|\boldsymbol{u}_i\| \leqslant \gamma_{\boldsymbol{u}}, \|\boldsymbol{\omega}_i\| \leqslant \gamma_{\boldsymbol{\omega}} \quad (i=1,2,3) \end{aligned} \tag{5-57}$$

式中，$\boldsymbol{M} = \begin{pmatrix} \boldsymbol{0}_{3\times3} & & \\ & \boldsymbol{R}_2 & \\ & & \boldsymbol{G} \end{pmatrix}$，其中 $\boldsymbol{G} = \boldsymbol{C}^T\boldsymbol{R}_1\boldsymbol{C}$。

通过求解以上规划问题, 由当前状态 $\boldsymbol{X}(k)$ 可以得到下一步的状态点 $\boldsymbol{X}(k+1)$, 记为 $\boldsymbol{x\_new}$。

(5) 根据公式判断 $\boldsymbol{x\_new}$ 是否满足指向约束: 若满足, 将 $\boldsymbol{x\_new}$ 的值赋给 $Tr(i)$; 若不满足, 返回到步骤 (2)。

(6) 检测 $Tr(i)$ 是否到达目标状态: 若没有, 令 $k = k+1$, 返回到步骤 (1); 若到达, 停止搜索。

在给出探测器的起始状态和目标状态以及约束条件下, 通过上述算法可以规划出满足约束的路径节点和生成节点的控制力矩, 按照生成探测器姿态机动路径和所需要的控制力矩实现探测器机动到目标姿态。

5.3.3　姿态机动路径规划与优化方法

随着深空探测技术的发展, 对探测器的姿态机动能力提出了越来越高的要求, 在姿态机动任务中, 通常需要优化一个或多个性能指标参数, 比如机动时间或能耗。跟踪目标时, 探测器需要进行快速姿态机动, 同时减少能量消耗可以极大地增加探测器在轨工作时间。此外, 探测器还会受到其他复杂约束, 在多种约束条件下, 同时优化多种性能指标参数对深空探测器姿态路径规划来说是一个极大的挑战。

分支定界算法作为全局优化的主要算法之一, 可以较好地应用于姿态路径规划和优化。其基本思想是通过把可行域逐步切割划分, 同时设计出最优值单调递减的上界序列和单调递增的下界序列, 使得上界与下界相等或上界与下界的差满足误差要求时, 算法迭代终止, 可以得到全局最优解; 否则继续迭代下去。分支定界算法被广泛地应用于整数规划、非凸规划等优化模型中, 近年来一直是求解非凸规划问题的研究热点[62-63]。

分支定界算法的基本思想是对有约束条件最优化问题的所有可行解空间进行搜索。在相应的方法中, 可行域得到松弛, 并且被逐步分割为越来越多的子部分 (称为分支), 在这些部分内, 确定目标函数值的上界和下界 (称为定界), 当算法进行到某个阶段, 对于下界超过当前所发现较好上界的可行域部分, 无须进一步分支, 对此进行剪枝, 由于可行域的这部分不包含最优解, 从而缩小了搜索范围。这一过程反复进行, 直到找出可行解为止, 该可行解的值不大于任何子集的界限。其标准步骤如下所述。

(1) 如果问题的目标是最小值为最优, 则设定目前最优解的值等于无穷小。

(2) 根据分枝法则, 从尚未被搜索节点 (局部解) 中选择一个节点, 并在此节点的下一层中分为几个新的节点。

（3）计算每一个新分枝出来的节点的下限值。

（4）对每一节点进行搜索条件测试，若节点满足以下任意一个条件，则此节点被列为可搜索点并且在之后不再被考虑：

（a）此节点的下限值大于或等于最优值；

（b）已找到在此节点处具最小下限值的可行解；若此条件成立，则需比较此可行解与最优值，若前者较小，则需更新最优值，并以此为可行解的值；

（c）此节点不可能包含可行解。

（5）判断是否仍有尚未被搜索的节点，如果有，则进行步骤 2，如果已无尚未被搜索的节点，则搜索停止，并得到最优解。

分支策略如下：就每一个节点 p 而言，$\boldsymbol{x}$ 的可行域为 $\boldsymbol{\Omega}^p$，$\boldsymbol{\Omega}^p$ 是 $\boldsymbol{\Omega}$ 的相关子集。对于任意可行的 $\boldsymbol{x}$，函数 $f(x)$ 都有一个下界，用 $\bar{z}^p$ 来表示。算法主要通过提取具有最小 $\bar{z}^p$ 值的节点，求出它的线性松弛，然后用 $\boldsymbol{\Omega}^p$ 来替换 $\boldsymbol{\Omega}$。如果线性松弛的最优解在非凸二次约束二次规划（nonconvex quadratic constrained quadratic programming，NQCQP）问题上是可行的，就可以将该最优解和最优解的指标值分配到 $(\boldsymbol{x}^*, z^*)$，即当前最好的可行解和指标值。设定 $f^0(\boldsymbol{x}) = \boldsymbol{x}^{\mathrm{T}} \boldsymbol{Q}^0 \boldsymbol{x}$，分支定界具体算法如下。

（1）初始化：$\boldsymbol{\Omega}^0 = \boldsymbol{\Omega}$，$z^* = \infty$，$\bar{z}^0 = -\infty$，LIST $= \{(\boldsymbol{\Omega}^0, \bar{z}^0)\}$，$k = 0$。

（2）如果 LIST $= \varnothing$，则停止，$\boldsymbol{x}^*$ 是 NQCQP 问题的最优值。

（3）从具有最小 $\bar{z}^p$ 值的 LIST 中选择并删除实例 $(\boldsymbol{\Omega}^p, \bar{z}^p)$。

求解如下线性松弛，记作 REL^p：

$$
\begin{aligned}
v(p) = \min : & \ \boldsymbol{S}^0 + (\boldsymbol{q}^0)^{\mathrm{T}} \boldsymbol{x} \\
s.t. & \ \begin{cases} (\boldsymbol{S}^l_{\min})^p \leqslant \boldsymbol{S}^l_j \leqslant (\boldsymbol{S}^l_{\max})^p \\ \sum_{j=1}^{n} \boldsymbol{S}^l_j + (\boldsymbol{q}^l)^{\mathrm{T}} \boldsymbol{x} + \boldsymbol{c}_l \leqslant 0 \\ \boldsymbol{x} \in \{\boldsymbol{A}\boldsymbol{x} \leqslant \boldsymbol{b}, \boldsymbol{f} \leqslant \boldsymbol{x} \leqslant \boldsymbol{F}\} \cap \boldsymbol{\Omega}^p \end{cases}
\end{aligned} \tag{5-58}
$$

如果 REL^p 不可行，则跳转至第 (2) 步。否则 REL^p 的最优解表示为 $(\boldsymbol{x}^p, \boldsymbol{S}^p)$；

（4）（a）如果 $v(p) < z^*$ 且 $\left\| \dfrac{\boldsymbol{\psi}\left(\boldsymbol{x}_k^{(n)}\right) - \boldsymbol{\psi}_0}{\boldsymbol{\psi}_0} \right\| \leqslant \varepsilon$ 满足，则跳转至第 (2) 步；

（b）如果 x^p 在 NQCQP 中不可行，则跳转至第 (5) 步；

（c）如果 x^p 在 NQCQP 中可行，且 $v(p) < z^*$：

如果 $f(\boldsymbol{x}^p) < z^*$，则更新 $z^* = f(\boldsymbol{x}^p)$，$\boldsymbol{x}^* = \boldsymbol{x}^p$，且从 LIST 中删除所有满足 $\bar{z}^p \geqslant z^*$ 的实例；

如果 $f^0(\boldsymbol{x}^p) > (\boldsymbol{S}_{\min}^l)^0$，则跳转至第 (5) 步，否则跳转至第 (2) 步。

（5）有 $\boldsymbol{\Omega}^{k+1} = \{\boldsymbol{x} \in \boldsymbol{\Omega}^p : \boldsymbol{f}^{k+1} \leqslant \boldsymbol{x} \leqslant \boldsymbol{F}^{k+1}\}$ 和 $\boldsymbol{\Omega}^{k+2} = \{\boldsymbol{x} \in \boldsymbol{\Omega}^p : \boldsymbol{f}^{k+2} \leqslant \boldsymbol{x} \leqslant \boldsymbol{F}^{k+2}\}$，那么 $\boldsymbol{\Omega}^p = \boldsymbol{\Omega}^{k+1} \cup \boldsymbol{\Omega}^{k+2}$ 而且 $\boldsymbol{\Omega}^{k+1} \cap \boldsymbol{\Omega}^{k+2} = \varnothing$。令 $\bar{z}^r = v(p), r = k+1, k+2$。添加到 LIST $= (\boldsymbol{\Omega}^r, \bar{z}^r), r = k+1, k+2$，且令 $k = k+2$。跳转至第 (3) 步。

为了对问题进行简要的阐明，在步骤 (5) 中只将父代超矩形 $\boldsymbol{\Omega}^p$ 分支为两个超矩形。在实际计算中可以将 $\boldsymbol{\Omega}^p$ 分支成所需的任意数量的超矩形。

需要注意的是：为在 NQCQP 中获得更好的二次函数近似值，步骤 (5) 中的分支操作必须是一致的。也就是说，当算法生成一个超矩形序列时，必须满足：当 $p \to \infty$ 时，$\max\{(\boldsymbol{F}^p - \boldsymbol{f}^p)|Q^p|(\boldsymbol{F}^p - \boldsymbol{f}^p) : l = 1, 2, \cdots, L\} \to 0$。

显然，对于有穷的情况，在获得最优解之后，算法将会结束。对于无穷的情况而言，给出下述收敛定理的介绍和证明。

定理：假定 NQCQP 存在最优解，设 $\{\boldsymbol{x}^p, \boldsymbol{S}^p\}$ 为算法步骤 (3) 中生成的线性规划最优解，则 $\{\boldsymbol{x}^p\}$ 的任意收敛子序列的极值是 NQCQP 的最优解。

证明：用 $v(\text{NQCQP})$ 表示 NQCQP 的最优解。由于当 $\bar{z}$ 值为最小的时候来选择实例，因此 $\{\bar{z}^p\}$ 是 $v(\text{NQCQP})$ 的上界非递减序列点集。引入超矩形后可以获得 $\{\boldsymbol{\Omega}^p, \bar{z}^p\}$ 的子序列，则有 $\boldsymbol{\Omega}^{p+1} \subseteq \boldsymbol{\Omega}^p, \forall p$。

由定理得

$$0 \leqslant f^0(\boldsymbol{x}^p) - (\boldsymbol{S}_{\min}^l)^0 \leqslant (\boldsymbol{S}_{\max}^l)^0 - (\boldsymbol{S}_{\min}^l)^0 \leqslant 0.5(\boldsymbol{F}^p - \boldsymbol{f}^p)|Q^0|(\boldsymbol{F}^p - \boldsymbol{f}^p) \quad (5\text{--}59)$$

由一致性条件可得

$$\lim_{p \to \infty}\left[f^0(\boldsymbol{x}^p) - (\boldsymbol{S}_{\min}^l)^0\right] = 0 \quad (5\text{--}60)$$

同理，由

$$(\boldsymbol{S}_{\min}^l)^p \leqslant (\boldsymbol{S}_j^l)^p \leqslant (\boldsymbol{S}_{\max}^l)^p \text{ 且 } (\boldsymbol{S}_{\min}^l)^p \leqslant \boldsymbol{x}_j^p \boldsymbol{Q}_j^l \boldsymbol{x}^p \leqslant (\boldsymbol{S}_{\max}^l)^p \quad \forall(j,l,p) \quad (5\text{--}61)$$

可以推导出

$$\lim_{p \to \infty}\left[(\boldsymbol{S}_j^l)^p - \boldsymbol{x}_j^p \boldsymbol{Q}_j^l \boldsymbol{x}^p\right] = 0 \quad \forall(j,l) \quad (5\text{--}62)$$

因此，对于 $\{\boldsymbol{x}^p, \boldsymbol{S}^p\}$ 的任意收敛子序列都存在极值 $\{\bar{\boldsymbol{x}}, \bar{\boldsymbol{S}}\}$，而且 $\bar{\boldsymbol{x}}$ 在 NQCQP 上是可行的，这意味着 $f^0(\bar{\boldsymbol{x}}) + \boldsymbol{q}^0\bar{\boldsymbol{x}} \geqslant v(\text{NQCQP})$ 是成立的。只需证明 $\bar{\boldsymbol{x}}$ 在 NQCQP 上是最优的。引入超矩形分支方法，在这一个分支树上寻找路径，可得

$$v(p) = \bar{z}^{p+1} \leqslant v(\text{NQCQP}) \quad (5\text{--}63)$$

由式 (5--60) 得 $f^0(\boldsymbol{x}^p) - (\boldsymbol{S}_{\min}^l)^0$ 收敛至 0，这意味着 $f^0(\bar{\boldsymbol{x}}) + \boldsymbol{q}^0\bar{\boldsymbol{x}} \leqslant v(\text{NQCQP})$。

因此, $\overline{x}$ 在 NQCQP 上是最优的。

为了对算法进一步说明, 首先通过求解一个数学算例来进行验证。

考虑如下问题:

$$\min : (x_1, x_2) \begin{pmatrix} 1 & 2 \\ -1 & -1 \end{pmatrix} \begin{pmatrix} x_1 \\ x_2 \end{pmatrix} + (1, 1) \begin{pmatrix} x_1 \\ x_2 \end{pmatrix}$$

$$s.t. \begin{cases} (x_1, x_2) \begin{pmatrix} 1 & 2 \\ -1 & -1 \end{pmatrix} \begin{pmatrix} x_1 \\ x_2 \end{pmatrix} \leqslant 6 \\ x_1 + x_2 \leqslant 4 \\ 0 \leqslant x_1 \leqslant 4 \\ 0 \leqslant x_2 \leqslant 4 \end{cases}$$

具体的分支定界算法可以通过图 5-10 进行。

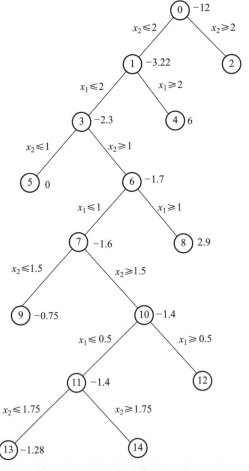

图 5-10　分支定界算法实例图

最终当 $q = 13$ 时求出最优解 $(x_1, x_2) = (0.3, 0.5)$, 最优值为 -1.28。

步骤 (3) 中选择具有最小下界 $\underline{z}^p$ 作为实例是非常必要的, 这不仅仅是一种启发式方法。如果违反这一规则的话, 会获得一个不可行点 $\{x^p\}$ 的无穷序列, 这些不可行点会收敛到某一个可行的但在 NQCQP 上并非最优的点。在处理约束姿态机动问题中, 构造的维数比较复杂, 但是某些近似解最优性和可行性已经达到了任务需求, 不需要精确到小数点后很多位。所以为了提高算法效率性, 可以通过设定某些容忍值 ε, 使得当 $\max\{(F^p - f^p)|Q^p|(F^p - f^p) : l = 1, 2, \cdots, L\} \leqslant \varepsilon$ 时, 停止进一步分支。

5.4 探测器姿态控制方法

探测器姿态控制系统跟踪姿态规划系统规划好姿态路径, 并根据姿态规划系统得出的每一步期望姿态角和角速度进行姿态控制, 这样不仅提高了姿态控制精度, 也可以减少姿态控制系统的资源消耗。

5.4.1 探测器基本运动学与动力学方程

深空探测器的姿态运动学描述的是探测器姿态位置与其旋转的角速度之间的关系。这里把探测器抽象为理想的刚体模型, 基于四元数的姿态运动学模型为

$$
\begin{cases}
\dot{q}_0 = -\dfrac{1}{2}\boldsymbol{q}_v^{\mathrm{T}}\boldsymbol{\omega} \\
\dot{\boldsymbol{q}}_v = \dfrac{1}{2}\boldsymbol{F}\boldsymbol{\omega}
\end{cases}
\tag{5-64}
$$

其中矩阵 $\boldsymbol{F}$ 定义如下:

$$
\boldsymbol{F} = q_0\boldsymbol{E}_3 + \boldsymbol{q}_v^{\times}
\tag{5-65}
$$

将式 (5–64) 变形可得

$$
\begin{pmatrix} \dot{q}_0 \\ \dot{q}_1 \\ \dot{q}_2 \\ \dot{q}_3 \end{pmatrix} = \frac{1}{2}
\begin{pmatrix}
0 & -\omega_1 & -\omega_2 & -\omega_3 \\
\omega_1 & 0 & \omega_3 & -\omega_2 \\
\omega_2 & -\omega_3 & 0 & \omega_1 \\
\omega_3 & \omega_2 & -\omega_1 & 0
\end{pmatrix}
\begin{pmatrix} q_0 \\ q_1 \\ q_2 \\ q_3 \end{pmatrix}
\tag{5-66}
$$

记 $\boldsymbol{\Omega} = \begin{pmatrix} 0 & -\omega_1 & -\omega_2 & -\omega_3 \\ \omega_1 & 0 & \omega_3 & -\omega_2 \\ \omega_2 & -\omega_3 & 0 & \omega_1 \\ \omega_3 & \omega_2 & -\omega_1 & 0 \end{pmatrix}$, 则式 (5–66) 可以写成更紧凑的形式:

$$
\dot{\boldsymbol{q}} = \frac{1}{2}\boldsymbol{\Omega}\boldsymbol{q}
\tag{5-67}
$$

式 (5–64)、式 (5–66)、式 (5–67) 均称为基于四元数的刚体姿态运动学方程。

　　这里的角速度参数是绝对角速度，是相对惯性空间测量、在本体坐标系表示的。姿态参数是相对于参考系如惯性系或轨道系等。

　　基于欧拉轴/角的姿态运动学模型为

$$\begin{cases} \dot{\boldsymbol{e}} = \dfrac{1}{2}\boldsymbol{e}^{\times}\left(\boldsymbol{E}_3 - \cot\dfrac{\alpha}{2}\boldsymbol{e}^{\times}\right)\boldsymbol{\omega} \\[3mm] \dot{\alpha} = \boldsymbol{e}^{\mathrm{T}}\boldsymbol{\omega} \end{cases} \tag{5-68}$$

　　由式 (5-68) 可知，欧拉轴/角描述的姿态运动学模型在 $\|\boldsymbol{\alpha}\| = 0$ 时会出现奇异性问题，即系统状态靠近平衡点时，欧拉轴可能会发生突变，这给之后控制器的分析与设计都带来了极大的不便。

　　基于方向余弦矩阵的姿态运动学模型为

$$\dot{\boldsymbol{C}} = -\boldsymbol{\omega}^{\times}\boldsymbol{C} \tag{5-69}$$

　　深空探测器的姿态动力学描述的是控制机构产生的控制力矩与其产生的角速度之间的关系。一般大角度、低精度机动使用推力器，高精度机动、远程科学观测使用动量轮的原则。动力学的模型的建立基于角动量定理：

$$\frac{\mathrm{d}\boldsymbol{H}}{\mathrm{d}t} = \boldsymbol{u} \tag{5-70}$$

式中，$\boldsymbol{H} = \boldsymbol{J}\boldsymbol{\omega}$ 是刚体的角动量；$\boldsymbol{u}$ 是控制力矩。进一步展开得

$$\frac{\mathrm{d}\boldsymbol{H}}{\mathrm{d}t} = \frac{\mathrm{d}(\boldsymbol{J}\boldsymbol{\omega})}{\mathrm{d}t} = \boldsymbol{J}\dot{\boldsymbol{\omega}} + \boldsymbol{\omega} \times (\boldsymbol{J}\boldsymbol{\omega}) \tag{5-71}$$

　　联立式 (5-70) 和式 (5-71) 得

$$\boldsymbol{J}\dot{\boldsymbol{\omega}} + \boldsymbol{\omega} \times (\boldsymbol{J}\boldsymbol{\omega}) = \boldsymbol{u} \tag{5-72}$$

　　式 (5-72) 即探测器的姿态动力学模型，其中 $\boldsymbol{\omega}$ 为探测器的姿态角速度，$\boldsymbol{J}$ 是转动惯量矩阵且为实正定对称矩阵，$\boldsymbol{u}$ 为控制力矩。考虑到外界的干扰力矩 $\boldsymbol{d}$ 的影响，式 (5-72) 可以进一步写为

$$\boldsymbol{J}\dot{\boldsymbol{\omega}} + \boldsymbol{\omega} \times (\boldsymbol{J}\boldsymbol{\omega}) = \boldsymbol{u} + \boldsymbol{d} \tag{5-73}$$

5.4.2 探测器姿态控制器设计

深空探测器姿态控制系统是一个闭环控制系统, 图 5-11 是基于探测器自主姿态控制技术的姿态控制系统框图。

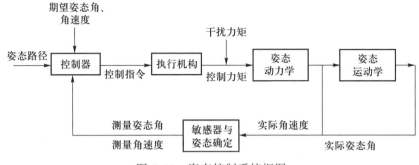

图 5-11 姿态控制系统框图

首先从姿态规划系统得到姿态路径和期望的每一步姿态角与角速度, 探测器上的敏感器会捕获当前的姿态角和角速度并把测量值传递给比较器, 通过比较测量值与期望值得出误差值。姿态控制器得到误差值后, 通过控制律计算出相应的控制力矩, 并将控制指令下达给执行机构, 执行机构接收到控制指令后产生相应的控制力矩。但是探测器也受到来自外界的干扰力矩, 因此探测器在动力学和运动学原理作用下改变了其原有姿态角和角速度, 但仍需要不断地通过敏感器进行测量并与期望值做比较, 直到误差为零。显然, 当探测器达到期望的姿态和角速度后, 将不再产生控制力矩。姿态控制器的设计主要就是设计姿态控制律使整个姿态控制系统具有良好的控制性能。

为了对探测器进行姿态控制, 需要引入探测器本体坐标系和目标姿态坐标系间的误差四元数以及当前角速度和目标角速度间的误差角速度。

设探测器当前姿态四元数为 $\boldsymbol{Q}$, 目标姿态四元数为 $\boldsymbol{Q}_{\mathrm{f}} = (q_{\mathrm{f0}}, \boldsymbol{q}_{\mathrm{f}})^{\mathrm{T}}$, 误差四元数为 $\boldsymbol{Q}_{\mathrm{e}} = (q_{\mathrm{e0}}, \boldsymbol{q}_{\mathrm{e}})^{\mathrm{T}}$, 误差四元数定义如下:

$$\boldsymbol{Q}_{\mathrm{e}} = \boldsymbol{Q}^{-1}\boldsymbol{Q}_{\mathrm{f}} \tag{5-74}$$

$$\begin{pmatrix} q_{\mathrm{e0}} \\ q_{\mathrm{e1}} \\ q_{\mathrm{e2}} \\ q_{\mathrm{e3}} \end{pmatrix} = \begin{pmatrix} q_0 & q_1 & q_2 & q_3 \\ -q_1 & q_0 & q_3 & -q_2 \\ -q_2 & -q_3 & q_0 & q_1 \\ -q_3 & q_2 & -q_1 & q_0 \end{pmatrix} \begin{pmatrix} q_{\mathrm{f0}} \\ q_{\mathrm{f1}} \\ q_{\mathrm{f2}} \\ q_{\mathrm{f3}} \end{pmatrix} \tag{5-75}$$

$\boldsymbol{Q}_{\mathrm{e}}$ 满足约束条件:

$$q_{\mathrm{e0}}^2 + q_{\mathrm{e1}}^2 + q_{\mathrm{e2}}^2 + q_{\mathrm{e3}}^2 = 1 \tag{5-76}$$

在探测器本体坐标系中定义当前姿态角速度为 $\boldsymbol{\omega}$、目标角速度为 $\boldsymbol{\omega}_f$、误差角速度为 $\boldsymbol{\omega}_e$，则误差角速度为

$$\boldsymbol{\omega}_e = \boldsymbol{\omega} - \boldsymbol{\omega}_f \tag{5-77}$$

采用 PID 控制，控制律如下：

$$\boldsymbol{T}_c = -\boldsymbol{K}_L \left[k_1 \boldsymbol{q}_e \mathrm{sgn}\left(q_{e0}\right) + k_2 \boldsymbol{\omega}_e + k_3 \int \boldsymbol{q}_e \mathrm{d}t \right] \tag{5-78}$$

式中，k_1、k_2、k_3 分别为比例、微分和积分控制项。

因此，按照式 (5-78) 的控制律可以安全有效地实现探测器的约束姿态机动。

5.4.3　复杂约束下的姿态自主控制综合仿真验证

基于探测器姿态自主控制方法，设计从姿态规划到姿态控制的综合仿真验证系统。

首先用 RRT 姿态规划算法和式 (5-78) 的控制律进行探测器姿态自主控制。假定探测器在 z 轴方向上安装了一个光学敏感器，方向矢量用 $\boldsymbol{r}_B$ 表示，需要在姿态机动过程中规避两个明亮天体，在本体系下的方向矢量分别用 $\boldsymbol{r}_{I1}$ 和 $\boldsymbol{r}_{I2}$ 表示，要求 $\boldsymbol{r}_B$ 与 $\boldsymbol{r}_{I1}$ 之间的最小夹角为 θ_1、$\boldsymbol{r}_B$ 与 $\boldsymbol{r}_{I2}$ 之间的最小夹角为 θ_2；航天器初始姿态和角速度分别为 $\boldsymbol{q}_0$、$\boldsymbol{\omega}_0$，目标姿态和角速度分别为 $\boldsymbol{q}_f$、$\boldsymbol{\omega}_f$；星体转动惯量为 $\boldsymbol{J}$，机动角速度的最大幅值为 γ_ω，控制力矩的最大幅值为 γ_T。具体数值如表 5-1 所示。

表 5-1　仿 真 条 件

变量	值
$\boldsymbol{J}$	diag $(100, 100, 100)$ kg · m^2
$\boldsymbol{q}_0$	$(0.646\,9, 0.034\,7, 0.722\,4, 0.241\,7)^{\mathrm{T}}$
$\boldsymbol{\omega}_0$	$(0,0,0)$ rad/s
$\boldsymbol{q}_f$	$(-0.992\,3,0\,, 0.124\,0, 0)^{\mathrm{T}}$
$\boldsymbol{\omega}_f$	$(0, 0, 0)$ rad/s
γ_ω	0.05 rad/s
γ_T	1 N · m
θ_1	$30°$
θ_2	$20°$
$\boldsymbol{r}_B$	$(0, 0, 1)^{\mathrm{T}}$
$\boldsymbol{r}_{I1}$	$(1, 0, 0)^{\mathrm{T}}$
$\boldsymbol{r}_{I2}$	$(0, 1, 0)^{\mathrm{T}}$

首先采用基本 RRT 姿态规划算法对问题进行求解，得到姿态路径。图 5-12 所示为探测器天球坐标系下的姿态机动路径，图中圆形区域表示禁忌约束，实线表示红外望远镜姿态机动路径，五角星表示目标点位置。可以看出，机动过程中红外望远镜成功地规避了强光天体，机动路径是安全的。

然后，采用式 (5-78) 的控制律进行姿态控制，得到控制曲线。图 5-13 至图

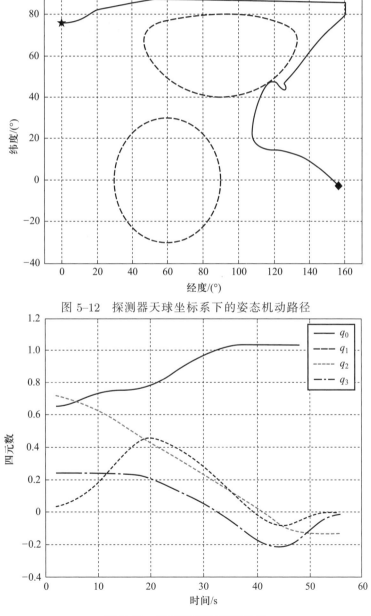

图 5-12   探测器天球坐标系下的姿态机动路径

图 5-13   探测器时间历程曲线

5-15 分别为探测器姿态机动过程中的四元数、角速度以及控制力矩的时间历程曲线。可以看出角速度和控制力矩都满足有界约束。

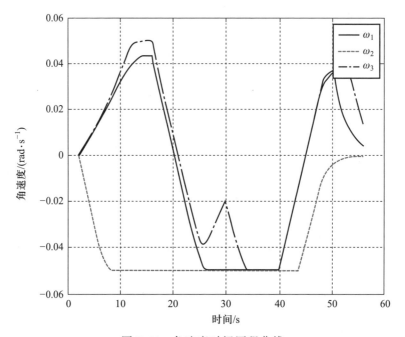

图 5-14　角速度时间历程曲线

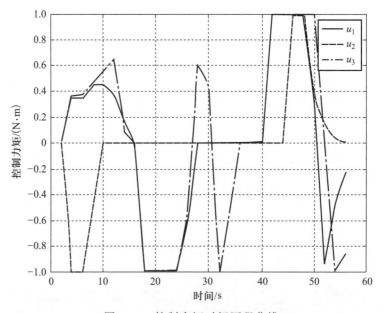

图 5-15　控制力矩时间历程曲线

然后采用基于分支定界的姿态机动路径规划方法和式 (5-78) 的控制律进行探测器姿态自主控制。同时考虑了禁忌约束和强制约束。同样，探测器在 $(0,0,1)^{\mathrm{T}}$ 方向安装了一个红外望远镜，在 $(0,1,0)^{\mathrm{T}}$ 方向安装了太阳能帆板。表 5-2 为仿真参数。

表 5-2 仿 真 参 数

变量	值
J	$\mathrm{diag}(100,120,130)\ \mathrm{kg \cdot m^2}$
q_0	$(0.646\,9, 0.034\,7, 0.722\,4, 0.241\,7)^{\mathrm{T}}$
ω_0	$(0,0,0)\ \mathrm{rad/s}$
q_{f}	$(-0.601\,2, 0.926\,9, -0.214\,5, 0.822\,4)^{\mathrm{T}}$
ω_{f}	$(0,0,0)\ \mathrm{rad/s}$
γ_ω	$0.05\ \mathrm{rad/s}$
γ_T	$1\ \mathrm{N \cdot m}$
θ_1	$20°$
θ_2	$60°$
θ_3	$30°$
θ_4	$20°$
r_{B}	$(0,0,1)^{\mathrm{T}}$
r_{I1}	$(-0.766\,0, 0, 0.642\,8)^{\mathrm{T}}$
r_{I2}	$(0.492\,4, 0.852\,9, 0.173\,6)^{\mathrm{T}}$
r_{I3}	$(-0.173\,6, -0.984\,8, 0)^{\mathrm{T}}$
r_{I4}	$(0.171\,0, -0.469\,8, -0.866\,0)^{\mathrm{T}}$

首先采用基于分支定界的姿态机动路径规划方法对问题进行求解，得到姿态路径。图 5-16 为天球坐标系下探测器姿态机动路径。图中环形区域表示禁忌约束，小三角形围成的环形区域对于红外望远镜是禁忌约束，在机动过程中需要规避，而对于太阳能帆板是强制约束，在机动过程中要在该区域内。粗实线表示红外望远镜姿态机动路径，菱形表示起始点位置，五角星表示目标点位置。点划线表示太阳能帆板的姿态机动路径，正方形表示起始点位置，圆形表示目标点位置。由图可知红外望远镜的姿态机动路径是安全的，而且太阳能帆板成功捕获太阳进行充能。

然后，采用式 (5-78) 的控制律进行姿态控制，得到控制曲线。图 5-17 至图 5-19 分别展示了采用分支定界方法求解出的探测器姿态机动过程中的四元数、角速度以及控制力矩的时间历程曲线。由图可知，角速度和控制力矩的有界约

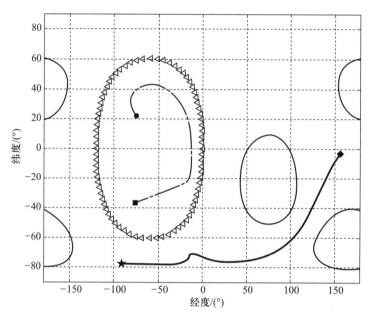

图 5-16 天球坐标系下航天器姿态机动路径

束得到了很好的保证，均满足最大设定值的要求，求出能量消耗为 10.325 3，相比于采用评价迭代求出的结果能量消耗降低了 64.07%。

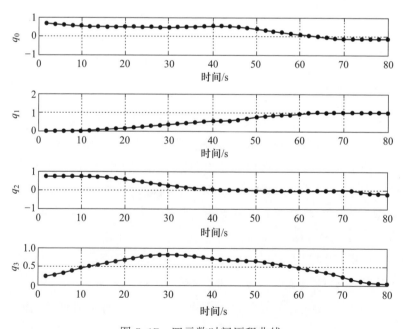

图 5-17 四元数时间历程曲线

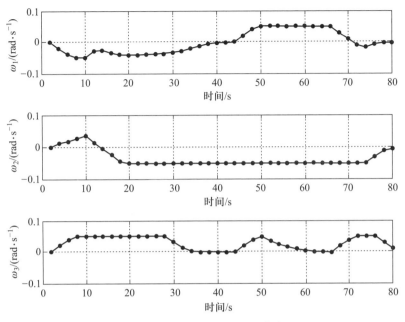

图 5-18 角速度时间历程曲线

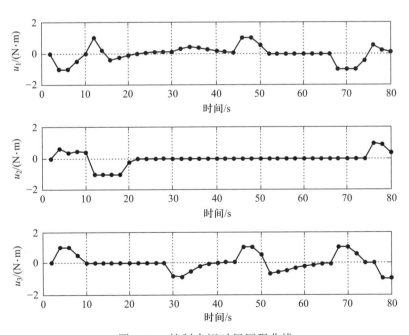

图 5-19 控制力矩时间历程曲线

5.5　本 章 小 结

深空探测自主姿态技术将姿态规划和姿态控制相结合，较好地处理深空探测相对于近地探测的约束复杂、深空探测环境不确定等问题。本章基于深空探测自主姿态技术设计和姿态规划综合仿真实验，有效、直观地验证了所设计算法的有效性和正确性，以期为未来深空探测姿态机动提供技术储备和理论基础。

第 6 章 深空探测推进技术

随着深空探测活动不断向更远的目标、更大的规模延伸，探测器的质量和尺寸逐渐增大，对于推进技术的需求也不断地提高。深空探测任务中，首先依靠运载火箭系统将探测器发射升空，并依靠推进系统进行探测器深空轨道机动、轨道修正等，保证探测器能够达到目标天体附近，再通过深空制动使其环绕或着陆目标天体，开展深空科学探测活动[64]。

深空探测任务采用的推进系统有多种，大致可以分为主动控制式和被动控制式两类。目前探测器上应用的推进系统主要为主动控制式，而被动控制式推进系统尚处于研究阶段。主动控制式推进系统包括化学推进、电推进和新概念推进三种类型，被动控制式推进系统则包括引力或重力推进等类型。其中，新概念推进主要包括激光推进、核推进和太阳帆推进三种。

6.1 推进技术工作原理

6.1.1 推力的产生

推力的产生遵循牛顿第三定律，即相互作用的两个物体之间存在一对大小相等、方向反向的作用力，且这对作用力的方向在同一条直线上。这就是推力产生的基本原理。

当物体的一部分以一定的速度离开物体时，剩余的部分将会获得一个方向与之相反的冲量，使得剩余部分向反方向运动，这种现象也称为反冲运动。

推力的大小与几个重要的变量有关，首先是质量流速，即单位时间内质量降低的速率，表示为

$$\dot{m} = \frac{\Delta m}{\Delta t} \tag{6-1}$$

物体的动量等于它的质量与速度的乘积，即

$$P = mv \tag{6-2}$$

假设推力器喷出物质的速度为 $v_。$，那么被喷出物质的动量变化率为 $\dot{m}v_。$。其单位与力的单位相同，这就是作用在推力器上的力，称为推力。则推力的表

达式为

$$F_{\mathrm{t}} = \dot{m}C \tag{6-3}$$

此处，C 为有效喷出速度，与前文中的 v_{o} 相对应。

在实际任务中，常常需要在短时间内使探测器的速度有较大程度的改变，根据式（6-4）可知，通过短时间给探测器施加一个较大的作用力即可实现上述要求。

描述探测器推进系统性能的常用指标包括总冲量和比冲。

总冲量，亦称容积比冲，其定义为推进系统推力与推力作用时间的乘积，常用符号 I 表示，在国际单位制中，其单位为 N·s。总冲量综合反映了推进系统的工作能力，对于不同的任务需求，可以采用不同的推力、推力作用时间的组合方案，比如用于近、远拱点变轨的推力器一般采用大推力而工作时间短的方案。总冲量满足以下关系：

$$I = F\Delta t = \Delta P \tag{6-4}$$

式中，I 为总冲量；F 为作用力；Δt 为力的作用时间；ΔP 为动量的改变量。

比冲的定义为总冲量和产生冲量所需的推进剂质量的比，用符号 I_{sp} 表示。

$$I_{\mathrm{sp}} = \frac{I}{\Delta m_{\mathrm{t}}g} \tag{6-5}$$

式中，Δm_{t} 为推进剂质量的变化量；g 为当地的重力加速度。比冲是衡量推力器效率的重要物理参数，比冲越高，说明给定质量的推进剂所能提供的速度增量越大，效率也越高。

6.1.2　齐奥尔科夫斯基公式

在深空探测任务中，发动机完成一次推进需要消耗多少燃料呢？苏联科学家齐奥尔科夫斯基经过研究和推导，于 1903 年提出著名的齐奥尔科夫斯基公式，即在不考虑空气动力和引力的理想状态下计算探测器在推进系统工作期间获得的速度增量，这个公式可以近似地估计出探测器所需的推进剂用量以及推进系统参数对速度的影响。

$$\Delta v = \omega \ln\left(\frac{m_0}{m_k}\right) \tag{6-6}$$

式中，Δv 为速度增量；ω 为推进剂喷出的速度；m_0 为探测器的初始质量；m_k 为探测器的最终质量。

齐奥尔科夫斯基公式的核心：基于动量守恒定理，任何一个物体可以通过消耗自身质量的方式产生反向推进的作用力，使其在原有的运动速度上获得一个加速度。

齐奥尔科夫斯基公式为现代航天推进技术奠定了基础，它解释了推进技术的原理及核心，广泛应用于人造卫星、载人飞船的发射以及深空探测任务中，为推进系统的设计提供了理论支撑。

6.2 化学推进技术

随着推进技术的发展，各种新型能源推进技术蓬勃发展，但化学推进仍然占据深空探测推进技术的主导地位。化学推进利用推进剂的燃烧或催化分解将推进剂的化学能转化为内能和压力势能，最后释放产生推力。同时，化学推进的推进剂的燃烧或分解产物应属于中性气体，对探测器材料不会造成损害。化学推进最大的特点就是推力大、比冲大、可靠性高，适用于需要较大速度增量的快速机动场合。

其推进剂的物理状态有气态、固态和液态三种，分别对应冷气推进系统、固体火箭发动机和液体火箭发动机。

6.2.1 冷气推进系统

冷气推进系统是目前最传统、最简单的推力器，在深空探测中主要用于提供姿态机动的推力。冷气推力器没有热源，无需化学反应，直接由喷管喷出气体即可产生相应的推力，因此，其可靠性较高。

冷气推进系统由推进剂、贮箱、减压器、压力传感器、喷管、阀门等部分组成。贮箱里储存着以高压形式存在的气体推进剂，气体经过减压器减压到要求的压力并膨胀，经阀门最终由喷管喷出。冷气推力器的结构如图 6-1 所示。

冷气推力器的推力为

$$F_t = C_F p_0 A \tag{6-7}$$

式中，C_F 为推力系数，喷管的可用压力比、收缩角、进出口直径比对推力系数有很大的影响，压力比是推进剂气体在压缩前后的压强之比；p_0 是气体在喷管入口的压力；A 为喷管的截面积。

冷气推力器常用的推进剂有氢气、氦气、氮气、氩气和氪气等，它们的性能如表 6-1 所示。

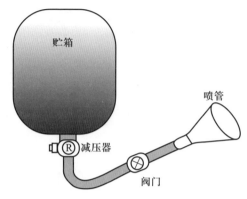

图 6-1　冷气推力器的结构

表 6-1　冷气推进剂的性能

气体	相对分子质量	密度/(g·L^{-1})	理论比冲/s	有效比冲/s
氢气	2	28.4	277	15.6
氦气	4	56.4	175	18.6
氮气	28	394	74	33.6
氩气	40	561	55	29.9
氪气	84	1 177	38	28

　　冷气推力器的结构及工作原理简单,而且由于冷气推力器的工作过程中只存在物理反应,没有化学性质的改变,这使得冷气推力器的安全性较高且不会造成污染。但冷气推力器整体产生的比冲较小。这些特性使得冷气推力器在比冲要求低、工作时间短且安全要求较高的场合(比如微小探测器的姿态控制)得到了广泛的应用。国内外也开展了冷气储存方式改善、推进系统组合件微型化等方面的研究。在未来的深空探测活动中,对于一些空间紧急任务和探测器小范围机动,冷气推力器的作用仍然不可小觑。

6.2.2　固体火箭发动机

　　除冷气推力器外,化学推进系统还包括固体火箭发动机和液体火箭发动机两种较为复杂的推进系统。相比于冷气推力器,后两者具有比冲高、推力大等特点。其中,固体火箭发动机是人类最早使用的喷气式火箭发动机,它大多采用高能复合固体推进剂,常用的推进剂包括聚硫推进剂、聚氯乙烯推进剂等。

　　固体火箭发动机的主要组成部件包括推进剂主装药、燃烧室、喷管、点火装置等。典型的固体火箭发动机如图 6-2 所示。

　　固体火箭发动机的原理:固体推进剂燃料在燃烧室燃烧,产生高温、高压

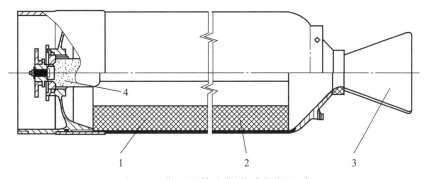

图 6-2　典型固体火箭发动机的组成

1 — 推进剂主装药；2 — 燃烧室；3 — 喷管；4 — 点火装置

的燃气,这个过程使固体推进剂的化学能转化为热能;燃气在喷管中迅速膨胀加速,热能转化为燃气的动能,此时燃气从喷管中喷出,使探测器产生反作用力从而实现推进。在整个工作过程中,固体火箭发动机实现了两次能量转换,如图 6-3 所示。

图 6-3　固体火箭发动机的能量转换

固体火箭发动机结构简单、使用维护方便、操作简便。由于固体火箭发动机的推进剂主装药是制成一定的形状和尺寸放置于燃烧室中的,因而它具有可长期保存、机动性好等优点,但同时也存在主装药装填完毕后不能根据任务实况而灵活改变装填量、工作时间短等缺点。

固体火箭发动机在深空探测活动中主要用于进行近、远地点变轨和轨道制动等需要大推力的任务,比如我国的 EPKM 固体火箭发动机用于实现近地轨道到同步转移轨道的变轨、美国的"Star 37B" TE-M-364-2 固体发动机用于"勘察者"计划探测器的返回式发动机[65]。

为了提高发动机的性能,国内外不断研制更高性能的推进剂,采用新的材料和加工技术,并研发推力矢量控制、多次起动点火等新技术。

6.2.3　液体火箭发动机

液体火箭发动机是现代化学推进中主要运用的动力装置,其与固体火箭发动机的主要区别是推进剂为液态。液体火箭发动机根据推进剂的种类分为单组元液体火箭发动机和双组元液体火箭发动机。单组元发动机多采用肼类、过氧化氢等推进剂，而双组元发动机多采用四氧化二氮/偏二甲肼、过氧化氢/煤油等推进剂。

　　单组元液体火箭发动机的推进剂是由一种化学物质或几种化学物质的混合物组成，在一定条件下可以分解为气体，由喷管喷出，从而产生推力[66]。而双组元液体火箭发动机则是由推进剂和氧化剂组成，分别贮存在两个不同的贮箱，进入燃烧室之后发生化学反应产生燃气，由喷管喷出从而产生推力，如图 6-4 所示。

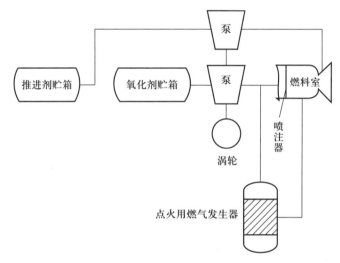

图 6-4　双组元液体火箭发动机的组成

　　单组元液体火箭发动机的优点是系统结构简单，其缺点是相对于双组元发动机性能较低，常用于推力需求为几牛顿到几百牛顿量级的探测器。美国"海盗号"探测器的着陆器及"好奇号"探测器的下降级均采用的是单组元液体火箭发动机。

　　双组元液体火箭发动机由于需要分开携带并存储燃料和氧化剂，其系统结构复杂，但具有总冲大、推力大、工作寿命长等良好特点，常作为大推力主发动机。美国"海盗号"探测器的轨道器和中国"嫦娥三号"着陆器均采用的是双组元发动机。

6.3　电推进技术

　　航天动力一直朝着提高喷气速度的方向发展，而化学推进剂自身蕴含的能量难以进一步大幅提升，因此，采用外部能源来加速推进剂成为提升推进系统性能的必然途径。目前，电能是探测器最容易获得的外部能量，电推进技术采用的就是用电能来加速推进剂从而产生推力的原理。

在深空探测领域数十年的发展历程中，美国、俄罗斯(苏联)、欧空局等国家和机构都是将新兴发展的技术与要求不同的深空探测活动紧密结合。电推进技术的发展史伴随着深空探测的发展史而丰富起来。经历了长期探索之后，电推进技术也逐步走向成熟，现已成为深空探测中应用最广泛的推进技术之一[67]。

电推进最大的特点就是小推力和高比冲。受电功率的限制，推进工质的流量不能太大，所以推力一般较小，因此，电推进适用于空间推进中精度要求比较高的操作。由于不断有外界提供电能，且比冲较高，因此需要的推进工质较少，可以大大增加探测器的有效载荷，提高发射效率，延长使用寿命。

6.3.1 电推进的工作原理

电推进的能源系统和推进剂供给系统是相互独立的。一般的气体均可以作为电推力器的推进工质，其中多为单质惰性气体，另外，废水也可作为推进工质。电推力器中，工质靠来自电源的电能加热、电离或离解，将能量以等离子态的形式储存，然后加速释放，从而形成推进动能。电源在电推进系统中占有十分重要的地位，其体积、质量和技术难度往往超过推力器本身。电推进排放的羽流为由电子、离子和工质的原子、分子等组成的等离子体。电推力器的工作原理如图 6-5 所示。

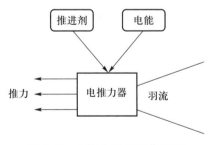

图 6-5　电推力器的工作原理

电推进系统的基本功能是将来自探测器电源的电能转换为推进工质喷气的动能，其基本组成如图 6-6 所示，大体分为三部分。

(1) 电源处理系统：电源处理系统用来调整来自太阳能电池阵的不稳定直流电，并按照不同电压和功率等性能要求将电流输送到电推力器。电源处理系统在电推进系统中十分重要，通常其体积和质量较大，成本也较高，是电推进系统中技术要求最高的一部分。

（2）推进剂储存与供应系统（简称贮供系统）：该系统用于储存推进剂以及将推进剂供应给电推力器，与一般的冷气推进系统和单组元液体推进系统相差不大，但由于其推进工质流量较小，且连续供应时间较长，这对电磁阀的流量精确控制和防止泄漏的要求比较高。

（3）电推力器：利用电能将推进剂加热、电离或离解、加速释放，从而产生推力。电推力器种类繁多、原理多样、性能指标相差很大，且各有各的特点和适用范围。

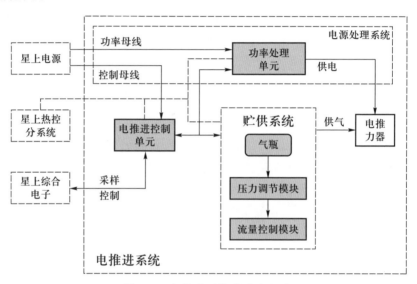

图 6-6　电推进系统的基本组成

推力、比冲和效率是电推力器的三个重要性能指标。

（1）电推力器的推力计算公式为

$$T = \dot{m}_i u_i \tag{6-8}$$

式中，$\dot{m}_i$ 为离子质量流量；u_i 为离子速度。

（2）电推力器的比冲计算公式为

$$I_{\mathrm{sp}} = \frac{T}{\Delta mg} \tag{6-9}$$

式中，Δm 为推进剂总质量流量；g 为重力加速度。

（3）电推力器的总效率为离子束喷出的动能功率与电推力器输入总功率的比值，公式为

$$\eta_T = \frac{P_{jet}}{P_{in}} = \frac{T^2}{2\dot{m}_i P_{in}} \tag{6-10}$$

式中，$P_{in} = UI$，其中，U 为放电电压，I 为放电电流。

电推进的工作过程包含一次能量转换的过程，是将装置外部的电能转换为推进剂的动能，从而使推进剂从喷管喷出以达到推动探测器的效果。根据工作原理，电推进可以分为三大类型——电热式、静电式和电磁式，具体分类如图 6-7 所示。其中，应用最为广泛的是静电式，它是依靠静电场给推进剂加速从而获得动力，性能优势较高且技术较为成熟。

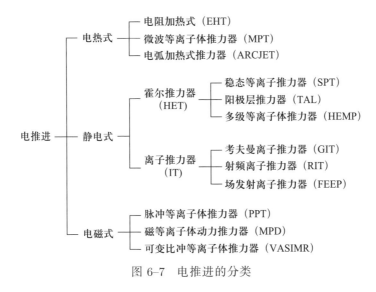

图 6-7　电推进的分类

根据图 6-7 中的分类方式，下面具体介绍几种典型的电推力器，分别为电弧加热式推力器、霍尔推力器、离子推力器和脉冲等离子体推力器。

6.3.2　电弧加热式推力器

电弧加热式推力器是典型的电热式推力器，而且是电热式推力器中最具有发展前景的推进方式。

电弧加热式推力器的工作原理：推力器通过直流放电在其阴阳极之间的通道里形成高温电弧，电弧中心区温度可高达 20 000 K；推进剂进入阴阳极之间的通道，被高温电弧加热从而形成高温的电离气体，然后经过拉瓦尔喷管加速喷出产生推力。整个过程依次发生了电能、化学能、内能、动能的能量转换。电弧加热式推力器的结构如图 6-8 所示。

电弧加热式推力器结构相对简单、运行电压低、推力相对大。它的推进剂选择范围较广，可使用惰性气体做推进剂，而且具有高推力/功率值，相对于其他电推进方案更易获得大推力，从而在探测器应用上具有很大的优势。电弧加

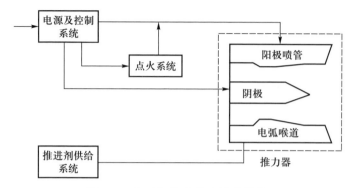

图 6-8　电弧加热式推力器的结构

热式推力器的比冲适中,高于化学推力器的比冲,但远低于霍尔推力器和静电式离子推力器的比冲。电弧加热式推力器的效率较低,只有不到一半的电能转换为动能。

小功率电弧加热式推力器以 NASA 研发的 MR 系列推力器为典型,已经多次应用于地球静止轨道卫星。1999 年,"先进研究与地球观测"卫星上进行了大功率电弧加热式推力器应用于变轨的试验,将卫星从低轨道转移到地球静止轨道,该推力器的实测推力为 1.93 N、输入功率为 27.8 kW、比冲约为 785.7 s,系统的电效率为 27%[68]。

未来,电弧加热式推力器仍然属于电推进系统的主流,但仍需要在两方面继续努力:一是在不降低推进效率的情况下提高比冲;二是提高系统的电效率,从而使大功率电弧加热式推力器获得更大的优势。

6.3.3　霍尔推力器

在深空探测中,霍尔推力器是离子推力器的一种,又称霍尔效应推力器或霍尔电流推力器,有着相对适中的比冲,在近期的发展中取得了巨大的进步。霍尔推力器依靠的是电场和磁场对带电粒子的加速,并喷出产生推力,其结构如图 6-9 所示。

霍尔推力器的工作原理遵循霍尔效应,霍尔效应使推力器中的磁场产生电势差,约束电极射出的电子流,使电子在磁场中形成霍尔回环。其中,负离子滞留在推力器中,正离子被抛出推力器。霍尔推力器最大的特点就是不需要携带大量的燃料,减轻了推力器的重量,同时节省了安装空间以方便探测器搭载其他设备。

霍尔电推进是深空探测中应用最广泛的电推进技术之一,具有很大的优势:

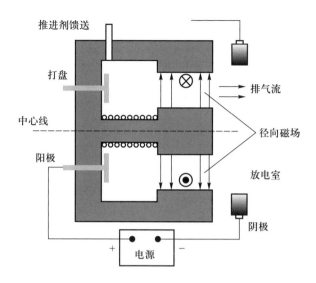

图 6-9 霍尔推力器的结构

（1）系统工作原理相对简单，可靠性强，与探测器材料相容性好，安全系数高；

（2）比冲较高，霍尔推力器的比冲大于电热式推力器的比冲；

（3）效率高，在相同的功率下，霍尔推力器输出的推力相比之下较高；

（4）不需要携带大量推进剂，尺寸小，便于安装，使探测器能够携带更多的有效载荷；

（5）霍尔推力器是目前技术比较成熟的电推进技术，能够广泛应用于深空探测活动中。

霍尔推力器首次作为深空探测器的主推力器是在 2003 年。欧空局发射的月球探测器"智慧 1 号"（SMART–1）上采用了 PPS–1350G 霍尔推力器作为主推力器，推力约为 70 mN，比冲约为 1 650 s，共携带了约 82.5 kg 氙推进剂。

越来越多的深空探测任务（特别是对于总比冲要求高的深空探测任务）采用了霍尔推力器作为推进系统，高功率和长寿命的霍尔推力器得到了快速发展。

6.3.4 离子推力器

离子推力器，又称静电式离子推力器，其结构如图 6–10 所示。离子推力器有多种，其中最受关注的是考夫曼离子推力器，又称电子轰击式离子推力器。考夫曼离子推力器是美国电推进技术的发展重点，从 20 世纪中叶开始研究，如今已经多次应用在静止轨道卫星上作为南北位置保持的设备。

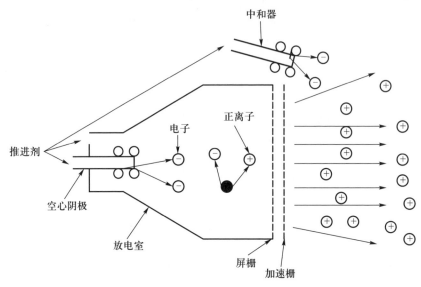

图 6-10　离子推力器的结构

离子推力器为了获得较高的比冲，需要合适的离子发生装置，用于电离推进剂。该装置称为等离子体发生器。其产生的离子在流向栅极的过程中被压缩和加速，形成推力束。同时，离子推力器还需要电子中和器，产生低能电子并将其喷入离子束中，用于中和离子，防止探测器带电。离子推力器在推进剂的选择上也需要满足易于离子化、易于储存和易于控制等条件。

相较于其他类型的推力器，离子推力器具有非常突出的技术优势，主要包括：

（1）控制精度高、推力小、易于微调；

（2）功耗低、电效率高，适用于小型探测器；

（3）不需要复杂的推进剂管理装置；

（4）比冲大；

（5）具有一体化优势，可以做成一个简单、独立的单元。

NASA 在 1998 年发射的"深空 1 号"（DS-1）采用了 30 cm 直径的离子推力器作为主推力器，其比冲达 3 200 s，推理范围为 19 ~ 92.7 mN，携带 82 kg 氙推进剂。这次深空探测任务成为世界上首次使用电推进作为主推力器的星际航行，任务过程中，离子推力器工作了 16 265 h。

为了挖掘离子推力器的潜力，各国研究机构不断地对它进行结构简化，研究具有更高推力密度和电效率的推进剂,对推力器的各个子系统进行优化以延长推力器的使用寿命。

6.3.5 脉冲等离子体推力器

脉冲等离子体推力器属于典型的电磁式推力器,是最早一批得到研究和应用的电推进技术,已经多次应用在探测器的姿态控制、轨道转移和精确定位等方面。

脉冲等离子体推力器的工作原理:首先,推力器通过内部的放电点火电路在其推进剂表面与电极之间产生微量放电;接着,微量放电产生的电子在电场中加速撞击推进剂表面,在该表面产生更多电子,越来越多的电子不断地撞击推进剂表面并快速形成高温电弧;然后,推进剂在高温电弧作用下产生等离子体,从喷管加速喷出,形成脉冲推力。

脉冲等离子体推力器的结构简单,整体质量轻、体积小,推进剂为固体,容易存储。它在小功率下即可获得高比冲和小推力,适用于进行高精度的探测器姿态控制。脉冲等离子体推力器不需要预热时间,脉冲工作,控制灵活。其缺点在于系统的电效率低,难以获得大推力。

1964 年,苏联发射了“探测器 2 号”进行金星探测任务,其上使用了 6 台同轴式脉冲等离子体推力器实现太阳能电池帆板的对日定向控制。该推力器平均推力为 3.5 mN,总冲量为 1 000 N·s,系统的电效率为 5%,推进系统质量为 11.5 kg。

未来,脉冲等离子体推力器主要向两方面发展:一是在提高系统的电效率方面进行研究;二是面对微小卫星的需求,研制微型的推进系统。

6.4 激光推进技术

激光推进是一种新型推进技术,有着比冲高、发射成本低、能够携带的有效载荷多等优点,可应用于深空探测活动中。激光推进是利用远距离、高能量的激光对推进剂进行加热,使推进剂受热膨胀或使推进剂产生电流从而产生推力。

6.4.1 激光推进技术的研究现状

自 20 世纪 60 年代起,美国就开始研究激光能量转化为其他形式能量的方法。此后,将激光的能量应用在实际工程中的研究便从未间断。目前,激光推进技术也慢慢进入各航天大国的视野,成为一项热门的新型推进技术。表 6-2 所示为激光推进技术的发展历史。

表 6–2　激光推进技术的发展历史

时间	突破性研究
1972 年	激光推进的概念被提出
1989 年	我国首次开展激光推进技术相关的基础实验研究
1997 年	美国在白沙导弹试验场首次成功试验了激光推进技术
1998 年	基于"空气呼吸"激光推进原理试验成功
2000 年	德国使用脉冲二氧化碳激光器将光船推高 8 m
2000 年	美国创造了激光推进 71 m 的纪录
2001 年	我国利用钕玻璃脉冲固体激光器进行激光推进实验
2002 年	我国开展"激光推进技术"跟踪研究
2005 年	美国激光技术公司（LTI）计划将 1 kg 以下的小卫星用激光器发射到近地轨道

激光推进技术目前还未有较大的突破，有一些关键性的技术需要进一步的研究，其中需要攻克的难题有 3 个：首先，如何产生高强度激光；其次，高能量的激光在空间中如何进行传播和控制；再次，如何将激光的能量更高效地转换为探测器的动能。

6.4.2　激光推进的工作原理

激光推进的基本工作原理：从远距离处的激光装置发射出高能量的激光光束，经过推力器中的聚焦镜聚焦到吸收室（类似于化学推进中的燃烧室）；当激光的能量密度到达一定的数值后，吸收室里的推进剂便会形成高温、高压的等离子体，随排气管排出，从而产生推力；当推进剂为固体或液体时，在高能量的激光照射下会发生气化反应，反应后的气体随排气管排出也能产生推力，如图 6–11 所示。

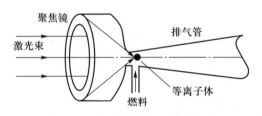

图 6–11　激光推进的工作原理

小型激光推力器主要依靠将激光能量照射在固体推进剂表面产生等离子体（激光烧蚀），它是利用作用在推进剂表面的反作用力作为推力。这种情况下产生的等离子体是沿着与推进剂表面垂直的方向收缩后喷出的[69]。

在不考虑激光能量在目标材料内部热扩散的影响的情况下，设脉冲激光照射能量为 W，引起飞行器动量耦合系数为 C_m，飞行器的总质量为 m，速度增量为 Δv，连续波激光输出功率为 P，产生的推力为 F，那么

$$C_m = m\Delta v = F/P \tag{6--11}$$

另外，设激光烧蚀后喷射出的等离子体质量为 Δm，平均速度为 v_{av}，那么，单位质量等离子体入射的能量（比能量）为 $Q^* = W/\Delta m$。如果

$$m\Delta v = \Delta m v_{av} \tag{6--12}$$

那么

$$C_m Q^* = v_{av} = g I_s \tag{6--13}$$

式中，g 为重力加速度；I_s 为比冲。

进而获得

$$2\eta_{AB} = \frac{\Delta m v_{av}^2}{\omega} = C_m^2 Q^* = g C_m I_s = C_m v_{av} \tag{6--14}$$

式中，η_{AB} 为喷出的等离子体的动能与激光能的比值。根据物理意义，当 $\eta_{AB} \leqslant 1$，即 C_m 高时，v_{av} 就很小；相反，高 v_{av} 意味着 C_m 很小。

6.4.3 激光推进的关键技术

（1）激光在空间中的传播与控制。激光推进涉及激光发射和激光接受两个过程，激光从发射器到接收器之间会穿过较远的空间距离，激光如何避开可能遇到的障碍顺利传播到接收器成为亟待解决的问题。

（2）激光的跟踪定位。在激光推进中，由于激光光束的能量是航天器动能的来源，因此，航天器上的激光接收装置需要准确接收到激光光束，这就需要对激光进行精确定位。

（3）高效激光能量传递。从发射、传播、接收到汇聚，激光传输过程中会损失一部分的能量。在与推进剂作用时，高温等离子辐射还会造成一部分能量损失。若要使激光推进更高效地作用于推进系统，就要解决工作过程中的能量损失问题，使激光的能量更多地转换为探测器的动能。

6.4.4 激光推进的特点

（1）成本较低，携带的推进剂少。激光推进最大的优点就是不需要携带大量的燃料，这得益于探测器与能源的分离。探测器在飞行过程中，只需通过激

光光束对推进剂的加热便可产生推力,少量的推进剂即可维持探测器的正常工作,这样可以使探测器的有效载荷率提高到 15% 以上。

(2) 安全性、可靠性高。通常,发射激光光束的装置与探测器分离,不必携带易燃/易爆炸或腐蚀性强、有毒的推进剂,因此,大大提高了探测器的安全性。同时,一些相关的子系统部件也可以省去,推进系统得以简化,使得不必要的中间环节有所减少。

(3) 提供的速度大,在激光的照射之下,等离子体的核心温度最高可达 20 000 K,喷射速度远远大于化学推进的速度。

(4) 激光推进的调节范围大、控制精度高。实验数据表明,当使用不同强度的激光光束照射时,所产生的推力存在大范围的变化。由此可知,根据探测任务的不同需求,调节激光的强度,便可以产生不同推力。

6.5　核推进技术

核推进技术是一项高效率的新型推进技术,是利用核反应产生的能量来加热工作流体或产生高速等离子体流以产生推力。其能量来源于具有高能量密度的核热反应,其能量密度是化学反应的数百万倍。如此高的能量密度使核能推进成为高推力推进技术的最佳选择之一。同时,核推进技术的高功率和高效率非常适合行星际探索任务。

6.5.1　核推进技术的研究现状

根据反应类型可将核热反应分为核裂变反应与核聚变反应,而在核推进系统中常用核裂变反应作为能量源。从能量转换方式的角度可将核推进大致分为核热推进与核电推进两种。

核推进技术可以提供广泛的深空探测任务支持,特别是对于一些无法通过化学推进或纯电动推进来完成的任务,例如对远日行星、太阳系边际的详细探测等。尽管化学推进可以实现快速的飞越探测任务,但距离非常有限,其无法提供足够的速度增量,探测任务也需要较长的飞行时间、发射时机受限。从 20 世纪 60 年代开始,陆续有学者对核推进技术进行研究,从简单的星载核能电源到核动力火箭,核推进技术正逐渐应用于深空探测领域[70],研究进展如表 6-3 所示。

在核能推进技术发展的同时,也存在着许多的技术挑战。首先需要有承受高温和热应力的反应堆结构和材料;其次,需要对反应堆发出的强烈核辐射进行屏蔽；最后，需要对反应堆做系统性的研究，减少发动机质量以便携带更多的有效载荷。

表 6-3　空间核推进技术发展

时间	国家	核推进技术发展
1961 年	美国	研制放射性同位素发电机
1965 年	美国	研制 SNAP-10A 核裂变电功率系统
1965 年	苏联	"宇宙 -84"和"宇宙 -90"应用钋 -210 同位素电池
1969 年	苏联	"月球车 1 号"应用钋 -210 加热器
1987 年	苏联	"宇宙 -1818"应用热中子反应堆电源"TOPAZ-4"
1995 年	美国	NEBA-3 核火箭通过试验论证
2003 年	美国	将在水星冰卫轨道器上应用核推进列入普罗米修斯计划
2015 年	美国	NASA 开展新一代空间核反应堆电源"Kilopower"研究
2020 年	中国	已完成大功率试验样机研制和初步点火试验

6.5.2　核推进的工作原理

1）核热推进

核热推进是利用核裂变产生的热能加热工质，通过收缩扩张喷管将工质加速到超音流，从而产生推力。与液体火箭发动机的工作原理相似，将核反应代替了化学燃烧。核热火箭的工作原理如图 6-12 所示。

如图 6-12 所示，工质氢流由核反应堆产生的热量加热，经过收缩扩张喷管喷出产生推力。其中，核反应堆中的控制棒/控制鼓用于控制工质的流速：当控制棒抽出时，中子流的流速加快，产生的推力更大；当控制棒插入时，中子流的流速减慢，产生的推力更小。

2）核电推进

核电推进是将核反应堆产生的热能转换为电能，利用电能将工质离子化并高速喷出，从而产生推力[71]。核电推进系统由五部分组成：空间核反应堆、热电转换系统、热排放系统、电源管理与分配系统、大功率电推进系统。

图 6-13 所示为核电推进系统的组成。

（1）空间核反应堆：通过核反应产生热能。

（2）热电转换系统：将核反应堆产生的热能转换为电能。

（3）热排放系统：将核反应堆、热电转换系统、电推力器及其他元器件产生的废热排放到空间中。

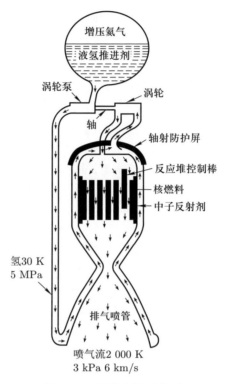

图 6–12　核热火箭示意图

（4）电源管理与分配系统：将核电源产生的电能分配到各个星载设备上。

（5）大功率电推进系统：利用电能将推进剂电离并喷出，由电推进器、贮供单元及电源组成。

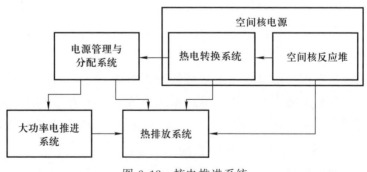

图 6–13　核电推进系统

6.5.3　核推进的关键技术

核推进具有明显的优势，例如高比冲、低质量和小尺寸等。但其只能在大推力和长工作时间的条件下使用。它仅适用于长期飞行的探测器。为了使探测器更合理、高效地应用核推进技术，必须解决一些关键技术[72]。

1）核燃料与堆芯材料技术

核反应堆是核推进系统的能量来源，因此，核推进首先要攻克的是核燃料与堆芯技术。为提高推进剂的效率，核燃料与堆芯材料应满足以下要求：堆芯内材料可承受反应堆产生的高温；包壳材料在高温下必须能够保持完整性；为了减少发射质量，提高发射效率，材料的密度应尽可能小。

2）堆芯冷却技术

核反应堆的功率密度较大，堆芯的工作温度可达 3 000 K 以上，而堆芯的入口处温度不到 100 K，这就造成了在有限体积的堆芯中形成了巨大的温度梯度，使得堆芯传热与冷却存在着巨大的挑战。具体可从以下几个方面入手：在保证正常运作的情况下尽可能增加冷却剂与燃料元件的接触面积，提高换热效果；将部分高温引入到堆芯入口用于预热推进剂；设计特殊的冷却剂通道，使冷却剂能充分带走热量。

3）核推进系统小型化技术

通过减小核推进系统的质量，可以减少探测器总质量，进而可以增大推进系统的推重比。大的推重比能够使探测器获得更大的飞行速度，从而减少飞行时间，使之能快速抵达探测目标。

4）防辐射技术

核推进系统的核反应堆会产生辐射，对探测器上的元器件造成一定的损害。一般采用屏蔽的方式来避免堆芯产生的辐射对探测器上的电子元器件造成损坏。然而，屏蔽结构在推进系统中也占有较大部分的质量，因此，选择轻质的防辐射材料也是核推进技术需要解决的难题之一。

6.5.4 核推进的发展趋势

（1）系统小型化。核推进系统与传统的化学推进系统相比，减小了推进剂的质量，但同时也多出了反应堆芯与屏蔽结构的质量。因此，整个推进系统在质量方面与化学推进系统相差不大，故核推进系统将朝着质量减小的方向发展。

（2）堆芯的模块化。单一的推进器性能无法得到显著提升的情况下，整个推进系统可由多个模块化的推进器组成，使推进系统更具灵活性。模块化的堆芯既能避免单个高功率反应堆设计中存在的难题，又能提高整个推进系统的可靠性。

（3）多模式运行。核反应堆产生的热量较大，除用于推进系统外，还可利用热电转换机制将多余的热能转换为电能,用于提供探测器上其他设备的用电。

（4）多环境运行。作为一种新型的推进系统,核推进不但能够适应深空探测的需求,而且能够用于星际航行等其他环境,使探测器在不同的环境下满足长期飞行的需求。

6.6　太阳帆推进技术

太阳帆推进是利用太阳光压使探测器产生动力的一种推进方式。飞行过程中,太阳光子会持续地撞击太阳帆,这个过程使太阳帆的动量逐渐累积,从而达到探测器所要求的加速度。

6.6.1　太阳帆推进技术的研究现状

目前,美国、俄罗斯、日本以及欧空局都对太阳帆技术展开了全面深入的研究。而太阳帆的发展历史则可以追溯到 400 年前。16 世纪,德国天文学家开普勒观测彗星时对彗尾的产生提出了疑问,认为彗尾之所以一直朝着太阳的方向,是因为彗星的组成成分受到太阳照射而向外喷射的缘故。从此,人类展开了太阳帆技术研究的序幕。太阳帆技术的研究进展如表 6-4 所示。

表 6-4　太阳帆技术的研究进展

时间	研究进展
16 世纪	开普勒提出光会对照射物体产生动力作用
1873 年	麦克斯韦提出"光压"的概念
1910 年	列别捷夫证实了光压效应
1924 年	齐奥尔科夫斯基提出"太阳帆"的概念
1998 年	欧空局、NASA 等机构开展太阳帆研究工作
2010 年	日本实现了人类首次将太阳帆技术成功用于深空探测
2013 年	美国 Sunjammer 太阳帆任务通过测试
2015 年	行星协会发射阿特拉斯 V 型火箭测试太阳帆展开技术

太阳帆作为一项不需要推进剂的新型推进技术,将是我国深空探测推进领域的重要一环。以太阳帆推进技术作为探测器的动力装置目前可以完成众多成本低且要求不高的研究任务。甚至有国外科学家提出,可以利用太阳帆改变对地球有威胁的小行星轨道[73]。

6.6.2 太阳帆推进的工作原理

太阳帆推进的动力来源于太阳和帆面之间辐射能量的转换，其工作原理如图 6-14 所示。假设太阳光以入射角 α 照射在太阳帆上，太阳帆的面积为 A，太阳帆到太阳的距离为 r，那么太阳光在太阳帆上产生的太阳光压为

$$F = 2pA\left(\frac{1}{r}\right)^2 \cos^2\alpha \tag{6-15}$$

式中，p 为在 1AU 的距离下，太阳的辐射压力，通常 $p = 4.563 \times 10^{-6}$ Pa。

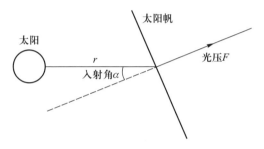

图 6-14 太阳帆的工作原理

由太阳光压的计算公式可知，太阳帆产生的推力与太阳帆的面积有很大关联，但由于太阳帆产生的推力很小，所以只能在空气阻力很小的空间或是深空才能满足探测器的需求[74]。当探测器进入高轨道后，可以通过太阳帆加速到第二宇宙速度和第三宇宙速度。若是太阳帆的面积足够大，探测器甚至可以飞出太阳系。

6.6.3 太阳帆推进的关键技术

通过分析国外太阳帆研究发展的案例，在以下方面开展深入研究。

（1）太阳帆帆体的工艺研究。在深空探测复杂多变的环境中，太阳帆的帆体应该满足高反射率、高强度且耐撕扯性强的要求。为了提高有效载荷率，太阳帆帆体的材质应尽可能轻，并且向低成本方向发展[75]。

（2）支撑结构的研究。目前应用最广泛的就是方形帆体结构——利用 4 根支架交叉支撑帆体的结构，这种结构具备受力均匀、帆体形变量小且展开灵活等优势。同时，为使探测器的综合性能最大化，太阳帆的支撑材料应满足质量轻、强度高、弹性好的特点。

（3）太阳帆的压缩与展开方案。在深空探测的环境中，太阳帆在不必要的时刻应处于压缩状态，当需要提供动能时，太阳帆又需要快速、高效地展开，这需要对太阳帆的压缩 – 展开方案进行进一步的研究。

6.6.4　太阳帆推进技术的特点

（1）太阳帆推进不需要任何的化学燃料或推进剂，仅需要太阳光这一清洁能源便可满足探测器的动力需求。因此，太阳帆推进系统结构简单，安装方便，且有效载荷率高，环保无污染。由于不受燃料的限制，故而能在空间中实现长时间飞行的任务。

（2）由于太阳帆的帆体和支撑结构都采用质量较轻的材料，因此大大减轻了探测器所携带的质量，同时降低了发射成本。

（3）由于太阳帆展开时会受到太阳的连续照射，帆体上积累的动量非常大，因此，太阳帆能提供较大的飞行速度，理论上可以达到第三宇宙速度的 4 倍，是传统推进方式所能达到最高速度的 4~6 倍。

6.7　本 章 小 结

本章主要介绍了化学推进、电推进等深空探测领域所应用的主要推进方式。每种推进技术都有各自的优势，在不同的场合和探测任务中都发挥着举足轻重的作用。其中，化学推进是最早使用的推进方式，电推进技术是目前深空探测领域发展较为成熟、应用最为广泛的推进技术。而激光推进、核推进和太阳帆推进也逐步应用于深空探测任务中，并随着航空宇航技术的发展逐渐完善。

深空探测的推进技术总体上正朝着可靠性高、性能高、轻质量及类型多的方向发展。对于不同的探测对象，推进系统的选择也有所不同。面对浩瀚的宇宙空间，深空探测的范围将越来越远，相应的推进技术也会不断演进。

第 7 章　深空探测器自主管理技术

由于探测目标远、飞行时间长、所处环境动态多变等特点，导致深空探测器的操作和控制与近地卫星存在很大的区别，例如指令上传的延迟问题、星体的空间遮挡问题、低数据传输率问题、长期可靠性问题等。采用传统的地面测控站－探测器大回路操作控制限制了深空探测任务的实时、安全控制和运行。因此，基于星上的计算机软硬件系统，建立在轨自主管理系统是未来深空探测技术发展的一个重要方向[76]。

7.1　自主管理系统结构

星务管理系统是深空探测器的"大脑"，是控制和数据管理的核心。其能力直接影响探测器的运行。随着技术的发展，星务管理系统逐渐向功能模块化、接口标准化和管理自主化的方向发展。而星务管理系统的智能自主化实现了深空探测器的空间自主决策，减少了对地面操作的依赖，降低了探测器的操作成本，提高了探测器在轨自主控制和长期安全运行的能力。

深空探测器的自主管理系统可以作为传统星务管理系统的补充：以星务管理系统为主、自主管理系统为辅的形式，实现探测器的自主管理（如图 7-1 所示）。自主管理单元主要包括三个子模块：自主任务规划模块、智能任务执行模块和自主健康管理模块。自主管理单元软件的运行和结束均由星务管理系统通过总线进行管理，通过自主管理系统和星务管理系统的配合，对探测器上的姿轨控分系统、热控分系统、载荷分系统等进行自主管理和控制。

7.1.1　星务管理系统

星务管理系统是与姿轨控系统、热控系统、能源系统、结构与机构系统等并列平台系统之一。探测器的星务管理系统以星上计算机为部件，通过计算机网络技术实现探测器电子设备互联，将复杂的星务管理和控制任务分配到各计算机，除了传统的遥控、遥测、程控、星上自动控制、校时等任务外，还为平台和有效载荷提供全面、综合的服务与管理[77]。星务管理系统的主要功能如下。

（1）遥控数据接收及分析：接收地面发送的遥控指令和数据，完成解调、

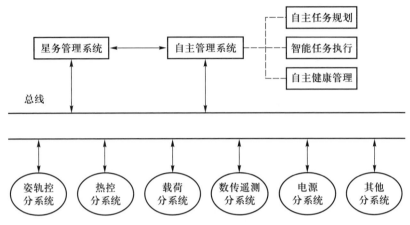

图 7-1　星务管理系统与自主管理系统配合管理探测器

解码以及指令验证等功能，并将指令和数据分发到探测器各分系统。

（2）遥测数据采集：采集探测器平台和各分系统的遥测数据，对信息进行汇总和处理，最后发送到遥测下行信道，传回地面。

（3）探测器内部系统控制：向探测器分系统发送程序控制、延时、温度控制等指令，接收分系统的运行状态信息，进行主备份系统切换等探测器内部的基本自动控制和管理。

（4）星上时间管理：产生探测器时间基准信号和时钟，为各分系统提供时间信息和计时功能，并可按地面标准时间进行星上时间校时。

（5）星上计算功能：完成探测器上载荷及各分系统需要的计算任务，如进行轨道计算、姿态计算、有效载荷的开关机时间计算等。

（6）连接功能：连接探测器内部各计算机及分系统，按各系统需求处理数据为专用的数据格式，支持各分系统间的通信。

典型星务管理系统与探测器其他部分的接口连接如图 7-2 所示。数据流和接口的控制由星务管理系统中嵌入式计算机管理执行。控制指令和遥测数据在射频接收器、发射器和星务管理系统间以连续流的形式传播。连续数据流的格式按照一定的公认数据格式标准制定，例如 1982 年国际空间数据系统咨询委员会（Consultative Committee for Space Data Systems, CCSDS）发布了一整套常规空间数据系统技术建议书，于 1989 年正式通过了空间数据系统高级在轨系统建议书，并自 20 世纪 90 年代以来制定了一系列空间数据系统的协议规范和标准。

深空探测器的自主管理系统通过总线与星务管理系统连接。自主管理系统对探测器的任务进行自主规划、智能执行和自主健康管理。自主管理系统能够

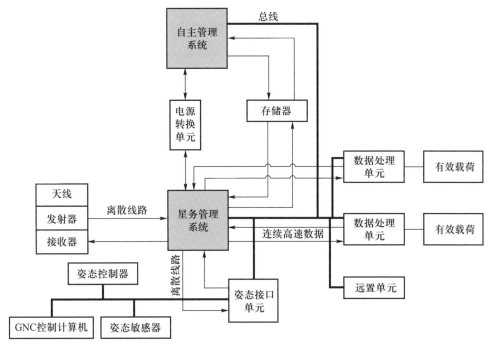

图 7-2　星务管理系统与探测器其他部分的接口示意

通过星务管理系统接收地面发送的上层指令，并且能通过星务管理系统向探测器其他子系统发布任务。自主管理系统的功能不是代替星务管理系统，而是部分代替地面管理系统对探测器的任务规划和健康管理等功能，从而提高探测器的自主能力。自主管理系统可通过总线直接与探测器其他子系统传输指令和数据，也可通过星务管理系统间接收集数据及发布指令，指令和数据的传输模式取决于自主管理软件及星务软件的功能设计。

数据总线（如 1553B 总线）在总线控制器和远程终端之间提供通信接口，有效载荷的数据传输有专用高速连续传送线路。

离散接口线路发布同步时钟脉冲给探测器的分系统，同时提供星务管理系统和姿态接口单元的故障保护功能，即当其中一个系统进入安全模式后，通过离散线路使另一系统也进入相同的安全模式状态。

电源转换是一个特殊的控制状态接口，在发生故障情况下转换继电器，控制探测器进入安全模式。转换继电器触点可以控制探测器总线电源开关，对于有多个中央终端单元的星务管理系统，也可以控制中央终端单元的切换。

星务管理系统由上传处理、指令处理、总线管理、内务管理、存储管理、下传管理、故障检测、看门狗模块组成，某探测器的星务管理系统软件环境和外部硬件接口如图 7-3 所示。

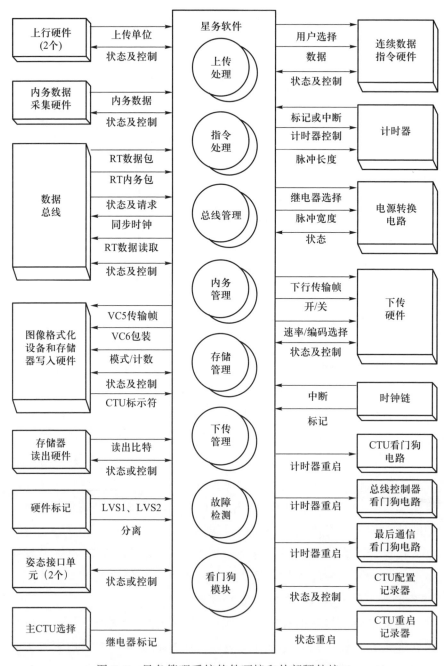

图 7-3 星务管理系统软件环境和外部硬件接口

7.1.2 自主管理系统

探测器自主技术的发展可以分为三个阶段：基于规则的探测器自维护阶段、探测器局部子系统自主阶段、探测器系统级自主阶段。

基于规则的探测器自维护是指在早期探测器星载计算机能力有限的情况下，结合星上存储的预设规则对硬件的状态检测和恢复，完成探测器在空间环境的动态变化和星上异常情况时的在轨自主处理和系统状态自我维护。美国约翰斯·霍普金斯大学应用物理实验室开发的第一代自主系统是基于硬件的故障监测和响应自主功能的探测器，并在监测太阳活动的先进组合探测器（Advanced Composition Explorer，ACE）上得到应用[78-79]。该系统将故障监测和响应与数据处理子系统、电源子系统等组合，形成了 ACE 探测器的安全响应策略，可以完成部件健康情况监测、探测器姿态和机动系统总体监测、探测器部件正确开关状态的维护和基于硬件状态的自主响应。基于规则的探测器自维护阶段仅仅是根据探测器星务系统中的预设规则进行自身状态的维护和故障时的恢复，缺少灵活性和实时性，在深空环境复杂多变时难以保证探测器的安全运行。

探测器局部子系统自主管理是指随着计算机技术和航天单向技术的快速发展，探测器上某些关键子系统的结构、功能、控制技术得到了深入研究和快速发展，形成了星上比较独立、功能专一的自主控制子系统模块，如通信控制、命令上传、姿态控制、导航制导、电源管理、故障保护等。例如，美国 1997 年发射的土星探测器"卡西尼号"，其星上计算机能够自主进行 12 个仪器包的控制、探测器的定向、热环境的控制以及数据存储和通信[80]。1996 年发射的 NEAR 探测器，可以对星上故障情况做出反应，保护探测器的安全运行[81]。子系统级自主技术可以实现单个子系统的自主操作，但未从系统角度来对各个子系统之间进行统筹管理和系统协调，所以并不能实现整个系统层面的自主运行。

探测器系统级自主管理系统是将在轨探测器和地面站功能无缝组合的星上系统，在星上形成一个闭环的自主控制回路，使其可以自主在轨完成任务规划、命令执行、故障诊断和恢复等。目前，NASA 已经在"深空 1 号"中实现了系统级自主技术的验证，并在此基础上开发了可扩展标准化远程操作规划框架（extensible universal remote operations planning architecture，EUROPA）系统和混合自主活动规划产生器（mixed initiative activity plan generator，MAPGEN）系统，应用在"机遇号"和"勇气号"的自主巡视探测中。国内目前在一些任务中已经实现了子系统级的自主技术，如自主的姿态轨道控制、自主交会对接等，而系统级自主技术仍然有待发展。

对于深空探测器来说，其自主系统首先需要建立一个合理、可行的系统结构，将各种自主功能执行模块和高级决策规划模块结合起来形成一个有机整体，完成深空探测器远距离、苛刻环境下的长期自主运行。目前，在机器人领域，已经对自主系统的体系结构进行了深入、系统的研究，取得了丰富的成果[82-84]。深空探测器和机器人在某些方面存在一定的共同点，例如，两者的系统中都需要集成高级规划和低级的功能处理、行为决策、资源管理等。但对于深空探测器来说，其还有一些特殊的要求，例如，深空探测器在各个层面考虑多种故障情况下的应急处理、规划和执行都具有很强的时间相关性等。许多航天科研机构和院校针对深空探测器的特点，在机器人自主技术的基础上对深空探测器在轨自主系统结构进行了研究和实验。

对于深空探测器来说，其自主系统不仅需要任务自主规划、故障的识别和恢复等高级智能行为，同时也需要数据的采集、反作用控制等实时控制功能，以应对空间环境的快速变化。因此，在深空探测领域比较常用的自主系统结构是分层闭环控制系统结构，如图 7-4 所示，主要包括三个层次：规划决策层、分解执行层、反应控制层。

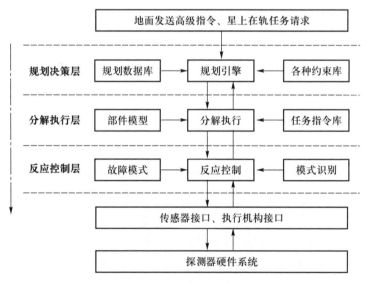

图 7-4　深空探测器自主系统分层结构

图 7-4 所示结构中三个层次的功能分别为：规划决策层主要负责规划序列的生成，规划引擎根据从地面或其他星上系统接收高级命令，产生某段时间内的规划序列，这些序列必须满足飞行规则的约束和资源限制等；分解执行层是

在规划执行时,将任务规划所得的规划序列转化为探测器各个子系统可以执行的低级指令,并将其送给相应的探测器上的硬件执行机构来执行;反应控制层一方面执行正常的低级指令,另一方面跟踪执行的结果,监测探测执行情况,并根据测量的信息推断探测器的健康状况,如果某些部件发生故障,便产生活动进行恢复,并将所得的信息反馈给规划决策层,反应控制层的功能可由星务管理系统实现。

最典型的深空探测器自主结构是"深空 1 号"上使用的远程智能体(remote agent, RA)结构[85-86],这是第一个进行实际飞行验证的深空探测器在轨自主软件系统,如图 7-5 所示。RA 向实时执行的飞行软件(flight software, FSW)发送指令改变探测器的状态,并通过若干监视器获取数据,监视器会过滤并离散化传感器的值。

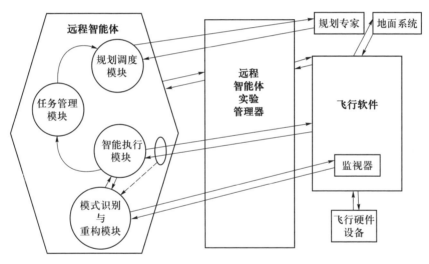

图 7-5 远程智能体架构

远程智能体主要由三部分组成,即规划调度(planner/scheduler, PS)模块、智能执行(smart executive, EXEC)模块和模式识别与重构(mode identification and recovery, MIR)模块,分别完成可行活动序列生成、规划结果的分解执行、判断规划执行情况和系统可能的故障。还有一个额外的任务管理(mission manager, MM)模块与 PS 模块直接相关,MM 模块选择下一指令阶段的规划目标并发送到 PS 模块。在 RA 和 FSW 之间有远程智能体实验管理器(remote agent experiment manager, RAXM),提供从 RA 到 FSW 的其他部分的接口,包括到规划专家、监视器和实时序列器的接口。远程智能体中各模块的详细功能如下。

（1）规划调度模块：生成控制探测器的规划方案。给定探测器的初始状态和任务目标集合，生成高层可行活动序列集合，这些活动序列可以并行执行，使探测器达到任务目标状态。规划调度模块包含一个启发式时序回溯搜索引擎，在基于约束的时间数据库中进行搜索。约束包括地面指令中的约束和存储在探测器模型中的约束。该模块需要了解探测器领域知识的专家向模型中加入新的信息。

（2）智能执行模块：该模块是一个反应式的目标获取控制系统，负责的功能有：

- 向规划器请求并执行规划；
- 向 MIR 模块请求并执行故障恢复操作；
- 执行操作人员发出的目标和指令；
- 管理系统资源；
- 配置系统设备；
- 系统级的错误保护；
- 必要时开启并保持安全模式。

智能执行模块是目标导向的，而不是指令导向的。目标是一个需要受控保持一段时间的系统状态。比如，设备 A 在时刻 X 到时刻 Y 保持开启就是一个目标。如果 EXEC 模块在这个时段监测到设备 A 关闭了，就执行所有能让其开启的指令。EXEC 模块同时控制多个进程，目的是协调多个并行执行的目标，这些目标通常是互相依赖的。为了执行目标，EXEC 模块采用基于模型的方法产生鲁棒性强的复杂指令序列。

（3）模式识别与重构模块：MIR 模块推理机提供了模式识别（诊断）和模式重构（恢复）功能。为了追踪探测器中的各模块的状态（模式），MIR 模块监听从 EXEC 模块发送给探测器硬件的指令。指令被执行时，MIR 模块接收传感器发送的感知信息，然后 FSW 的监视器抽象这些信息。MIR 模块将指令信息、感知信息与探测器的模型结合，判断系统的当前状态，并发送给 EXEC 模块。如果发生了故障，MIR 模块利用相同的模型寻找修复或应变方法，使规划方案能够继续执行。

此外，法国国家航空航天科研局设计的自主通用结构项目（autonomy genetic architecture-tests and application, AGATA）是一种自主探测器闭环控制系统通用结构[87]。该系统的核心包括四部分 —— 接收请求跟踪、系统状态跟踪、决策、发出请求跟踪，共同构成一个闭环系统。其主要特点是：结构通用，可应用到多种航天领域；可以对系统和子系统进行闭环控制；考虑了反应控制和质量控制需求；结构模块化；保证数据和控制的封装保持在每一个模块中。NASA 的艾姆斯研究中心（Ames Research Center）提出了一种一体化规划和执行框架，称为智能分布式执行结构（intelligent distributed execution architecture, IDEA）[88]，这种分层系统结构提供了一个良好的虚拟机系统构架。

由此可见，采用分层的闭环式深空探测器自主结构是目前构建星上自主系统的可行方法，其特点总结如下：

（1）可以连续进行任务规划和执行，使探测器在无人参与的情况下长期自主运行；

（2）地面上传抽象的高级命令，下传经过处理的科学数据，从而减少了数据量和对深空网络的需求；

（3）探测器具有运行情况监测、故障诊断和恢复的能力，提高了其可靠性；

（4）对于一些紧急情况，探测器可以通过反应层及时地做出反应，提高了其实时性。

自主管理系统通过分层环式自主结构实现对探测器系统各个模块的信息收集、处理和分析，通过将这些信息发送给自主健康管理系统完成对探测器运行情况的检测、故障诊断和恢复重构，通过星务管理系统和自主健康管理系统的协作保障探测器运行期间的正常工作和对突发事件的反应应急处理。

通过在星上构建计算机智能软件系统，完成自主星上状态的检测与故障恢复、任务规划与调度、命令执行和监测，从而达到在无人干预情况下的长时间自主安全运行，不仅可以解决未来深空探测中所面临的各种问题和矛盾，同时也可以用于近地卫星的自主操作和控制，大幅减少卫星的操控费用。探测器在轨自主技术已经成为空间探测领域中亟待解决的一项关键使能技术。目前探测器所采用的自主技术仍处于试验阶段，理论还不是十分成熟，距离广泛的实际应用还有一定的距离。随着航天技术、计算机技术和人工智能技术的发展，自主探测器的结构设计和技术实现方法还有待更加深入的研究。

7.2 自主任务规划技术

自主任务规划技术是实现自主运行的核心。规划系统可以根据具体情况进行决策，生成合理的执行序列。它的发展经历了漫长过程，是人工智能中较早的研究领域之一，可以追溯到 1957 年 Newell 和 Simon 的问题求解程序（general problem solver, GPS）和 1969 年 Green 的 QA3 系统。Fike 和 Nilsson 1971 年提出的 STRIPS 系统在智能规划领域具有划时代的意义，使规划的描述和操作变得非常容易。但由于受到当时客观条件的制约，该领域一直处于较为保守的状态。然而由于其广泛的实用性，规划技术受到研究者的高度重视。随着客观条件的改善，一些发达国家在此领域获得了长足的发展，已经开发出获取和使用特定领域控制信息的有效方法，并且有了一些实用的规划器（Planner），它们能够在数分钟内合成包括上百条动作的规划，并且在国防和空间技术领域中得以成功应用，取得了巨大的经济效益和社会效益。NASA 于 1999 年在"深空 1 号"中运用了规划技术，使规划研究从实验室向实际应用迈出了重要的一步，标志着规划的研究步入了实用阶段，智能规划已经成为人工智能领域研究的热点。

7.2.1　自主任务规划的概念和模型

深空探测器自主任务规划技术是实现自主技术的核心，它根据空间环境的感知和认识及深空探测器本身的能力和状态，利用计算机软件技术、人工智能理论技术等，依据一段时间内的任务目标，对若干可供选择的动作及所提供的资源约束实行推理，自动地生成一组时间有序动作序列，称为一个"规划"（plan）。该规划一旦执行，便可将探测器由某一状态转移到期望的目标状态。

根据深空探测领域的特点，深空探测器任务规划问题的形式化定义如下。

定义 7.1　深空探测器任务规划问题 $\varPhi$ 用一个五元组描述

$$\varPhi = \langle P, A_{i=1,\cdots,n}, C, I, G \rangle \tag{7-1}$$

式中，$P = \{a_1, a_2, \cdots, a_n\}$ 是系统当前的规划，包括一系列有序活动集合，其中 $a_j \in A$，初始规划为 P_0，大部分情况下是空规划，最终规划为 P_f，即满足各种约束并可以达到目标的活动序列；A 是可以选择的活动集合，在活动的定义中包括活动的前提条件和后置条件；C 是规划问题中的约束条件；I 是规划问题的初始状态；G 是规划问题的目标。

给定这样一个规划问题：下一步任务就是根据目标要求和系统初始状态找到规划问题的解，即找到一组有序活动使其满足所有约束，并且在执行以后能够达到所要求的目标状态。

定义 7.2　规划问题 $\varPhi = \langle P, A_{i=1,\cdots,n}, C, I, G \rangle$ 的解是一个 n 元组 $P^s = \{T_1^s, T_2^s, \cdots, T_n^s\}$，其中 $T_i^s = \{a_{i1}^s, \cdots, a_{im_i}^s\}$，且满足：

(1) $a_{ij}^s \in A_i$, $i = 1, \cdots, n$, $j = 1, \cdots, m_i$；

(2) $\forall i, j$, a_{ij}^s 都满足 C 中所有的约束；

(3) 活动的执行最终结果状态集合包含目标集 G。

规划问题所有解的集合定义为 Γ_P。

规划问题定义是规划前对规划问题进行的描述，任一规划问题都需要规划语言对其进行描述，因此规划语言的发展是自主规划发展的关键。

1998 年，McDermott 提出了规划领域定义语言 (Planning Domain Definition Language, PDDL)，并成为国际智能规划大赛 (International Planning Competition, IPC) 公认标准[89]。PDDL 从语法和语义的角度给出了规划的定义，尽可能地表达世界的物理属性，从而推动规划技术对于实际规划问题的解决。PDDL 具有很强的表达能力，以动作为中心，描述动作的可用性、前提条件和效果等，随着版本的发展，也能够刻画规划问题的时间和数值方面的属性，例如，PDDL 2.1 拓展了 ADL 部分，增加了数值流、持续活动、连续效果及灵活的规划质量度量。

在实际系统中，不区分活动与状态情况下，NASA 提出了新领域定义语言 (New Domain Definition Language, NDDL)[90] 等形式的建模语言。NDDL 以"深空 1 号"建模语言为基础，针对时间显式制定了改变和保持的约束。其与 PDDL 存在以下几个不同点：① 使用变量/值的表示方法而不是命题逻辑；② 不区分状态和动作，使用区间和区间之间的约束来描述，规划问题只是需要将时间线用区间填满即可；③ 对于时间要求严格的空间环境，使用 NDDL 的表示方式使规划解鲁棒性更强。

除了 IPC 中使用的官方建模语言，其他规划系统使用自己定义或拓展的语言。例如：Smith 和 Weld 定义了 TGP 语言，它是对 STRIPS 语言的拓展，使其包含不统一的活动持续时间；Aspen 和 Anml 提出了 ALGOL/C/block-structured 语法。

7.2.2 任务规划方法

是否能够快速正确地生成规划序列是任务规划的核心。深空探测器任务规划算法针对深空探测器任务目标、星上各种约束条件、活动/状态之间的关系知识，利用星上计算机有限的资源，进行搜索和推理，生成某一段时间内任务序列。

最常用的经典规划方法是状态空间搜索算法，其搜索空间是状态空间的子集，每一个节点对应于一个状态，每一条弧对应于一个动作或者状态转换，规划就是寻找一条从初始状态到达目标状态的路径，实现对规划问题的求解。因为深空探测器任务规划问题需要将来自不同子系统的目标、规则、约束、资源等都集中存储在星载系统的内存中,形成多维规划知识空间,而探测器系统复杂、活动间存在并行或相关特性,在使用状态空间搜索算法对其进行求解时,搜索节点数量大量增加,搜索效率降低。同时,因为时间信息的加入以及对活动并行性的要求,状态空间规划方法较难同时完成对动作的挑选和调度,可能使动作时间约束或者资源约束无法得到满足。因此,在解决探测器实际规划问题时,一般不建议采用状态空间规划方法。

与状态空间规划方法相比,规划空间规划方法搜索空间的节点是局部具体化的规划,即部分规划,弧是部分规划的求精操作,规划使得部分规划不断完善,最终实现所有目标。下面给出一个部分规划的定义。

定义 7.3　一个部分规划是一个四元组 $p = \langle A, O, B, L \rangle$,其中,$A = \{a_1, a_2, \cdots, a_n\}$ 是一个部分实例化的规划动作集合;O 是 A 中顺序约束的集合,表示为 $a_i < a_j$;B 是 A 中动作变量的值约束集合,表示为 $x = y$,$x \neq y$ 或 $x \in D_x$;L 是因果链的集合,表示为 $a_i \xrightarrow{p} a_j$。其中,a_i 和 a_j 是 A 中的动作,p 是 a_i 的效果和 a_j 的前提。

利用规划空间规划方法时,部分规划中只表示了动作和它们之间的关系,没有显式地表示状态。因此,需要把起始状态和目标状态表示为在规划开始时加入的特定动作,从而生成初始的部分规划,并逐步进行求精操作。

对部分规划可以进行四种求精操作:在 A 中增加一个动作、在 O 中增加一个顺序约束、在 B 中增加一个值约束、在 L 中增加一个因果链。在规划空间中,每个顶点表示一个部分规划,每条有向边表示一次求精操作。

通过解决部分规划中的缺陷,对结果逐步求精,最终寻找得到能够实现目标的规划动作集合,并将其作为规划解。规划解的定义如下。

定义 7.4　对一个规划问题 $P = (s_i, s_g, O)$,部分规划 $p = (A, O, B, L)$ 是它的规划解,则 p 满足以下条件:

(1) p 中所有 O 和 B 包括的约束是一致的;

(2) 满足 O 和 B 的每一个动作序列都可以对应 P 中 O 的一条路径,使得系统状态能够从初始状态 s_i 变化为目标状态 s_g。

在处理规划中动作的顺序关系时,除了考虑表示因果关系的逻辑约束,还需要满足时间关系的时间约束和资源使用情况的资源约束。根据上述讨论,时间约束可以表示为顺序约束和值约束,资源约束则表示为值约束。

采用规划空间规划方法解决实际应用的规划问题时,需要考虑到动作之间的时间关系,在规划过程中处理动作的时间信息,生成具有时间顺序的动作序列。时序回溯规划算法作为具有处理动作时间信息的规划空间规划方法，可以用于解决相应的问题，算法如图 7-6 所示。

```
Algorithm Chronological backtracking algorithm
Input: Initial state sᵢ goal state s_g, operation set O.
Output: PLAN_FOUND, or PLAN_FAILED
    1 if(!isConsistent()) return PLAN_FAILED;
    2 else DecisionPointStack s = {};
    /*选择需解决缺陷*/
    3 DecisionPoint dp = selectDecisionPoint();
    4 while(dp != NULL)
    /*选择缺陷解决方法*/
    5      while(dp.hasNext())
    6          dp.tryNext();
    7          if (!isConsistent()) dp.undo();
    8      end while
    /*检验是否存在约束冲突*/
    9      if (!isConsistent())
    10         if(s.isEmpty()    return PLAN_FAILED;
    11         else dp = backtrack (s);
    12     else
    13         s.push(dp);
    14         dp = selectDecisionPoint();
    15 end while
    16 return PLAN_FOUND;
```

图 7-6　时序回溯规划算法

在时序回溯规划算法开始之前，首先需要检测规划问题对应的约束网络，分析规划问题的初始状态和目标状态是否存在约束冲突。完成初始化检测后，开始选择需要解决的缺陷，并将缺陷与可以解决该缺陷的动作表示为一个决策点，逐步扩展规划空间。规划算法将已经生成的决策点存储在一个堆栈中，表示每一步生成的部分规划，并且可以在部分规划无法继续时进行回溯。通过重复上述操作直至解决所有缺陷，此时决策点堆栈中存储的动作集合即为规划结果。

完成缺陷选择之后，需要获得解决缺陷的方法，并在部分规划中增加缺陷解决方法对应的动作。如果决策点向部分规划中加入了动作，但通过检测约束网络发现新加入动作引入了未满足的约束，则撤销该次操作，并尝试下一种解决缺陷的方法。在完成了对所选缺陷的处理后，如果检测约束网络得出新加入动作的约束都已得到满足，则将决策点存入堆栈中，并继续生成决策点扩展规划空间；如果存在未满足的约束，则对规划过程进行回溯，回到堆栈中上一个决策点，选择不同的缺陷求精操作；如果存储决策点的堆栈已经为空，则表示已完成对整个规划空间的搜索，规划失败。在规划过程中选择待处理缺陷时，通过调整搜索时启发式信息，可以控制规划空间的搜索过程，提高任务规划效率。

时序回溯算法的规划过程中，每完成一次对缺陷的求精操作后，都需要检测部分规划对应约束网络中的约束是否一致。当存在不一致的约束时，则表示无法生成规划解。因此，需要对部分规划对应的约束满足问题进行求解，检测部分规划中约束的一致性时。

综上可知，在传统的任务规划方法中，仅对动作的逻辑命题进行处理，为了满足实际规划的需求，需要考虑更加复杂的约束问题。在深空探测器进行任务规划时，需要在各个子系统的时间线上生成相应的动作序列，并保证规划动作中复杂的逻辑约束、时间约束和资源约束得到满足。为了生成满足探测器自主管理所需的动作序列，可以根据约束满足问题模型对探测器规划问题进行建模，并采用时序规划算法进行求解。但由于时间资源信息的加入，规划过程更加复杂，需要寻找合适的规划启发式函数。同时，考虑到探测器工作时外界环境变化造成的扰动，需要在规划过程中考虑规划动作实时响应的需求。因此，深空探测器任务规划问题仍值得进一步深入研究。

7.3　智能执行技术

传统的深空探测器运行模式是地面上传任务指令，星务管理系统接收到指令后，命令处理模块根据星上运行情况和任务指令的优先级、实时性等属性，将指令处理后分发到相应的执行机构。然而，由于深空环境不确知，探测器任务的正常执行和安全运行极大地依赖于地面上传任务指令的正确性和鲁棒性。在已有的星上软件的基础上，增加自主任务规划模块，模拟地面指令生成过程，可以在一定程度上避免长距离通信诱发的故障处理不及时、突发现象难捕捉的难题，极大地增强星上自主化和智能化的水平，提高任务成功率和回报率。与自主任务规划技术相匹配，任务规划结果的智能执行技术也是增强探测器智能化水平不可或缺的一项关键技术。

如图 7-7 所示，智能执行技术链顶层的任务规划部分与底层的机构控制部分，根据探测器实际执行时的情况，确定规划活动的具体开始时刻或终止时刻，并对执行中的异常做出响应，尽可能地在保证探测器安全的同时完成任务。在任务执行过程中，探测器实现任务目标的过程可以看成是与环境相互作用的结果，如果实际执行环境与规划时预计的不一致或者由于探测器自身的原因，部分动作实施后未能达到理想效果，任务执行失败。探测器将传感器感知到的状态信息反馈到智能规划执行层，智能规划执行层对异常进行处理，尝试进行自我修复。

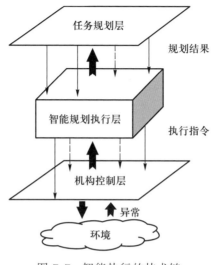

图 7-7 智能执行的技术链

在整个过程中,判断当前规划是否可执行,无论是对于确定规划动作的开始/终止时刻,还是对于确定当前执行是否出现异常都十分重要。因此,定义当前时刻 t 的部分规划 P_t 如下。

定义 7.5 $P_t = (RA_t, FA_t, S_t, G_t, Co_t, C_t, L_t, F_t)$,其中,各参数的意义如下:

• RA_t 是当前正在执行的动作集合,即 $a \in RA_t$,满足 $st_{ub}^a < t$ 且 $et_{ub}^a > t$,其中,st_{ub}^a 表示动作 a 的最晚开始时间,et_{ub}^a 表示动作 a 的最晚结束时间;

• FA_t 是未执行的动作集合,即 $a \in FA_t$,满足 $et_{ub}^a \geqslant t$;

• S_t 描述 t 时刻探测器系统的状态,包含探测器的逻辑状态(如位姿信息、载荷开关机状态等)和资源状态(如电池剩余量、燃油剩余量等);

• G_t 表示截至 t 时刻仍未实现的任务目标;

• Co_t 表示与 RA_t 直接相关的效果,例如若探测器正在对目标区域进行成像,那么 Co_t 就包括成像动作后的获得目标区域的照片以及消耗的电能;

• C_t 包含 RA_t、FA_t、S_t、G_t 以及 Co_t 中的变量约束;

• L_t 是 FA_t 中因果链的集合;

• F_t 是当前规划中包含的缺陷集合(包括开放前提、威胁以及资源冲突等)。

那么,可以给出 P_t 可执行的判据如下。

定义 7.6 如果 P_t 中的约束满足一致性,并且 RA_t 中不包含任何 F_t 中出现的缺陷，那么称 P_t 在 t 时刻是可执行的。

7.3.1 "感知 — 规划修复 — 执行"

规划是执行前的思考过程，由于不确定性的存在，其产物"规划结果"不一定适用于实际的执行情况。因此，为了校验规划结果中活动的适用性，结合星载传感器的数据信息，感知探测器当前的执行状态，并依据定义 7.6 的判据，将正确指令处理后下发到各执行机构执行，主动抑制非正确活动的执行并对当前不一致的规划结果进行修复。该过程中隐含了三个关键部分：感知、规划修复、执行。又由于深空探测任务规划结果的长时间跨度，一次无法处理所有规划活动，因此，"感知 — 规划修复 — 执行"是一个随时间不断重复的过程，直至任务结束或终止[91]。而在每一次的循环过程中，三个关键部分不一定要齐备，例如：若活动能够在当前环境下执行，则规划修复为空；若上一个缺陷并未完成修复，执行可以为空等。

三者之间的关系如图 7-8 所示。感知部分不仅获取探测器所在的深空环境信息（如温度、压力、磁场强度等），也获取探测器自身的状态信息（如电能剩余量、燃料储备量、载荷开关机状态等），并结合当前时刻下可执行活动集合的发生条件约束，校验这些可执行活动集合是否能够在当前环境下执行。若能，将该部分指令序列加工后直接发送到各相应执行机构执行，否则触发规划修复。此外，新目标的规划请求、星上资源的变化以及硬件的损坏等情况也能被感知，统一被规划修复部分处理。

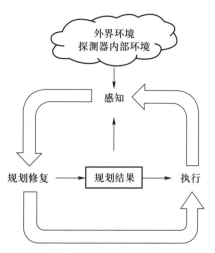

图 7-8　"感知 — 规划修复 — 执行"的关系

规划修复部分只有在出现新目标、资源异常、时间异常、动作执行失败等情况时才被触发。规划修复时存在两种策略：规划调整和重规划。重规划是简单的，它把规划器当成一个黑匣子，将当前探测器的环境及状态、未完成的目标作为输入，从规划器获得新的任务规划结果即完成了重规划功能。然而，由于防辐射等原因，星上计算机的计算能力极其有限，无法在极短时间内通过重规划快速获得有效的任务规划结果。因此，为了充分利用已有的规划结果，提高规划修复的应急能力，规划调整在尽可能保持原规划结果的操作及其顺序的前提下，通过整合故障的上下文信息，尝试解决暴露的缺陷以完成修复。值得注意的是，若某个目标确实不可行，则该目标应该被舍弃，并继续尝试完成剩下的任务目标。

执行部分接收原规划结果或者修复后规划结果中的可执行活动集合，为其分配开始/结束时间，并将动作执行情况反馈给探测器。一般而言，可分配时间的活动类型包括持续时间的开始段和结束段，以及目标的发生时刻。详细的执行时间分配方法将在 7.3.2 节中进行介绍。

7.3.2 活动执行时间智能确定方法

时间线规划的结果是灵活的，即被安排活动的开始/结束执行时间以及持续时间并未完全指定。核实规划结果活动的适用性后，探测器智能执行需要根据实际探测器执行情况，为活动分配执行时间[92]。一般而言，探测器活动是持续非瞬时的，且存在一定的不可控性（如姿态转向的持续时间与起始、终止的姿态具体相关，其实际的持续时间可以估计在某个范围内，但很难确定具体的值），因此，智能执行可以将持续活动等价为由开始活动、中间过程和结束活动三部分组成的子活动集合，进而通过判断各子活动的规划执行时间与“感知 —规划修复 — 执行”循环的起止时间关系管理活动的执行，如图 7-9 所示。

依据活动类型的差异，通常将其分为规划活动（在规划结果中出现并如之前所述可分为三个子活动的持续活动）、目标活动（描述目标实现的时间）以及情景活动（时间窗口等据情况而定的活动）等。不同活动类型的执行时间确定方法并不一样。具体而言，对于目标活动以及情景活动等并非通过主动控制而实现的活动，其执行时间随时间推进会自然到达，因此，可以更确切地说，此时，它们的执行时间可以被称为发生时间；与此相反，规划活动的开始子动作以及部分结束子动作可以通过探测器主动控制实现自由掌控其执行时间。

在执行过程中，如果一个目标不可实现或一个动作不可执行，并且如果它们的执行间隔有一定的灵活性，则它们的执行被推迟，并且将在下一个周期中重新考虑。但是，如果不允许延迟，则会出现超时情况，并请求执行中止和重

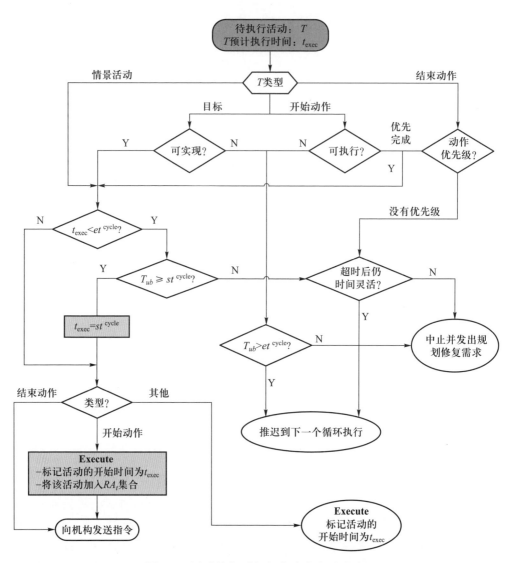

图 7-9　活动执行时间智能确定方法流程

新规划过程。如果目标/动作是可实现/可执行的，则执行该动作时，即对其进行实例化，并通过时间网络传播其值。因此，在每个"感知 — 规划修复 — 执行"循环内，通过图 7-9 所示的智能时间确定方法可以实现对不同类型活动执行时间的有序管理。

7.3.3 鲁棒性任务执行策略

探测任务规划是为了合理、高效地管理星上资源，避免任务执行过程中出现资源不足、安排不合理等情况，从而成功实现探测目标。然而，规划在时间上是优先于执行的，并且深空环境不一定与预期相符，因此，规划结果在实际执行时很可能与理想情况出现偏差。此时，探测器需要规划修复技术的支持，鲁棒性应对各种突发状况，保障任务的成功实施。

当探测器执行任务出现小范围偏差，即动作序列局部失效，且不需要额外的设备或知识时，自主任务规划修复方法可以有效地使探测器从失败中恢复。根据修复策略，可以将目前的规划修复技术分为五类[93]：规则匹配型、局部调整型、状态转移型、删除/求精型和构造新问题型。每类所包含的修复方法、各自的特点如表 7-1 所示，各自的优缺点如表 7-2 所示。根据具体的任务类型，选择合适的规划调整方法，可以有效地提高探测器应对突发事件的快速智能处理能力，增强探测器安全性，同时尽可能保障探测任务的成功实施。

表 7-1 规划修复方法分类

类别	修复方法	特点
规则匹配	修补规则	通过预先定义的错误修补规则来修复故障
局部调整	规划库/模式重构	利用历史规划结果对现有命令序列进行调整
状态转移	目标回退	在状态空间中运用领域规则对目标节点进行后向搜索，在有限范围内求解任务规划修复问题
删除/求精	规划图/启发式/分层任务网络	删除原规划结果中的失效动作，然后对暴露的缺陷进行求精，直至满足规划修复结果一致性
构造新问题	数字宏/部分可满足规划	从原命令序列中提取相关信息，作为附加知识加入新问题，再利用规划器进行求解

在深空探测范围内，诸多不确定性因素的存在，干扰着自主任务规划结果的正确执行。为有效应对突发状况并保障探测器完成探测任务，智能规划执行层连接着顶层的任务规划层与底层的机构控制层，根据实际执行情况，将时间长跨度的任务规划结果纳入"感知 — 规划修复 — 执行"循环，并依据规划结果中活动的类型采取不同的执行时间智能确定方法为其分配执行时刻，优先采用更加快速、高效的规划调整策略对感知的缺陷异常进行规划修复，来提高探测器执行的智能化水平。

表 7–2　多种规划修复方法的优缺点对比

类别	修复方法	处理对象类型	优点	缺点
规则匹配	修补规则	动作	准确、高效	规则无法涵盖所有执行失败情况
局部调整	规划库	动作	节省解的构造时间	存储空间大，不能保证有解
	动作模式重构	动作/资源	规划稳定性高	无法保证目标质量
状态转移	目标回退	动作	速度快	状态空间大小难控制
删除/求精	规划图	动作	直观易理解	需完全实例化
	分层任务网络	动作	分层有效管理	行动分解方法需指定
	启发式	动作	指导搜索方向	失效动作范围搜索的效率待提高
构造新问题	数字宏	动作/资源	有效提取宏动作	未考虑时间冲突和并发性冲突
	部分可满足规划	动作/资源/时间	有效提取约束	对规划器要求高

　　智能执行技术通过感知自主规划结果，采用符合约束条件的执行策略实现探测器的科学任务，任务完成后将执行结果和状态信息返还给自主管理系统，以便自主健康管理系统进行实时的系统检测、故障诊断和规划修复。探测器也正是通过这样一个循环保障了各个科学探测任务的完成和整个星务管理系统的健康运行。

　　实际任务中，并非所有规划活动都是可主动控制的，如"玉兔号"在崎岖的月面行走，其持续时间、执行效果可能只能被观测而无法预估；并非所有规划模型都是正确的，实际天体的各项参数极有可能与模型预计存在偏差；并非所有探测器发射后就是正常状态的，如发射后太阳帆板未能展开等。这些问题均会影响规划结果执行的正确性，仍有待进一步深入研究。

7.4　自主健康管理

　　深空探测器长期工作在真空、失重、高低温和强辐射的恶劣环境下，可能出现多种故障。据统计，在过去的 40 多年里，世界各国进行深空试验过程中发生了数以万计的故障，其中危害性和代表性的故障多达 1 700 多次。面对如此繁多的故障类型，为了保障长期运营期间的安全，航天器特别是深空探测器必须满足安全性技术指标要求，具有自主健康管理的功能，具备快速故障检测、故障定位、故障诊断、故障预测和故障管理的能力。本节针对 NASA 提出的航天

安全计划 —— 航天器综合健康管理技术，结合正在发展的器上自主管理技术，通过研究国内外典型航天器的健康管理系统，总结归纳基本自主健康管理的概念和系统架构，根据需求分析自主健康管理系统的关键技术，这对于控制深空探测器的风险、降低保障成本、缩小维护规模具有现实意义。

国外的健康管理在长期的研究发展过程中，已在航天器上实现自主监测、诊断、故障预报等功能，有很强的自主健康管理能力。国外自主研发的 Livingstone 2、TEAMS 等模型已应用到如 E0-1、X-37 等一系列的航天器上[94]。另外还有地面的健康管理系统，已形成一套相对成熟的评估系统，实现对航天器运行过程中健康状况的评估及故障预测。而我国的健康管理起步较晚，大部分还处在硬件条件冗余及在地面人工干预的条件下实现故障的检测与处理。对于高级健康管理方面，大部分还处在理论研究阶段。在软件内部，航天器通常只针对紧急故障采取常规的可靠性和安全性自主处理措施。所以，我国的健康管理发展程度距离高级健康管理还有一定的差距，从技术发展的角度来看，在轨的全面应用、体系结构的构建、在轨工程化实施和基于自主健康管理的自主运行技术研究将是今后发展的重点。

7.4.1 自主健康管理的概念

深空探测器系统健康管理技术是保障航天器长期自主飞行的一项重要内容，其在故障诊断技术的基础上发展起来，能够对航天器进行故障预测、故障诊断、故障隔离、故障处理决策、趋势预测等，对控制航天器的风险、降低保障成本、缩减维护规模具有现实意义。

健康管理的内容繁多，技术由浅到深，能做的工作可占整个航天器工作的20%以上。航天器健康管理技术的发展趋势如下：

（1）由原来单一分系统的故障诊断系统向整器集成化健康管理系统发展，集成航天器状态检测、诊断、评估、预报、隔离和系统重构等功能；

（2）健康管理的自主能力越来越强；结合人工智能技术提高健康管理的自主性，降低人工的干预程度；

（3）加强在轨健康管理系统的健康评估功能、对于潜在故障的预报和隔离功能、故障重构措施，提高应变能力。

（4）数据挖掘与信息融合技术在自主健康管理系统中的应用研究。利用数据挖掘和信息融合等新兴的数据处理技术对传感器采集的数据进行相应的处理以获取有用和可靠的信息，为后续的健康评估和故障预测提供可靠的数据支持。

健康管理系统分为两个层次：器上自主健康管理系统和地面健康管理系统[95]。器上自主健康管理需要实现在轨的故障诊断和管理，首要考虑的是可靠性和可行性的要求。器上自主健康管理系统包括诊断、故障报告、恢复管理、可能的维修和决策支持等，主要由探测器载荷系统、姿轨控系统和信息系统等几个相对独立的子系统组成，每个系统按各自特点具有相对独立的健康管理系统，在子系统级别上健康管理的概念与传统的故障检测、隔离和恢复概念差别不大。各个子系统的健康管理遵循从传感器信号到最终决策的传统过程。这些独立的子系统健康管理的总和共同构成了航天器健康管理系统。

7.4.2　自主健康管理系统架构

自主健康管理系统作为自主管理系统中关键的一环，通过和智能执行系统、星务管理系统协作共同保障探测器正常运行和科学探测任务实现。

自主健康管理是对探测器健康参数采集后，分析检测参数趋势、诊断健康程度、自主发送控制指令从而完成对系统的健康管理。所以，自主健康管理系统包含四个部分，分别为状态检测、健康诊断、故障预测及故障处理[96]。故障预测技术中预测的可行性未得到验证，星上风险较大，适用于地面对遥测参数进行分析预测故障。因此，星上自主健康管理系统主要从状态检测、故障诊断及故障处理进行分析设计。

为了提高故障诊断效率、诊断准确性及故障处理的实时性，需要建立多层次的故障诊断机制，即需要从分系统层面到整器层面都建立一套故障诊断机制，否则都利用整器的核心计算机进行故障处理会占用大量的资源与 CPU 处理时间。如图 7-10 所示，将健康管理机制分成两个层次，分别为分系统层次与整器层次。

1）分系统层次

分系统采集分系统的健康数据，对采集到的健康数据进行状态检测，并实施基本的可靠性和安全性故障预案。这保障了分系统故障处理的即时性和可靠性。分系统需要将处理消息以遥测方式发送到整器。需要其他分系统配合的故障判别或处理，由整器层次的故障诊断系统来处理。

2）整器层次

整器层次健康管理由数据管理系统进行处理。整器接收系统的健康管理遥测信息及故障处理信息，同时还有部分整器传感器数据由核心计算机直接采集处理。数据管理系统在核心处理单元建立整器级故障数据库[97]。对于无法在分系统层面判断或处理的健康信息，均由整器进行处置。整器根据得到的相关健

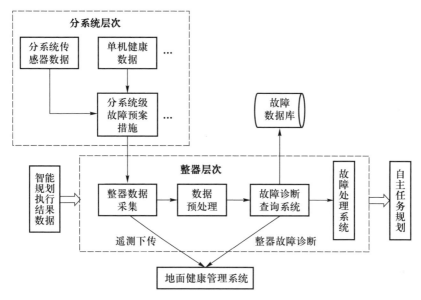

图 7-10 航天器自主健康管理系统架构

康数据信息,查询整器故障数据库。对于检测到的系统异常信息,按故障数据库的要求进行处置,并将整器健康信息及整器产生的故障信息下传到地面的健康管理系统。

7.4.3 状态检测、健康诊断和故障处理

7.4.3.1 状态检测

该部分主要负责三个方面的工作:首先需要进行数据采集,包括收集各分系统的健康遥测数据和采集传感器模拟量健康数据;接着对收集到的数据进行滤波、格式转换等处理,得到所需的可靠数据类型;然后计算机根据得到的数据进行阈值判断,不在范围内的进行报警或显示。

状态检测主要包含预处理、状态确定和离群点判断三个步骤[98]:针对遥测获取的数据进行预处理操作,对已知来源的信息在时域、频域、信息域进行分析和特征提取,通过对处理后的系统状态数据进行状态确定操作,判断系统状态数据在一个时间检测窗口内是否出现了离群点,从而得出系统状态是否出现异常的判断以及是否需要深层次诊断的必要性。基于卡尔曼滤波处理时序数据的状态检测算法是目前应用最为广泛的技术方法之一,如图 7-11 所示,其通过对获取的传感器数据进行处理和对比完成对系统异常状态的检测。

状态检测在整个自主健康管理系统中负责最重要的第一步,也就是通常所

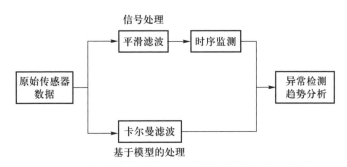

图 7-11　基于卡尔曼滤波处理时序数据的状态检测算法流程

说的故障发现步骤。在对系统的健康状态进行初步的判断和确定后，通过将状态检测确定的系统状态信息发给负责自主健康管理系统的诊断层级，完成对系统出现异常状态的诊断流程。

　　根据以上特点，状态检测主要识别的特征有以下三类。

　　（1）趋势性：趋势性是观测对象在一个相当长的时间内，由于受某些基本因素持续同性质的影响所呈现出来的一种基本走势。尽管在这个时期内，观测对象仍有波动，变化幅度可能有时不等，但基本趋势不变。

　　（2）周期性：周期性是指观测对象以特定时间长度为周期的涨落起伏或基本相同的一种波浪式的变动。例如，探测器帆板温度、输出功率等受到空间环境季节性影响导致的遥测参数变化规律一般具有周期性。

　　（3）不规则性变动：分为突发性和随机性两种。突发性是由于难以预测的因素引起的，其规律目前难以认识和推测。对于具有随机性变动的时间序列，可以利用历史或测试数据验证的概率分布模型加以推测。

7.4.3.2　健康诊断

　　健康诊断采用故障数据库查询方法，根据状态检测采集并预处理好的数据进行故障判断。查询故障数据库，按数据库描述的故障处理方法发送给故障处理系统。其中，故障数据库设计是至关重要的环节。数据库中需要保存着故障参数特征与故障模式之间的对应关系。系统根据健康遥测数据的输入，查询故障数据库，确定故障模式。故障数据库允许通过地面注入的方式，将新的故障特征、故障模式添加进去，以此来丰富故障数据库，实现深空探测器健康管理系统的更新和维护。

　　故障数据库需要考虑整器资源，按以下两点要求进行设计：

　　(1) 数据库应该简单可行，覆盖所有可能的故障或参数的变化，并且保证其占用不超过器上的自主处理能力[99-100]；

(2) 数据库具备对于单个项和整行数据的删除/添加的功能,便于数据库的在轨更新和维护。

基于上面两点要求和特征,可以将故障数据库分成两层建立:一层为健康参数数据库,一层为故障数据库。当采集到要求数据时,根据健康数据库,当参数不在对应阈值范围内,并达到判断次数要求后,将该异常参数标识并报警或显示,如果存在有相关操作指令的,发送指令到对应的执行层。对每次收集到的健康信息值不在要求范围内则查询故障数据库。当某故障符合数据库对应要求时,则认为产生了该故障,按该故障的处理指令发送给系统中心处理[101]。

两层数据库的建立,避免了单个数据库判断结果混乱、不易于统计和故障信息传递的问题。两层数据库中,一层针对参数分类,一层针对故障类型分类,可以全面覆盖所有健康情况,不会导致故障的遗漏。表 7–3 所示为各种健康诊断方法的优缺点对比。

表 7–3   各种健康诊断方法对比

诊断方法	优点	缺点	实例
基于定性模型的方法	(1) 深入系统本质; (2) 故障预测能力强,可诊断的故障范围广	(1) 对复杂系统建模困难; (2) 系统模型及其维护将占用计算机大量资源; (3) 国内无成熟模型,不具有器上可行性	国外大多型号上使用该方法如:X-37、E0-1 等常见的模型有 Livingstone、MARPPLE等
基于算法模型的方法	(1) 算法成熟; (2) 知识获取不需要专家整理知识; (3) 能解决一些很难整理成专家知识的问题	(1) 需要大量的数据进行算法计算分析; (2) 资源占有高,器上实现难度太大; (3) 不具有器上可行性	常见算法模型包括: 神经网络、卡尔曼滤波算法等
基于规则推理的方法	(1) 有成熟的模型; (2) 具有一定的自学习能力; (3) 通用性好,适合于多种卫星	(1) 案例库对特定卫星的借鉴意义不大; (2) 需要专家知识的整理,工作量大; (3) 需要建立比较完善的推理机制,器上可行性不强	常见的有专家系统、基于神经网络推理的专家系统等
基于故障数据库查询的方法	(1) 实现简单,可靠; (2) 可扩展性强,便于添加可更改	(1) 诊断、预防的故障有限; (2) 不具备学习能力	基于失效模式与影响分析实现,简单可靠

7.4.3.3 故障处理

接收健康诊断发送的故障处理要求,完成故障的恢复、隔离、重构和报警显示等处理。其中关键技术在于故障恢复和系统重构。

系统重构设计方案的目的包括[102−103]：

（1）能够根据故障类型推理生成对应的修复／隔离操作；

（2）根据航天器现有状态重新规划动作序列，完成目标任务；

（3）尽可能利用已有的规划信息，达到缩减规划空间、快速规划的目的。

深空探测器系统重构设计方案的前提条件包括：首先，重构与重规划流程在探测器的前期规划工作的基础上展开，即故障发生前的规划信息可从规划模块处调用；其次，当系统出现扰动，即状态检测环节检测到当前状态与预期不一致时，能够将故障信息完善的发送至本模块。

可以考虑采用定性模型来制定故障部件的恢复策略。定性描述可以简化建模过程，不必考虑定量方程的精确形式，也不用担心如何精确调节参数值，这就使得能快速地随着硬件设计来构建故障诊断和恢复系统。同时，定性模型对于设计变化和建模不精确具有很强的鲁棒性[104]。例如，当替换一个不同的推进阀门以产生更大的推进力时，定性模型就不需要变化。在定性模型中引入这些经验将对故障诊断的合理性起到至关重要的作用。据此，设计算法流程如图7−12 所示。

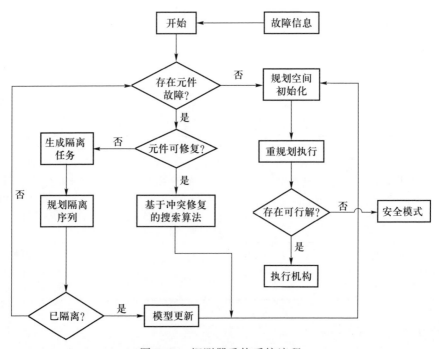

图 7−12　探测器重构系统流程

在航天器的工作过程中，故障检测系统检测到当前工作状态与规划方案不匹配，并向重构系统发送请求，同时输入所需的故障信息。若无元件故障，直接进入重规划环节；若存在元件故障，则根据是否可修复进行对应的处理。

7.5　本　章　小　结

本章介绍了一项在未来深空探测领域将发挥重要作用的技术——深空探测器自主管理技术。7.1 节介绍了自主管理系统的结构，包括传统的星务系统以及支持探测器智能运行的自主管理系统。自主管理系统中采用的自主技术主要包括三类：自主任务规划技术、智能执行技术以及自主健康管理技术。7.2 节介绍了自主任务规划技术，包括自主任务规划概念和模型，并介绍了一种在规划空间中进行的时序回溯任务规划方法。任务规划是基于对探测器状态的预测做出的方案，没有考虑环境或者任务的动态变化，为保证任务的顺利执行，需要智能执行技术的支持。7.3 节介绍了智能执行技术，包括智能执行过程中的"感知—规划修复—执行"循环、活动执行时间的智能确定方法和鲁棒性任务执行策略。自主管理系统不仅要关注任务的规划和执行，也要保障探测器的健康状态。7.4 节介绍了自主健康管理技术，包括自主健康管理的概念、自主健康管理系统架构和三部分自主健康管理。三部分自主健康管理分别为状态检测、健康诊断和故障处理。有了自主健康管理技术的支持，深空探测器能够及时发现故障、处理故障，在太空中更加安全地运行。

自主管理技术是一个新兴的研究方向，在国外的深空探测器中已经得到了初步的研究和应用。国内的深空探测器自主管理技术尚处于起步阶段，等待着研究者们不断在理论上突破、在实践中发展。

第 8 章 深空探测中的系统工程方法

8.1 引　言

　　深空探测是当今世界高新技术集中的领域之一，深空探测工程任务复杂，执行过程中需要多方协调和密切配合。随着人类深空探测能力的增强，探测目标距离越来越远，深空探测任务也变得越来越复杂和多样化，这主要体现在深空探测的对象与方式的多元化。深空探测的科学目标从最早的地形地貌观测和物质成分探测，逐步扩展到对天体内部结构以及生命起源的探测和研究。探测的对象从单一的天体变为多天体或行星际空间。探测方式也从绕飞逐步发展为着陆并采样返回。未来的深空探测任务具有多目标、多天体、多形式探测等特点，技术难度大、实施风险高。如何合理、有效地完成这些极其复杂的任务具有很大的挑战性。

　　深空探测系统的高度复杂性对各系统都提出了具体的需求：

　　（1）为使深空探测器能够具有一定的速度以脱离地球引力，火箭要有足够的运载能力；

　　（2）深空环境复杂、动态多变，要求探测器具有自主性和良好的适应性；

　　（3）探测器距地球过远，通信有时滞、速率低，对测控提出了新挑战；

　　（4）为了实现不同的具体科学探测目标，探测器还需要携带各类不同的科学载荷。

　　要顺利地完成一项深空探测任务，首先要明确任务的顶层需求是什么，然后将需求分解到每一个系统、每一个研制部门、每一个相关研制人员，并有效保证各部门间的合作，协调任务进度，保证任务的顺利实施。如何在较短时间内，用最少的投入，以最高效率完成任务？为解决这些问题，"系统工程"的概念应用到了航天工程任务的实施中，它是一种组织管理的科学方法。面向复杂系统，从需求出发，自上而下分解系统，自下而上集成验证，最终获得完整的可执行的深空探测任务系统[105]。

　　本章从系统工程的定义出发，介绍了深空探测任务的总体设计流程，包括任务目标选择、飞行轨道设计、任务需求及约束条件分析、探测器系统设计。为顺利完成任务，同时还需选择相应的深空探测工程大系统进行配合。最后，介绍了在传统系统工程方法基础上的新型系统工程方法。

8.2 系统工程方法

系统工程的概念是在 20 世纪 40 年代开始形成的，随着社会科技的进步和工业水平的发展逐步完善。虽然形成时间较早，但是系统工程依旧是一门蓬勃发展的新学科，是一门涵盖不同学科和技术的交叉学科。随着涉及的领域越来越多，系统工程涵盖的内容愈加广泛。在多个领域，学者给出了系统工程的多种定义。

1987 年，钱学森先生发表了《组织管理的技术 —— 系统工程》一文（2011年在《上海理工大学学报》上重新刊登），首次在国内对系统工程做出了定义，提出"系统工程"是组织管理"系统"的规划、研究、设计、制造、试验和使用的科学方法，是一种对所有"系统"都具有普遍意义的科学方法[106]。

在 NASA 的《系统工程手册》定义中，"系统工程"是一种系统设计、实现、技术管理、操作和退役的方法。一个"系统"是一个结构或不同元素的集合，它们一起产生的结果是单个元素所无法获得的。系统作为一个整体所获取的价值，除了由各部分独立贡献的价值外，主要是由各部分之间的关系所创造的，这就是各部分之间的联系。它是在统筹全局时做出决策的一种方式，是在系统的计划生命周期中、在预期的使用环境中实现物理功能和操作性能需求的一种方法，也可以说，系统工程是一种逻辑思维方式 [107–108]。

在欧空局的标准中，"系统工程"是一种跨学科方法，用于管理将需求转换为系统解决方案的全部技术工作。"系统"被定义为完成既定目标的一组完整的元素，这些元素包括硬件、软件、固件、人力资源、信息、技术、设施服务和其他支持元素。

系统工程的主要作用是从顶层任务需求提取出系统的技术要求、功能要求，推导出下级系统的需求，向下级分配。根据系统的定义，可以将系统有层次地分解为子要素，这些子要素再作为"二级系统"继续向下分解，直至达到最小的可定义元素，在分解过程中同时考虑接口的兼容性、系统的安全性和可靠性等。分解完成后，制造最低层级的基本产品元素，面向其上一级"子元素"的结构，完成组装集成，验证集成的"子元素"是否满足上一级的需求，若不满足，重新进行分解或更改需求；若满足，则继续向上一级组装集成，同样进行验证，依次向上递推，直至最终产品通过顶层需求验证。这种自上而下分解、自下而上集成验证的过程被称为系统工程的"V"字形流程[107]，如图 8-1 所示，该流程在系统工程中被广泛使用。

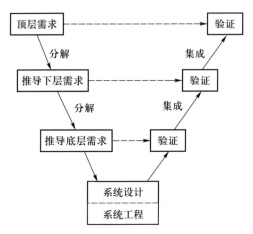

图 8-1　系统工程的"V"字形流程

系统工程在多个领域都有应用，本章仅介绍深空探测领域的系统工程。在研究深空探测系统时，不仅要研究各组成部分的性能，更要研究各部分之间的相互作用及在其影响下系统整体的特性和功能。任务设计首先应该选择任务目标，分析目标可达性，设计任务轨道，提取任务顶层需求，明确约束条件，将需求按任务系统分解。根据需求与约束进行系统方案设计，结合任务科学目标设计组成探测器的各类子系统，之后综合考虑飞行轨道与探测器质量选择运载火箭，从而确定发射场、测控以及地面应用。完成系统设计后进行约束条件的校验，若满足约束，设计完成，若不满足约束，重新迭代设计系统方案。

8.3　任务总体设计

深空探测任务系统庞大，组成元素众多（为便于区分，本章将完整大系统的下一级如探测器、运载火箭、发射场、测控网、地面应用等称为"系统"，将组成系统的下一级如探测器的通信模块、热控模块、火箭发动机等称为"子系统"，将组成子系统的线路、管道、机械零件等称为"元部件"），将每个系统的工作整合为一个经济合算、技术合理并且能顺利执行的任务是一个巨大的挑战，因此需要对整个任务进行总体设计（如图 8-2 所示）。

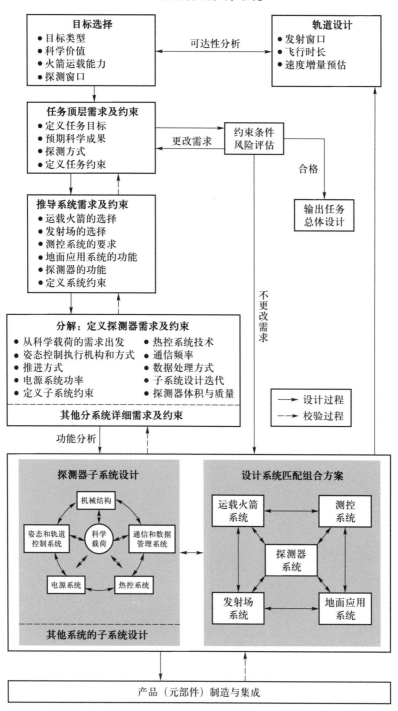

图 8-2 深空探测任务设计流程

（1）首先确定深空探测目标，明确任务需求与约束条件，合理规划深空探测的总体方案，根据任务的约束条件选择合理的飞行轨道。

（2）不同于地球轨道空间的航天任务，深空探测任务在轨道的转移上需要消耗更多的能量、受力更复杂，因此需要计算整个任务所需的速度增量，进而对推进剂做出预算，然后根据火箭的运载能力来设计合理的飞行模式。

（3）根据火箭运载能力确定整个探测器的系统规模，进行子系统质量分配，以任务需求为核心设计探测器携带的科学载荷，并进行整个探测器子系统的设计。

（4）为将探测器准确送至预定轨道，确定探测器的规模后，还需要选择匹配的火箭、发射场等，完成整个深空探测任务的大系统设计。

1）任务需求及约束条件

系统工程方法的应用首先应该明确顶层任务需求和约束条件。在任务开始前，必须确定该任务需要解决的问题，了解实施该任务有哪些约束条件，这是系统工程最初的也是最重要的一步。需求越清晰、具体，在进行方案设计时就越容易，后期也能更好地验证是否满足要求，如图 8-3 所示。

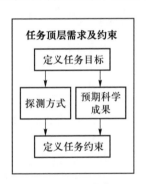

图 8-3　系统工程过程的第一个阶段

每个深空探测任务的提出都是从需求开始的，对于深空探测任务，我们需要明确为什么要执行这次探测任务、要以怎样的方式执行这次探测任务、这次任务要获得怎样的科学成果等问题。

明确任务需求后，还要考虑任务约束条件。深空探测任务的执行不是理想化的，会受到政治、经济、技术、时间等各方面的约束，在不考虑政治约束的前提下，深空探测系统约束一般考虑三类：任务周期、任务成本、技术性能 [109]。

2）约束决策空间

与近地空间任务不同，深空探测任务受目标所限，发射窗口一般间隔时间长，这使任务周期与任务成本的耦合关系更加密切。为了不错过发射时机，深空探测任务必须在某个指定的时间点前完成。"时间就是金钱"，任务周期越长，任务成本就越高，一旦错过发射窗口，可能要等几个月甚至数年，占用的人力资源、设备的损耗与维护等都是不小的开销。因此，深空探测任务在时间和成本方面受到的约束更加严格。深空探测任务的预算往往也有限，如何在成本受限的情况下寻找最佳的问题解决方案是系统工程师需要面对的一大挑战。

在考虑任务周期和成本的同时，还要权衡技术性能。技术能力是有限的，花的钱越多不代表技术就越好，不同的探测任务，其侧重点不一样，系统工程师要在性能合格的前提下选择合适的技术、合理分配各项技术的开销。例如，深空探测任务面临的一大难题是通信能力受限，如果将通信系统的性能分为三个等级，探测器执行火星任务与地球通信时用一级技术就能满足任务要求，那么完全没有必要选择三级技术造成成本与性能的双重浪费，也就是选择"最佳性价比"。探测器各子系统采用的技术不同，在权衡性能时还需要注意不同技术间的匹配性，综合考虑系统的整体性能。

任务周期、任务成本、技术性能这三个相互制约的因素构成了一个"决策空间"，任何深空探测任务都受这三个因素的限制，如何在这些限制条件下做出合理的决策是系统工程师需要完成的工作。

3) 顶层任务需求分解

明确了任务需求和约束条件之后，系统工程中的下一步就是要把这些最基本的、顶层的需求转化成更为具体的系统需求。任务需求关注的是整个任务的规划（目标和结果），而系统需求则是关注组成整个大系统体系的各系统、子系统和元部件。这些元素是相互影响的。例如，深空探测器的质量大小选择和轨道设计取决于运载火箭的能力，测控网络性能的选择取决于探测器的数据传输效率、数据量，探测器成像模块的工作模式取决于固存模块的容量以及通信模块的数据传输速率。

深空探测任务的核心系统是深空探测器系统，一般来说，运载火箭、发射场等其他系统都可采用现有成熟系统，按照探测器的条件选择匹配即可，部分需要做适应性改造，因此这里主要讨论探测器系统的需求。根据侧重点不同，探测器子系统在功能上分为两部分：探测器平台和科学载荷。探测器平台是指保障探测器处于正常工作状态的基本通用模块，如姿控系统、热控系统、推进系统等；科学载荷是指需要完成特定任务的模块，如采样系统、红外光谱仪、微波辐射计等。回顾前面的任务需求和约束条件，推导探测器系统的需求，从任务目标出发，确定探测器平台和科学载荷的需求及类型，载荷的类型决定了探测器的质量、体积，这影响到运载火箭和测控系统的选择。

确定载荷后可以进行元部件的设计、制造与集成，而后验证是否满足子系统需求、是否满足约束条件，若满足，则继续向上一级集成验证，直至完成整个深空探测系统的设计。

下面以小行星地形地貌测绘任务为例讨论深空探测任务设计中系统工程方法的应用。

8.3.1　任务目标选择

由于早期受技术水平限制，在选择深空探测目标时，主要考虑其可接近性。随着深空探测技术的日渐发展，人们逐渐趋向于不单考虑任务的工程可实现性，同时也考虑目标本身具有的科学价值。对于深空探测中太阳系内的各大行星，由于数量少、特征明确，任务目标的选择较容易。但除各大行星外，太阳系中数以百万计的小行星和彗星（统称为小天体）也是科学家们研究的重点。由于小天体的数目众多，选择合适的探测目标是整个深空探测任务设计的基础。

小天体探测任务的目标选择优先遵循以下原则：

（1）在完成探测任务的前提条件下，尽可能地限制项目成本和开发时间；

（2）尽可能地选择不同起源和演化历史的小天体，可以尽可能多地获取不同类型小天体的资料；

（3）发射探测器的能力应该满足现有火箭的运载能力；

（4）考虑到目标天体运行轨道、任务研制进度及部件保质期等，目标探测窗口应该在未来 5~10 年；

（5）目标应该有比较完整的地面观测资料，用以对任务设计进行指导。

确定任务目标后需要分析其可达性，确定探测器推进方式，在遵循上述原则的前提下，选择探测目标，设计飞行轨道，明确任务需求和约束条件。

美国 OSIRIS-REx 探测器选择了 Bennu 小行星作为探测目标，该目标的选择可追溯至 2008 年，当时执行目标选择程序时已经发现有 7 000 多颗近地小天体。从可达性角度分析，考虑到取样返回任务的轨道设计，NASA 提出了低偏心率与低轨道倾角的要求，符合这一要求的近地小行星只有 192 颗，其中只有 26 颗直径大于 200 m。从科学价值角度看，这 26 颗小行星中有 5 颗富含碳，该类小行星含有有机分子、氨基酸等，有利于研究生命的起源。另外，Bennu 小行星是一颗对地球有潜在危险的天体，其运行轨道可能与地球发生碰撞。为研究小行星防御技术，降低小行星与地球撞击的可能性，综合天体大小、轨道等各方面因素，最终目标选择了 Bennu[110]。

8.3.2 深空轨道设计

深空探测器所处的引力场更加复杂，飞行过程中在不同阶段受到主要引力的天体也不相同。针对不同的任务目标，深空轨道的设计有很大的差别。在设计轨道之前，首先应该明确任务需求。不同的目标、不同的推进方式、不同的时间要求都会导致飞行轨道的差异，在轨道设计初期应该明确这些问题。

结合任务需求，分析轨道特点，包括目标天体轨道、发射窗口的影响、不同类型轨道的速度增量预估等。其次，在轨道设计过程中还应充分考虑工程实际需求，包括运载火箭能力、地面测控能力、探测器推进能力、推进方式等，同时还要考虑到星上子系统的各种要求，需要多方面不断分析迭代，综合考虑各方面需求和约束，最终设计出满足工程需要的合理可行的轨道。

搜索探测器发射窗口，发射窗口又称发射时机，是发射探测器执行某一任务所允许的发射时间范围。执行某一任务时，需经过轨道计算等决定发射时间范围。不同任务的发射窗口不同，如星际探测器可达数月、行星或月球探测器为几天、航天器交会为几小时甚至更短等。在深空探测任务中，星际转移发射窗口的搜索问题是任务规划与设计的重点。等高线图法是发射窗口搜索的经典方法，现已广泛地应用于深空任务的设计与规划中。

与近地航天器不同，深空探测器的轨道设计受到与探测目标相距较远、空间动力学环境复杂等诸多因素的影响，使其与近地航天器的轨道设计有较大的差别。首先，深空探测器所需发射能量大、飞行时间长，给轨道设计和探测器使用寿命带来了不小的挑战；其次，深空动力学环境复杂、探测目标受星历约束，深空探测器在飞行过程中受到多种引力作用，属于理论上无法完美解决的多体问题，因此需要选择合适的发射时间和发射路径；最后是特殊任务轨道要求的约束，例如对太阳、木星系、宇宙等观测需要设计不同的驻留轨道或者能量转移轨道。

正是因为存在着这些差异和不同，所以深空探测器的轨道设计需要新理论和新方法的支持。为了解决上述轨道设计的难题，目前主要从以下两个方面开展研究工作。

（1）应用天体系统自身的动力学机理设计深空轨道。通过发现和利用天体自身的动力学机理来解决深空探测轨道设计中的问题，在这方面最具代表性的就是借力飞行。借力飞行就是通过穿越其他天体引力场，借助该天体的引力作用改变自身相对于中心天体运动状态的轨道转移方式，可以高效地降低所需要的发射能量并且缩短探测器抵达任务地点的飞行时间，实现一些特殊的深空观测任务。

（2）将新型的推进系统应用于深空轨道的设计。目前大部分深空任务都是通过化学推力系统完成的，由于受到比冲的限制，这一类探测任务的有效载荷比重很小。为了提高有效载荷的比重，近些年来出现了电推力和太阳帆这样的新型能源驱动的推进系统。这些高效的推进系统能够有效提高任务科学回报，增加系统有效载荷比例，对于设计深空探测器的轨道有着启发性的作用。

8.3.3　任务需求及约束条件

在深空探测任务中，需要尽可能全面、详尽地获取小行星表面信息，便于后续分析，在不考虑经费与技术约束的前提下，任务周期为 8 年。下面给出该任务需要明确的需求：

● 为什么执行该任务？ —— 预先获取小行星表面地形地貌信息对于后续的探测器着陆过程有着至关重要的作用；

● 要以怎样的方式执行该任务？ —— 探测器在绕飞过程中通过携带的科学载荷获取表面信息；

● 这次任务预期要获得什么成果？ —— 获取小行星表面形貌的全景图。

在明确任务需求后，通过这些顶层任务需求推导下级系统的需求及相关约束，如图 8-4 所示。例如，要选择"长征五号"火箭将探测器送入轨道，探测器应该携带光学相机，具备获取目标天体表面影像的功能，由于火箭推力有限，导致探测器存在总质量小于 15 t 的约束等。确定系统的需求后，再进一步分解为子系统的需求和约束，如光学相机获取的图像分辨率要小于 5 m、火箭发动机要使用液氢－液氧作为燃料等。

8.3.4　探测器子系统设计

探测器是深空探测任务的核心组成部分，反复论证并分析完系统需求后，将这些需求转化为探测器的子系统需求，进行探测器子系统的设计。这是整个任务中最关键的部分，设计内容包括探测器平台、科学载荷[111]。

下面针对小行星地形地貌测绘任务来分析组成深空探测器的各个子系统。

该任务目标是获取小行星表面地形地貌信息，探测器系统的需求是要携带具有成像能力的科学载荷，因此将光学相机和激光高度计安装到探测器上。为保证科学载荷的正常工作，探测器还需要具有基本的探测器保障系统，各载荷协调工作才能完成整个任务。对于探测器平台有下列需求：

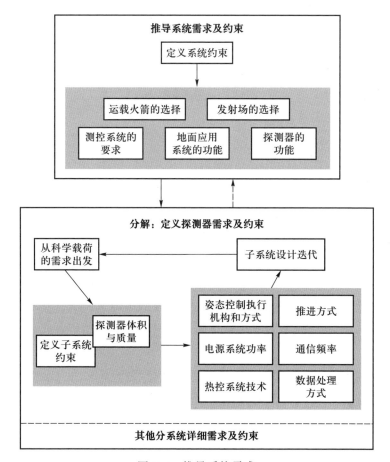

图 8-4 推导系统需求

(1) 成像过程中探测器的姿态指向精度；

(2) 绕飞过程中探测器的轨道维持能力；

(3) 探测器电源的功率；

(4) 载荷正常工作的有效温度范围；

(5) 获取信息后探测器处理和传输数据的能力。

探测器的各个子系统设计必须满足所有需求，决定载荷需求后将这些需求转化为每个子系统的具体性能指标，如电源功率、温度控制范围、姿态调整和保持的燃料消耗等，将具体的指标落实到载荷的设计中。载荷的设计同时影响到探测器整体的机械结构，也就是质量和体积，这也会对其他系统造成影响，因此在设计探测器时还应考虑各载荷的质量分配和安装布局。下面对每个部分进行详细介绍。

1）姿态和轨道控制系统

姿态和轨道控制系统是深空探测器用于改变或保持飞行过程中的姿态或轨道的模块，一般由敏感器、控制器和执行器三部分组成。探测器在不同的工作状态下具有不同的姿态要求。例如：对地通信时，需要数传天线精确指向地球；采用中继通信的方式时，需要天线指向中继星；对目标天体某一区域成像时，需要让相机的视场指向目标区域；变轨时，根据任务需要探测器也要指向特定方向。为满足需求，设计者应该明确姿态机动及保持所采用的机械装置和控制方式，这一设计会影响到探测器的指向精度及质量布局。轨道控制系统也称为推进系统，设计者需要结合设计的轨道明确推进器的工作方式 —— 电推进、化学燃料推进或冷气推进等，不同推进方式的推进器其组成结构、推进剂种类、控制方式等都不相同，这将决定探测器燃料的携带及推进器的安装位置。

根据其他载荷的需求，设计者需要分别分析姿态控制和轨道控制的性能预算，姿态控制需要预估整个任务期间探测器角动量的变化量，轨道控制则需要预估探测器飞行期间轨道机动及维持的总速度增量，以此确定携带的燃料种类及质量。

在设计过程中应该考虑探测器在不同运行环境下的动力学特性与干扰力矩，控制律的设计应满足性能参数及控制精度要求，如姿态机动时间、姿态指向精度、轨道控制精度、推进剂消耗量等。控制系统的设计在满足性能要求的前提下需要具备高安全性和鲁棒性，确保在外部环境干扰或内部机构故障的条件下依然能够稳定工作。

根据任务种类的不同，探测器携带的敏感器可能也不尽相同。考虑到各类敏感器的使用特点，为满足任务需求及任务指标，可选择不同的敏感器配置，结合各自的优缺点进行组合使用。姿态执行机构的设计需要考虑到所需控制力矩的大小，研究探测器内外部的干扰力矩作用机制和影响范围，结合探测器在轨运行模式设计合适的执行机构。推力器主要作用于探测器的轨道机动与姿态调整，结合飞行轨道，设计安装不同推力的推力器，并且同时考虑故障情况下的冗余设计，保证系统的安全性和可靠性。

2）通信和数据管理系统

通信和数据管理系统负责探测器与地球的联系以及处理获得的数据。深空探测器无论飞行多远，都需要将获得的数据传回地球。通信部分主要有三种功能。一是向地球发送探测器自身信息，主要有两类：① 探测器在空间中的实时位置数据，便于地面人员预报后续轨道；② 探测器载荷的工作状况参数，反馈给地面,以便地面判断探测器各部分是否工作正常,及时给出相应的处理策略。二是向地球发送探测器获取的科学数据,这也是任务的核心。三是接受来自地球的指令,执行新任务、进行轨道机动等,建立上、下行信息交换的链路。数据管理部分主要负责星上子系统数据的收集、处理、存储等。

地面与探测器的信息交换、探测器各子系统间信息的交换均通过该系统完成。一个探测器上可能有几套通信与数据管理系统,它们分别负责不同的工作。在设计时,除了考虑对其他子系统的影响外,还需要考虑其自身各部分的匹配性。举个简单的例子:数据存储器的总容量是 2 GB,光学相机在一段时间内连续工作,拍摄的一张照片的大小是 2 MB,为了防止出现存储容量不足的情况,探测器必须同时将数据传回地球,在数据传输速率方面就要和存储匹配,可能需要 1 MB/s 的下传速率,而不是 1 KB/s 的速率。设计师需要预估任务数据的获取量及其他子系统需要的数据处理空间,结合通信类型设计通信和数据管理系统。

通信和数据管理系统的设计主要考虑到的性能参数包括数据传输速率、遥测容量、计算处理能力、数据存储容量等。在设计时应当考虑到同其他系统间的接口要求,分析设计方案对其他系统的影响以及对探测器资源的需求,选择最优解。同时,该系统是探测器的管理核心,因此需要做好冗余设计与故障恢复设计,确保探测器在轨运行的安全性,提高探测器的使用寿命。

3)电源系统

电源系统是探测器的"生命之源",它在探测器执行任务期间提供电能,来保证各部分的正常运转。一般采用太阳能电池阵与蓄电池联合供电的方式,在光照区由太阳电池阵供电,并且向蓄电池充电,在阴影区则由蓄电池单独供电。对于一些距离过远的任务,由于接收的阳光很微弱,太阳电池阵无法满足供电需求,蓄电池能量也无法及时得到补充,该情况一般会采用同位素电池。在设计电源系统时需要考虑其他系统的电能需求,确定探测器全功率工作时的负载。

电源系统一般由电源发电装置、存储装置、控制装置、变换装置等组成。对该系统的设计应当考虑到其功率、质量、尺寸和寿命等,这对探测器的总体性能有直接影响。另外,该系统的设计会影响到探测器的总体构型,需要和整体要求进行迭代,以满足约束及需求。同时,其他系统几乎都需要电源系统提供能源,因此设计时要满足各类接口要求。

4)热控系统

热控系统为载荷的正常工作提供环境保障。不同的载荷其工作温度不同,为了保证各部分正常工作，必须将温度控制在合适的范围内。热控一般有三种形式：主动式、被动式、半被动式。主动式是指通过加热器、制冷机等控制探测器各部分温度；被动式是指采用绝热材料、导热板等非活动部件控制温度；半被动式是指利用简单的控制装置来打开或关闭导热通道，有活动部件。在设计热控系统时应考虑到各系统在不同状态下的工作温度，尽量节省能源。

热控系统的设计需要考虑到以下原则：

（1）满足热控系统与整个探测器的热相容性；

（2）针对深空探测任务的长时间飞行，需具备可靠性与稳定性；

（3）满足探测器任务过程中所有阶段的要求；

（4）尽量减少质量与热控功耗等。

5）科学载荷

针对不同的探测任务，科学载荷的设计也不相同。对于小行星地形地貌测绘任务而言，需要携带光学相机和激光高度计，光学相机用于获取小行星表面影像，激光高度计获取的数据用于构建小行星的 3D 图形。在设计载荷时应考虑任务对图像分辨率、数据精度等要求。

6）机械结构

机械结构分为固定和可活动两部分，是探测器的"骨架"。在火箭将探测器送入轨道的过程中，探测器会受到很大的过载，其固定结构必须保证有足够的坚固程度，以抵抗飞行过程中的冲击。可活动部分主要包括天线转动、太阳能帆板展开或其他载荷需要的结构。在设计机械结构时需要考虑到抵抗过载的需求，以保证探测器不会解体。

子系统的设计是一个不断迭代的过程，除了按照性能指标单独设计子系统外，还需要完成各个子系统间的接口以及考虑到子系统与系统间的影响关系。子系统的设计步骤如下：

（1）选取姿轨控系统为设计起点，在小行星地形地貌测绘任务中，目标选择和任务需求决定了轨道的设计，轨道设计影响到姿态和轨道控制系统的设计，根据需求设计姿轨控的装置及控制方式，不同的控制方式决定了控制精度和推进剂预算；

（2）完成第一步姿轨控系统设计后，推进剂的质量预算会影响到其他系统的质量分配，为了平衡各部分质量，需要对机械结构进行设计更改；

（3）机械结构的改变会带来载荷分布位置的改变，为了能够稳定地传输数据，通信系统需要有一定的指向范围和指向精度，同时这又受到姿态轨道控制精度的影响；

（4）对于同类子系统，不同的设计所需要的电能不相同，工作温度范围也不相同，会对电源及热控系统的设计造成影响；

（5）这些探测器平台的设计又是以为科学载荷服务为中心的，科学载荷在设计时也要考虑到探测器平台的性能，毕竟技术水平是有限的，有些特殊的科学载荷因为任务需要可能必须安装在探测器的某个部位，安装位置和质量分布会影响到机械结构和控制系统的设计，这又会影响到推进剂的质量预算。

各个子系统之间是相互依赖、相互影响的，每个系统都需要电源系统提供电能，电源系统在设计时会考虑到其他系统的需求，其他系统设计时也会考虑到电源系统的负载。探测器子系统的设计过程需要不断地进行迭代，一个子系统的改动可能会对其他系统造成明显的影响，因此在设计时必须不断地接收其他子系统反馈的信息，综合考虑系统的整体需求。

由于探测器系统十分复杂，子系统间的耦合众多，因此很难获得一个"完美"的设计，设计时间和经费都是有限的，当前技术水平也有限，我们无法找到一个"最优解"，设计师需要做的是在有限时间、有限经费的条件下，不断地修改设计方案，针对任务需求以较小的代价找到满足系统性能需求的"可行解"。子系统的设计过程如图8-5所示，以科学载荷为中心，从其需求出发迭代设计其他子系统。

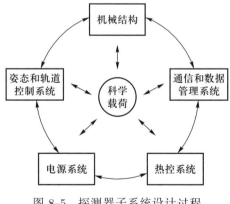

图8-5 探测器子系统设计过程

8.4 深空探测工程系统选择

对于深空探测任务而言，除探测器以外的系统基本都可采用现有的系统，或在现有系统基础上进行局部适应性改造。这些系统在平时就会为了将来的任务需要进行技术升级，几乎不会因为某一个任务特意设计新的系统。深空探测任务设计者要做的就是根据任务需求和探测器的特点，选择性能匹配的系统，这不单单考虑的是探测器和各系统的整体配合，还需要注意探测器子系统与系统之间接口的匹配，它们之间也是一个不断迭代的过程，系统间的设计匹配如图 8-6 所示。

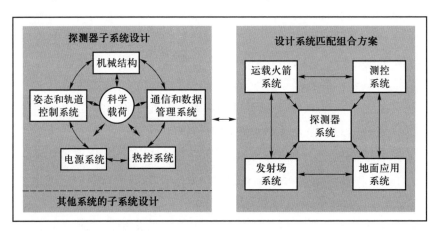

图 8-6　系统设计匹配

8.4.1　运载火箭系统

运载火箭是以把卫星、载人飞船或深空探测器等有效载荷发射到轨道上为目的，通过火箭发动机和控制系统的正常工作沿预定轨道飞行的飞行器，如图 8-7 所示。

运载火箭按级的连接方式可分为串联、并联、混合式，按发动机燃料可分为液体火箭、固体火箭、固液火箭。当前，重型运载火箭因其发动机比冲高、可多次启动、可调节推力等特点，主要采用液体火箭发动机。而固体火箭发动机多用于起飞助推和轨道转移等方面。进一步地，液体发动机所用推进剂分为可贮存、不可贮存两种，后者以液氢－液氧为主，其比冲高，可提高运载能力。同样地，运载火箭可通过灵活串联或并联的级连接方式增大运载能力。

在深空探测中，运载火箭的任务是把空间探测器送入预定轨道。为此，运载火箭主要由以下系统组成：动力系统、推进剂利用系统、控制系统、遥测系统、外测安全系统以及箭体结构。轨道设计方案可以预先提供探测器所需速度增量，将此纳入考虑，结合运载能力，选择运载火箭。

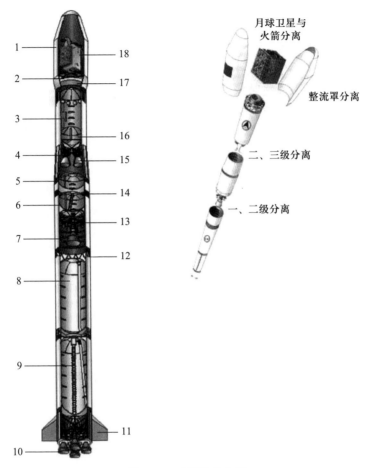

图 8-7 三级运载火箭

1 — 整流罩；2 — 卫星支架；3 — 液氢箱；4 — 二、三级级间段；5 — 二级氧化剂箱；6 — 二级燃料箱；7 — 二级主发动机；8 — 一级氧化剂箱；9 — 一级燃料箱；10 — 一级发动机；11 — 稳定尾翼；12 — 一、二级级间杆系；13 — 二级游动发动机；14 — 箱间段；15 — 三级发动机；16 — 液氧箱；17 — 仪器舱；18 — 月球卫星

8.4.2 发射场系统

发射场一般由中心总部、指挥控制中心、发射中心、通信总站、跟踪测量站和相关生活保障单位组成，其中发射中心包括技术区和发射区，如图 8-8 所示。

发射系统包括指挥、测试发射、测控、通信、气象、技术勤务共 6 个分系统。

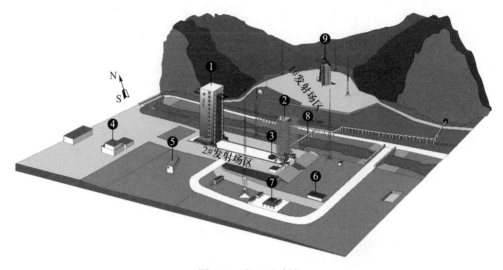

图 8-8　航天发射场

1 — 勤务塔（活动塔）；2 — 脐带塔（固定塔）；3 — 2# 发射工位；4 — 发射控制中心；5 — 瞄准间；

6 — 外测间；7 — 低温推进剂加注系统；8 — 可存贮推进剂加注系统；9 — 1 号发射工位

1）指挥分系统

指挥分系统通过制定实施试验方案，进行信息收集以及数据加工、处理，做出决策，从而对参试单位及人员进行持续性的指挥，并接受上级指挥和友邻单位协同指挥。

2）测试发射分系统

测试发射分系统以完成星箭产品的测试与发射为基本任务，主要由技术区和发射区组成。

3）测控分系统

发射中心的测控分系统承担着火箭一、二级飞行段的跟踪测量和安全控制任务。该系统的任务性质可分为三部分：① 火箭飞行遥测参数接收处理；② 火箭飞行外弹道参数测量；③ 火箭安全控制。其中，外弹道参数测量任务由光学和雷达等无线测量跟踪设备完成，并将光学测量设备和接收火箭飞行实时遥测参数的遥测设备布置于指定地区。上述设备测量接收的数据，在经过中心计算机处理后，用来实时记录显示及事后分析研判火箭飞行状况，并将部分数据作为安全控制信息源输入安全控制系统，再按照安全控制方案实施对火箭一、二级飞行段的安全控制。

4）通信分系统

通信分系统主要承担着以下任务：① 支持各参试单位、系统的指挥联络；② 为分系统提供测量信息通路；③ 提供发射任务的时间统一勤务。

5）气象分系统

气象分系统首先需要对星箭转场、模拟发射演练、加注发射等重要环节进行中/短期气象预报，提供计划制定的决策依据；其次，在实施推进剂加注、发射、火工品测试操作等重要并具有危险性的操作之前和过程中，气象分系统实时提供雷电等不利天气情况和最低发射气象条件的监测及预报。其中监测和预报的主要内容包括：发射场当地不同高度风速、风向、降水、电场情况，空中雷电情况，云量及其对应高度、厚度、气压和温湿度等。

6）技术勤务分系统

技术勤务分系统为发射任务提供总体层次的支持和保障，为计划实现和任务实施确立基础条件。

发射场的选择因任务的发射需求不同而有所不同。对于以顺行轨道运行的大部分卫星，利用地球自转速度可以降低发射时对推进剂的需求，因此为借助更多的地球自转速度，应选择低纬度发射场进行发射。反之，当卫星为逆行轨道时，为减小地球自转的影响，应选择高纬度的发射场。在深空探测任务中，所需的大速度增量要求更强的火箭运载能力，我国的发射场按其位置分布一般选择海南文昌发射场。

8.4.3 测控系统

航天测控系统是航天技术的一个重要组成部分。我们可以把测控系统理解为整个航天系统的"眼睛""耳朵"和获取信息的"通道"。深空探测器在发射以后和地面站以无线电通信。航天无线电技术中，因功能不同又细分为四种。一是跟踪（Tracking），缩写为 T，不仅指地面站天线实时瞄准深空探测器轨道的角度跟踪，也包括地面站实时测量出深空探测器轨道的位置、速度和方位角等参数的功能。二是遥测（Telemeter），缩写为 TLM，其功能为将深空探测器上各子系统的工作状况报告给地面。三是遥控（Telecommand），缩写为 TLC，根据遥测发回地面的数据，经分析、对比、判断后，如出现异常和故障，即产生相应命令，用上行信道（地面测控站至深空探测器）进行调整、纠正或置换备件。以上三种技术合称为测控（TT&C），是保证作为工作平台使用的深空探测器正常工作的必要手段。四是通信（Communication），缩写为 C，其功能是将安装在深空探测器上的测量仪器、观察仪器和收集并转发各种信息的设备取得的信息传回地面。通信和测控统称为C&T。

深空探测器对探测取得的结果都要依靠 C&T 把这些数据传回地球，人们借助深空探测器把自己的视觉和触觉延伸到月球及以远的外太空并把感知到的信息送回地球，这种通信能力本身就是人类文明进步程度和技术发展水平的重要里程碑。

8.4.4　地面应用系统

航天工程系统中，地面应用系统的作用在于：① 制定科学目标；② 指挥操纵探测器上的科学仪器；③ 建立探测器数据传输通道并接收数据；④ 处理科学探测数据；⑤ 组织执行科研任务。其中，地面应用系统的核心任务就是实现深空探测的科学目标，依据目标提出卫星轨道姿态的控制指标以及测控系统的轨道测量精度要求，调度有效载荷采集、接收、管理、解译、处理、分析科学数据。

地面应用系统既是航天工程中的科学探测起点，又是科学成果的输出终点，体现着深空探测的科学目标及其最终价值。深空探测工程发起自科学目标，而归于科学研究和应用，地面应用系统对深空探测工程至关重要。

地面应用系统的主要任务包括支持在轨探测的实施、深空探测器的运行管理、数据接收、科学数据处理和科学研究等，具体可分为：

（1）与科学探测相关的深空探测器和科学载荷的在轨业务运行管理；

（2）监视、调整深空探测器和科学载荷的运行状况；

（3）制定科学载荷的短期和中长期工作模式与探测计划；

（4）科学数据接收；

（5）科学数据预处理；

（6）科学数据存储、管理和发布；

（7）科学数据分析、数据产品生产、科学数据应用和研究；

综上可知，深空探测器与运载火箭、航天发射场、测控网和地面应用系统的关系是一种依存的关系，而运载火箭与航天发射场和它的测控网的关系也是一种依存的关系。也就是说，深空探测器不可能孤立存在。在航天任务中，不仅要有深空探测器，同时必须有相应的运载火箭、航天发射场、测控网和地面应用系统，缺一不可。不然的话，不是深空探测器上不了天，就是上天后情况不明，或者是深空探测器上了天并且运行和工作正常，但应用系统没有跟上，结果仍达不到满足地上人类特定需求的目的。

8.5 系统工程方法的创新

在"V"字形系统工程方法的基础上，传统系统工程活动的相关产出是一系列以文字、图片等为主的文档，如用户的需求任务书、乙方的设计方案、技术方案等，其次还有一些真实的物理模型。对于一个完整的深空探测任务，其方案描述可能包括探测器推进系统设计方案、热控系统设计方案、姿轨控设计方案、轨道设计方案、火箭助推器分离方案等。这些文档中包含描述系统的所有参数，并且给出了与其他系统间的相关接口定义。

8.5.1 基于模型的系统工程方法

随着深空探测任务系统的复杂度不断提高，参与研制的单位可能也在增加，彼此之间专业术语的表示一定要清楚，各方之间需要不断地来回迭代沟通，各方对于文档在理解上很容易产生不一致性，当涉及的学科不断增加时，这一问题会更加明显。在构建完整的系统时一定要保持各方的一致性，这种基于"文档"的系统工程方法效率较低，对复杂、动态交互性强的活动难以描述，会消耗大量不必要的人力和物力，已经无法满足日渐复杂的系统设计。因此，有学者提出了基于模型的系统工程 (model-based system engineering，MBSE)，这一概念来自美国，2007 年由国际系统工程学会在《系统工程 2025 年愿景》中给出了定义：基于模型的系统工程是建模方法的形式化应用，以使建模方法支持系统要求、设计、分析、验证和确认等活动，这些活动从概念性设计阶段开始，持续贯穿到设计开发以及后来的所有的生命周期阶段 [112–114]。

与传统的文档式系统工程描述方法相比，MBSE 方法用系统建模语言来描述系统架构，用面向对象的图形化、可视化的系统建模语言描述系统的底层元素，进而逐层向上组成集成化、具体化、可视化的系统架构模型 [115]。在相关的软件环境支持下，各方可以同时基于同一系统模型架构进行工作，该架构模型具备共同的数据库，各方使用同一套数据交换协议，不同系统间的参数可以相互关联。对比传统的文档模式，基于模型的方法在模型描述方面无疑更具准确性和一致性，通过模型间的交互省去了文档模式下繁杂的接口迭代确定，知识表示具有无二义性，系统设计一体化，沟通效率显著提高。

8.5.2 关键设计参数为核心的系统工程方法

在航天领域中，传统的"V"字形系统工程方法也已经使用了数十年之久，基本形成了一套固定的模式，传统的方法在前期的设计中尽可能地考虑到所有可能发生的问题，同时规避这些风险，以降低错误成本，这就导致任务耗时很长。每个任务都是一个"规划—设计—制造—测试"的单周期独立闭环，如图 8-9 所示。这种"求稳"的形式对于时间和人力资源的消耗很大。面向如今这个航天技术快速发展的时代，传统的系统工程方法有时会显得效率较低。如何在效率和成本间获取平衡点是系统工程方法要面对的一个关键问题。

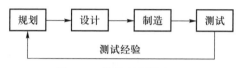

图 8-9　传统单周期闭环

　　我们来看一个例子，假如同一个深空探测任务由 A、B 两家单位分别完成，其中：A 单位按照传统方法，前期规划设计需要一年时间，然后制造产品进行详细的测试，到最终发射需要三年，成功率在 98%以上；B 单位降低一部分对前期设计的要求，只用半年便拿出方案，制造产品测试到发射用两年时间，由于前期对问题考虑不是太全面，因此成功率只有 70%。

　　假设两者在产品制造上花费的经费相差不多，在两者都一次成功的前提下，A 单位比 B 单位在时间和人力资源上要多付出一年半的量，并且时间上远远落后于 B 单位。而如果 B 单位的设计方案造成任务的失败，那么需要对方案进行改进，重新制造产品。注意：以 B 单位的设计制造周期，第二次在第一次方案的经验基础上只需进行部分更改，测试时间也会相对减少，可能花费一年甚至更短的时间；针对第一次失败的原因进行修改后，第二次必然能够提高成功率，假设能达到 90%，由于在任务中整个产品的制造经费占了很大一部分，B 单位的制造成本肯定要高于 A 单位，但在时间上可能会优于 A 单位。这两种方案你会选择哪一个？

　　面向时代需求，商业航天产业兴起，很多研究者都在尝试改变传统系统工程方法固有的模式，其中 Space-X 公司采用了一种以关键设计参数为核心的系统工程方法，如图 8-10 所示，该方法从顶层需求中提取出系统的关键设计参数，并且标识这些"关键设计参数"并跟踪到设计级别。通过子系统间调整和交换这些参数来优化系统的性能，从而直接满足顶层需求，在确定关键参数后进行模型分析，构建测试环境在测试过程中监控关键参数的变化，以达到优化结果的目的。这是满足顶层需求的第一步迭代，对于下层更细致的需求，再以同样的方法进行第二步、第三步迭代，直至完成。

Space-X 采取的是一种以经验提供设计信息的方法，"规划 — 设计 — 制

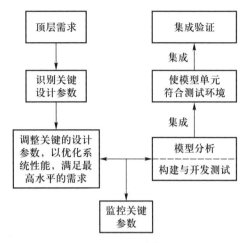

图 8-10 Space-X 系统工程方法

造 — 测试"周期比传统方法短,如图 8-11 所示,其火箭 70%以上干重的设备都是自己设计的,关注各个层次的需求,内部有一套统一的流程,各部分接口的交流协商效率也很高。而对传统方法而言,总体部门更多的是考虑顶层需求,低层次的需求一般分配给多个单位完成,这就增加了各单位间的接口迭代协商

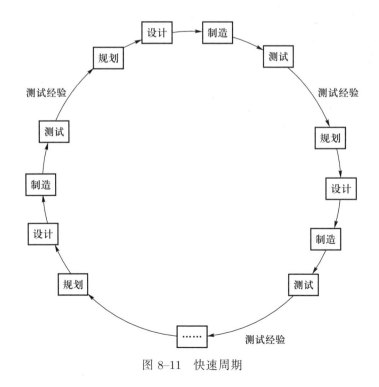

图 8-11 快速周期

成本，从而降低了效率。Space-X 以自身经验指导自身的设计，在"规划 — 设计 — 制造 — 测试"的快速周期中不断试错，积累经验，以达到更完美的设计。

　　无论是传统的系统工程方法，还是新型的系统工程方法，都有各自的优缺点，侧重点不同。我们无法说哪个方法好，哪个方法不好。系统工程方法使用的根本目的还是为了能够规范地管理庞大的复杂系统，使其能够准确、高效地完成任务。系统工程方法的改进提高依然还有很长的路要走。

8.6　本 章 小 结

　　系统工程方法是一种组织管理的科学方法，能够很好地应用在深空探测任务设计中，从需求出发，不断迭代设计探测器子系统，同时探测器系统和深空探测工程大系统相适应，以系统工程方法通过系统和系统、子系统和子系统、系统和子系统之间的不断迭代，选择相匹配的运载火箭、发射场等，各方协作，在满足约束的条件下实现任务的顶层需求。面向时代和技术发展的需求，基于模型的系统工程方法相较于传统的基于文档的系统工程方法提高了沟通效率，在模型描述方面更具准确性。Space-X 打破了传统方法的固定框架，以经验指导设计，提出了一种新型的系统工程方法，缩短了"规划 — 设计 — 制造 — 测试"的周期，各国家和机构也在针对自身特点和要求进行方法的改进，系统工程方法在实践中不断发展。

参 考 文 献

[1] 吴伟仁, 于登云. 深空探测发展与未来关键技术 [J]. 深空探测学报, 2014 (1): 13-25.

[2] 欧阳自远, 李春来, 邹永廖, 等. 深空探测的进展与我国深空探测的发展战略 [J]. 中国航天, 2002 (12): 28-32.

[3] 王景泉, 宋智. 21 世纪国际月球与行星探测的发展趋势 [J]. 国际太空, 1998 (4): 4-9.

[4] 李春来, 刘建军, 严韦, 等. 小行星探测科学目标进展与展望 [J]. 深空探测学报, 2019, 6 (5): 424-436.

[5] 徐伟彪, 赵海斌. 小行星深空探测的科学意义和展望 [J]. 地球科学进展, 2005, 20 (11): 1183-1190.

[6] 杨剑峰, 盛英华, 徐博. 我国小行星探测发展趋势研究 [C] // 中国宇航学会深空探测技术专业委员会第九届学术年会论文集 (下册). 2012.

[7] Goldstein B. Ulysses probes solar wind, interstellar gas [J]. Eos, Transactions American Geophysical Union, 1992, 73(3): 35.

[8] Wu W R, Liu W W, Qiao D, et al. Investigation on the development of deep space exploration [J]. Science China Technological Sciences, 2012, 55 (4): 1086-1091.

[9] Domingo V, Poland A. The SOHO project: helioseismology investigations [J]. Advances in Space Research, 1988, 8 (11): 109-115.

[10] Gandorfer A, Solanki S K, Woch J, et al. The solar orbiter mission and its polarimetric and helioseismic imager (SO/PHI) [J]. Journal of Physics Conference, 2011, 271 (1): 012086.

[11] Daubar I J, Lognonné P, Teanby N A, et al. A new crater near InSight: implications for seismic impact detectability on Mars [J]. Journal of Geophysical Research: Planets, 2020, 125(8): 006382.

[12] Greggio D, Magrin D, Munari M, et al. Optical design and stray light analysis for the JANUS camera of the JUICE space mission [C] // Optical Systems Design: Optical Design & Engineering VI. 2015.

[13] 汪桂华. 日本深空探测与深空探测技术 [J]. 电讯技术, 2003 (3): 1-5.

[14] Luan E J. China's Lunar Exploration Program — the third milestone for China's space industry [J]. Engineering Sciences, 2006, 4 (4): 19-27.

[15]　邓连印, 崔乃刚. 月球探测发展历程及启示 [J]. 哈尔滨工业大学学报(社会科学版), 2008, 10 (3): 14-19.

[16]　中国科学院月球与深空探测总体部. 月球与深空探测 [M]. 广东: 广东科技出版社, 2014.

[17]　朱恩勇, 孙国江, 果琳丽, 等. 我国小行星探测发展思路及关键技术探讨 [J]. 航天器工程, 2012, 21 (3): 96-100.

[18]　Guo Y, Farquhar R W. Baseline design of new horizons mission to Pluto and the Kuiper belt [J]. Acta Astronautica, 2006, 58 (10): 550-559.

[19]　Davies J K, Barrera L H. The First Decadal Review of the Edgeworth-Kuiper Belt [M]. Dordrecht: Springer, 2004.

[20]　IAU Resolution B5: Definition of a Planet in the Solar System [R]. 2006.

[21]　崔平远. 深空探测: 空间拓展的战略制高点 [J]. 人民论坛·学术前沿, 2017, (5): 13-18.

[22]　吴季, 朱光武, 赵华, 等. 萤火一号火星探测计划的科学目标 [J]. 空间科学学报, 2009, 29 (5): 449-455.

[23]　刘建忠, 欧阳自远, 李春来, 等. 火星探测的科学目标及优选原则初探 [C]// 提高全民科学素质, 建设创新型国家 —— 2006 中国科协年会论文集 (下册). 2006.

[24]　赵宇鴳, 周迪圣, 李雄耀, 等. 国际火星探测科学目标演变与未来展望 [J]. 科学通报, 2020 (23): 2439-2453.

[25]　欧阳自远, 李春来, 邹永廖, 等. 我国月球探测二期工程科学目标的研究 [C] // 中国宇航学会深空探测技术专业委员会第一届学术会议论文集. 2005.

[26]　Dibiase D R, Laramee J. Mars hand lens imager: lens mechanical design [C] // Aerospace Conference. IEEE, 2009.

[27]　Edgett K S, Ravine M A, Caplinger M A, et al. The Mars Science Laboratory (MSL) Mars Hand Lens Imager (MAHLI) flight instrument [C] // 40th Lunar and Planetary Science Conference. 2009.

[28]　Gal-Edd J, Cheuvront A. The OSIRIS-REx asteroid sample return mission [C]// Aerospace Conference. IEEE, 2013.

[29]　刘利生, 吴斌, 杨萍. 航天器精确定轨与自校准技术 [M]. 北京: 国防工业出版社, 2005.

[30]　刘林, 侯锡云. 深空探测器轨道力学 [M]. 北京: 电子工业出版社, 2012.

[31]　Yuan J P, Cheng Y, Feng J L, et al. Low Energy Flight: Orbital Dynamics and Mission Trajectory Design [M]. Singapore: Springer, 2019.

[32]　袁建平, 赵育善, 唐歌实, 等. 航天器深空飞行轨道设计 [M]. 北京: 中国宇航出版社, 2014.

[33] Anderson J D. Hohmann Transfer Orbit [M]. Dordrecht: Springer, 1997.

[34] Kemble S. Interplanetary Mission Analysis and Design [M]. Chinchester: Praxis Publishing Ltd, 2006.

[35] Strange N J, Longuski J M. Graphical method for gravity-assist trajectory design [J]. Journal of Spacecraft and Rockets, 2002, 39 (1): 9-16.

[36] 夏时宇, 徐波. 气动引力辅助的火星自由返回轨道设计方法 [J]. 宇航学报, 2019, 40 (3): 258-265.

[37] 乔栋, 崔祜涛, 崔平远, 等. 气动 – 引力辅助转移轨道研究及在星际探测中的应用 [J]. 宇航学报, 2005, 26 (5): 541-546.

[38] Kluever C A. Space Flight Dynamics [M]. 2nd ed. New Jersey: John Wiley & Sons, 2018.

[39] 朱圣英. 小天体探测器光学导航与自主控制方法研究 [D]. 哈尔滨: 哈尔滨工业大学, 2009.

[40] 崔平远, 秦同, 朱圣英. 火星动力下降自主导航与制导技术研究进展 [J]. 宇航学报, 2020, 41 (1): 1-9.

[41] 崔平远, 徐瑞, 朱圣英, 等. 深空探测器自主技术发展现状与趋势 [J]. 航空学报, 2014, 35 (1): 13-28.

[42] 刘宇飞. 深空自主导航方法研究及在接近小天体中的应用 [D]. 哈尔滨: 哈尔滨工业大学, 2007.

[43] Ge D T, Cui P Y, Zhu S Y. Recent development of autonomous GNC technologies for small celestial body descent and landing [J]. Progress in Aerospace Sciences, 2019, 110: 100551.

[44] 崔平远, 于正湜, 朱圣英. 火星进入段自主导航技术研究现状与展望 [J]. 宇航学报, 2013, 34 (4): 447-456.

[45] Zhu S Y, Xiu Y, Zhang N, et al. Crater-based attitude and position estimation for planetary exploration with weighted measurement uncertainty [J]. Acta Astronautica, 2020, 176: 216-232.

[46] 朱圣英, 常晓华, 崔祜涛, 等. 基于视线矢量的深空自主导航算法研究 [J]. 空间科学学报, 2011, 31 (4): 534-540.

[47] Zhu S Y, Liu D C, Liu Y, et al. Observability-based visual navigation using landmarks measuring angle for pinpoint landing [J]. Acta Astronautica, 2019, 155: 313-324.

[48] 黄翔宇. 探测器自主导航方法及在小天体探测中的应用研究 [D]. 哈尔滨: 哈尔滨工业大学, 2005.

[49] 仲维国. 深空探测器自主姿态制导算法研究 [D]. 哈尔滨: 哈尔滨工业大学, 2007.

[50] Markley F L, Crassidis J L. Fundamentals of Spacecraft Attitude Determination and Control [M]. New York: Springer, 2014.

[51] 程小军, 崔祜涛, 徐瑞, 等. 几何约束下的航天器姿态机动控制 [J]. 控制与决策, 2012, 27 (5): 724-730.

[52] McInnes C R. Large angle slew maneuvers with autonomous sun vector avoidance [J]. Journal of Guidance, Control, and Dynamics, 1994, 17 (4): 875-877.

[53] Ali I, Radice G, Kim J. Backstepping control design with actuator torque bound for spacecraft attitude maneuver [J]. Journal of Guidance, Control, and Dynamics, 2010, 33 (1): 254-259.

[54] Kjellberg H C, Lightsey E G. Discretized constrained attitude pathfinding and control for satellites [J]. Journal of Guidance, Control, and Dynamics, 2013, 36 (5): 1301-1309.

[55] Kim Y, Mesbahi M. Quadratically constrained attitude control via semidefinite programming [J]. IEEE Transactions on Automatic Control, 2004, 49 (5): 731-735.

[56] Spiller D, Ansalone L, Curti F. Particle swarm optimization for time-optimal spacecraft reorientation with keep-out cones [J]. Journal of Guidance, Control, and Dynamics, 2015, 39 (2): 312-325.

[57] Sekhavat P, Yan H, Fleming A, et al. Closed-loop time-optimal attitude maneuvering of magnetically actuated spacecraft [J]. The Journal of the Astronautical Sciences, 2011, 58 (1): 81-97.

[58] Wang Z, Xu R, Zhu S Y, et al. Integration planning of gimbal angle and attitude motion for zero propellant maneuver under attitude and control moment gyroscope constraints [J]. Acta Astronautica, 2020, 172: 123-133.

[59] Hughes P C. Spacecraft Attitude Dynamics [M]. New York: Courier Dover Publications, 2012.

[60] Boyd S, Vandenberghe L. Convex Optimization [M]. Cambridge: Cambridge University Press, 2004.

[61] Frazzoli E, Dahleh M A, Feron E, et al. A randomized attitude slew planning algorithm for autonomous spacecraft [C] // Proceedings of AIAA Guidance, Navigation, and Control Conference. 2001.

[62] Jiao H W, Chen Y Q. A global optimization algorithm for generalized quadratic programming [J]. Journal of Applied Mathematics, 2013: 215-312.

[63] Ge S S, Cui Y J. Dynamic motion planning for mobile robots using potential field method [J]. Autonomous Robots, 2002, 13 (3): 207-222.

[64] 高磊. 小天体探测关键技术和特点 [J]. 国际太空, 2017 (7): 21-26.

[65] 毛根旺. 航天器推进系统及其应用 [M]. 西安: 西北工业大学出版社, 2009.

[66] 谢础. 航空航天技术概论 [M]. 北京: 北京航空航天大学出版社, 2008.

[67] 张敏, 杭观荣. 电推进 —— 空间推进技术的革命 [J]. 中国航天, 2016 (2): 7-12.

[68] 黄良甫. 电推进系统发展概况与趋势 [J]. 真空与低温, 2005, 11 (1): 1-8, 49.

[69] Michaelis M M, Forbes A. Laser propulsion: a review [J]. South African Journal of Science, 2006, 102 (7): 289-295.

[70] 李永, 周成, 吕征, 等. 大功率空间核电推进技术研究进展 [J]. 推进技术, 2020, 41 (1): 12-27.

[71] 周成, 张笃周, 李永, 等. 空间核电推进技术发展研究 [J]. 空间控制技术与应用, 2013, 39 (5): 1-6

[72] 陈立新, 胡攀, 王立鹏, 等. 核热推进反应堆关键技术及其发展 [J]. 现代应用物理, 2014 (2): 104-109.

[73] 陈健, 曹永, 陈君. 太阳帆推进技术研究现状及其关键技术分析 [J]. 火箭推进, 2006, 32 (5): 37-42.

[74] 张敏贵, 陈祖奎, 靳爱国. 太阳帆推进 [J]. 火箭推进, 2005, 31 (3): 35-38.

[75] Gong S, Macdonald M. Review on solar sail technology [J]. Astrodynamics, 2019, 3 (2): 93-125.

[76] 崔平远, 徐瑞, 朱圣英, 等. 深空探测器自主技术发展现状与趋势 [J]. 航空学报, 2014, 35 (1): 13-28.

[77] 姜毅. 深空探测器星务管理系统方案设计与仿真研究 [D]. 哈尔滨: 哈尔滨工业大学, 2009.

[78] Chiu M C, Von-Mehlem I U, Willey E C, et al. ACE Spacecraft [J]. Space Science Reviews, 1998, 86: 257-284.

[79] Wozniak J J. Vehicle technology at APL [J]. Johns Hopkins APL Technical Digest, 2003, 24 (1): 19-30.

[80] Singh G, Macala G, Wong E, et al. A constraint monitor algorithm for the Cassini spacecraft [C] // Proceedings of the AIAA Guidance, Navigation, and Control Conference. 1997: 272-282.

[81] Wiley S, Herbert G, Mosher L. Design and development of the NEAR propulsion system [C] // Proceedings of Joint Propulsion Conference and Exhibit. 1995.

[82] Verfaillie G, Charmeau M C. A generic modular architecture for the control of an autonomous spacecraft [C] // Proceedings of 5th International Workshop on Planning and Scheduling for Space. 2006.

[83] Alami R, Chatila R, Fleury S, et al. An architecture for autonomy [J]. The International Journal of Robotics Research, 1998, 17 (4): 315-337.

[84] Barrett A. Autonomy architectures for a constellation of spacecraft [C] // Proceedings of International Symposium on Artificial Intelligence Robotics and Automation in Space. 1999.

[85] Bernard D E, Gamble E B, Rouquette N F, et al. Remote agent experiment DS1 technology validation report [R]. Jet Propulsion Laboratory and Ames Research Center, 2000.

[86] Smith B, Millar W, Dunphy J, et al. Validation and verification of the remote agent for spacecraft autonomy [C] // Proceedings of the 1999 IEEE Aerospace Conference. 1999.

[87] Charmeau M C, Bensana E. AGATA: a lab bench project for spacecraft autonomy [C] // Proceedings of International Symposium on Artificial Intelligence Robotics and Automation in Space. 2005.

[88] Muscettola N, Dorais G A, Fry C, et al. IDEA: planning at the core of autonomous reactive agents [C] // Proceedings of the 3rd NASA International Workshop on Planning and Scheduling for Space. 2002.

[89] Ghallab M, Howe A, Knoblock C, et al. PDDL — the planning domain definition language [R]. New Haven: Yale University, 1998.

[90] Barreiro J, Boyce M, Frank J, et al. EUROPA: a platform for AI planning, scheduling, constraint programming, and optimization [C] // Proceedings of the 4th International Competition on Knowledge Engineering for Planning and Scheduling. 2012.

[91] Lemai S, Ingrand F. Interleaving temporal planning and execution: IxTeT-eXeC [C] // Proceedings of the ICAPS Workshop on Plan Execution. 2003.

[92] Lemai S. IxTeT-eXeC: planning, plan repair and execution control with time and resource management [D]. Toulouse: Institut National Polytechnique de Toulouse, 2004.

[93] 徐瑞, 陈超, 崔平远, 等. 航天器自主任务规划修复技术研究进展 [J]. 宇航学报, 2019, 40 (7): 733-741.

[94] 高升. 卫星故障诊断软件设计研究 [C] // 2018 软件定义卫星高峰论坛会议摘要集. 2018: 24.

[95] 魏蛟龙. 深空探测器自主健康管理应用分析与发展探讨 [C] // 中国宇航学会深空探测技术专业委员会第七届学术年会论文集. 2010: 313-318.

[96] 杨勤荣. 航天器综合健康管理技术研究综述 [C] // 第一届中国卫星导航学术年会论文集 (下). 2010: 99-105.

[97] 常琦, 袁慎芳. 飞行器综合健康管理 (IVHM) 系统技术现状及发展 [J]. 系统工程与电子技术, 2009, 31 (11): 2652-2657.

[98]　Dutta A, Mckay M E, Kopsaftopoulos F, et al. Correction: fault detection and identification for multirotor aircraft by data-driven statistical learning methods [C] // Proceedings of AIAA Propulsion and Energy 2019 Forum, 2019.

[99]　Choi S W, Lee C, Lee J M, et al. Fault detection and identification of nonlinear processes based on kernel PCA [J]. Chemometrics & Intelligent Laboratory Systems, 2005, 75 (1): 55-67.

[100]　Gertler J J. Fault detection and diagnosis in engineering systems [J]. Control Engineering Practice, 2002, 10 (9): 1037-1038.

[101]　Chiang H T. Fault detection and diagnosis for large-scale systems [D]. Urbana-Champaign: University of Illinois at Urbana-Champaign, 2001.

[102]　Blough D M, Sullivan G F. Efficient diagnosis of multiprocessor systems under probabilistic models [J]. IEEE Transactions on Computers, 1992, 41 (9): 1126-1136.

[103]　Estima J O, Marques Cardoso A J. A new algorithm for real-time multiple open-circuit fault diagnosis in voltage-fed PWM motor drives by the reference current errors [J]. IEEE Transactions on Industrial Electronics, 2013, 60 (8): 3496-3505.

[104]　Tadeusiewicz M, Halgas S, Korzybski M. An algorithm for soft-fault diagnosis of linear and nonlinear circuits [J]. IEEE Transactions on Circuits & Systems I Fundamental Theory & Applications, 2002, 49 (11): 1648-1653.

[105]　陈庆华, 李晓松, 等. 系统工程理论与实践 [M]. 北京: 国防工业出版社, 2011.

[106]　钱学森, 许国志, 王寿云. 组织管理的技术 —— 系统工程 [J]. 上海理工大学学报, 2011, 33 (6): 520-525.

[107]　朱一凡, 李群, 杨峰, 等. NASA 系统工程手册 [M]. 北京: 电子工业出版社, 2012.

[108]　朱明新, 刁伟明. NASA 系统工程过程概要分析 [J]. 航天标准化, 2010 (4): 23-28.

[109]　Jerry J S, William J A, Robert B G, et al. 理解航天: 航天学入门 [M]. 张海云, 李俊峰, 译. 北京: 清华大学出版社, 2007.

[110]　OSIRIS-Rex. Why Benny? [EB/OL]. https://www.asteroidmission.org/why-bennu/.

[111]　彭成荣. 航天器总体设计 [M]. 北京: 中国科学技术出版社, 2011.

[112]　Kordon M, Wall S, Stone H, et al. Model-based engineering design pilots at JPL [C] // Proceedings of IEEE Aerospace Conference. 2007.

[113]　Lopes A J, Lezama R, Pineda R. Model based systems engineering for smart grids as systems of systems [J]. Procedia Computer Science, 2011, 6: 441-450.

[114]　Yamada T. Attribute-oriented modeling—another dimension for model-based

systems engineering [C] // Proceedings of IEEE Systems Conference. 2011.

[115] Sindiy O V. Model-based system-of-systems engineering for space-based com-
       mand, control, communication, and information architecture design [D]. West
       Lafayette: Purdue University, 2010.

附 录 计 算 常 数

一、常用参数

参数	数值	单位
光速 c	299 792 458	m/s
引力常数 G	$6.672\ 59 \times 10^{-11}$	N·m^2/kg^2
天文单位 (AU)	149 597 870	km
光年 (ly)	$9.460\ 730 \times 10^{15}$	km
π	3.141 592 653 589 793	——
e	2.718 281 828 459 045	——

二、天体数据

（一）地球

	参数	数值	单位
物理参数	质量	$5.972\ 4 \times 10^{24}$	kg
	体积	$1.083\ 2 \times 10^{12}$	km^3
	平均半径	$6.371\ 0 \times 10^3$	km
	平均密度	5.514×10^3	kg/m^3
	表面重力加速度	9.81	m/s^2
	卫星数量	1	——
	表面逃逸速度	11.18	km/s
	大气主要成分	氮、氧	——
轨道参数	轨道半长轴	$1.495\ 98 \times 10^8$	km
	轨道偏心率	0.0167	——
	轨道倾角	7.155	°
	近日点距离	$1.470\ 95 \times 10^8$	km
	远日点距离	$1.521\ 00 \times 10^8$	km
	自转周期	1.00	地球日
	公转周期	365.256	地球日
	升交点黄经	−11.260	°
	近日点角距	114.207	°

(二) 月球

参数		数值	单位
物理参数	质量	$7.347\ 7 \times 10^{22}$	kg
	体积	$2.195\ 8 \times 10^{10}$	km^3
	平均半径	$1.737\ 1 \times 10^3$	km
	平均密度	3.345×10^3	kg/m^3
	表面重力加速度	1.62	m/s^2
	卫星数量	0	—
	表面逃逸速度	2.38	km/s
	大气主要成分	氩、氦、钠	—
轨道参数	轨道半长轴	$3.843\ 99 \times 10^5$	km
	轨道偏心率	0.054 9	—
	轨道倾角 (与黄道)	5.145	°
	近日点距离	$3.631\ 04 \times 10^5$	km
	远日点距离	$4.056\ 96 \times 10^5$	km
	自转周期	27.322	地球日
	公转周期	27.322	地球日

(三) 太阳

参数	数值	单位
质量	$1.989\ 1 \times 10^{30}$	kg
体积	1.412×10^{18}	km^3
平均直径	1.392×10^6	km
平均密度	1.622×10^5	kg/s^2
表面重力加速度	274.0	m/s^2
表面逃逸速度	617.7	m/s^2

(四) 水星

参数		数值	单位
物理参数	质量	$3.302\ 2 \times 10^{23}$	kg
	体积	$6.083\ 1 \times 10^{10}$	km^3
	平均半径	$2.439\ 7 \times 10^3$	km
	平均密度	5.427×10^3	kg/m^3
	表面重力加速度	3.70	m/s^2
	卫星数量	0	—
	表面逃逸速度	4.25	kg/s
	大气主要成分	氧、硫、氢	—

续表

参数		数值	单位
轨道参数	轨道半长轴	$5.790\ 91 \times 10^7$	km
	轨道偏心率	0.205 6	—
	轨道倾角	7.005	°
	近日点距离	$4.600\ 10 \times 10^7$	km
	远日点距离	$6.981\ 79 \times 10^7$	km
	自转周期	58.646	地球日
	公转周期	87.969	地球日
	升交点黄经	48.331	°
	近日点黄经	29.124	°

（五）金星

参数		数值	单位
物理参数	质量	$4.867\ 6 \times 10^{24}$	kg
	体积	$9.280\ 1 \times 10^{11}$	km³
	平均半径	$6.051\ 8 \times 10^3$	km
	平均密度	5.243×10^3	kg/m³
	表面重力加速度	8.87	m/s²
	卫星数量	0	—
	表面逃逸速度	10.36	km/s
	大气主要成分	二氧化碳、氮	—
轨道参数	轨道半长轴	$1.082\ 08 \times 10^8$	km
	轨道偏心率	0.006 7	—
	轨道倾角	3.394	°
	近日点距离	$1.074\ 77 \times 10^8$	km
	远日点距离	$1.089\ 39 \times 10^8$	km
	自转周期	243.018	地球日
	公转周期	224.701	地球日
	升交点黄经	76.678	°
	近日点黄经	55.186	°

（六）火星

参数		数值	单位
物理参数	质量	$6.418\ 5 \times 10^{23}$	kg
	体积	$1.631\ 8 \times 10^{11}$	km^3
	平均半径	$3.389\ 5 \times 10^3$	km
	平均密度	3.931×10^3	kg/m^3
	表面重力加速度	3.69	m/s^2
	卫星数量	2	—
	表面逃逸速度	5.02	km/s
	大气主要成分	二氧化碳、氮、氩	—
轨道参数	轨道半长轴	$2.279\ 36 \times 10^8$	km
	轨道偏心率	0.093 4	—
	轨道倾角	1.850	°
	近日点距离	$2.066\ 2 \times 10^8$	km
	远日点距离	$2.492\ 3 \times 10^8$	km
	自转周期	1.026	地球日
	公转周期	686.980	地球日
	升交点黄经	49.578	°

（七）木星

参数		数值	单位
物理参数	质量	$1.898\ 1 \times 10^{27}$	kg
	体积	$1.431\ 3 \times 10^{15}$	km^3
	平均半径	$6.991\ 1 \times 10^3$	km
	平均密度	1.326×10^3	kg/m^3
	表面重力加速度	24.79	m/s^2
	卫星数量	79	—
	表面逃逸速度	59.5	km/s
	大气主要成分	氢、氮	—
轨道参数	轨道半长轴	$7.785\ 47 \times 10^8$	km
	轨道偏心率	0.048 7	—
	轨道倾角	1.305	°
	近日点距离	$7.405\ 71 \times 10^8$	km
	远日点距离	$8.165\ 27 \times 10^8$	km
	自转周期	0.411	地球日
	公转周期	4 332.590	地球日
	升交点黄经	100.492	°

（八）土星

参数		数值	单位
物理参数	质量	$5.684\ 6 \times 10^{26}$	kg
	体积	$8.271\ 3 \times 10^{14}$	km^3
	平均半径	$6.026\ 8 \times 10^3$	km
	平均密度	0.687×10^3	kg/m^3
	表面重力加速度	8.96	m/s^2
	卫星数量	82	—
	表面逃逸速度	35.5	km/s
	大气主要成分	氢、氮	—
轨道参数	轨道半长轴	$1.433\ 40 \times 10^9$	km
	轨道偏心率	0.055 7	—
	轨道倾角	2.485	°
	近日点距离	$1.353\ 57 \times 10^9$	km
	远日点距离	$1.513\ 32 \times 10^9$	km
	自转周期	0.426	地球日
	公转周期	10 759.501	地球日
	升交点黄经	113.642	°
	近日点角距	336.013	°

（九）天王星

参数		数值	单位
物理参数	质量	$8.681\ 0 \times 10^{25}$	kg
	体积	$6.833\ 0 \times 10^{13}$	km^3
	平均半径	$2.555\ 9 \times 10^4$	km
	平均密度	1.290×10^3	kg/m^3
	表面重力加速度	8.69	m/s^2
	卫星数量	27	—
	表面逃逸速度	21.3	km/s
	大气主要成分	氢、氮、甲烷	—
轨道参数	轨道半长轴	$2.876\ 67 \times 10^9$	km
	轨道偏心率	0.044 4	—
	轨道倾角	0.772	°
	近日点距离	$2.748\ 93 \times 10^9$	km
	远日点距离	$3.004\ 41 \times 10^9$	km
	自转周期	0.646	地球日
	公转周期	30 799.095	地球日
	升交点黄经	73.989	°
	近日点角距	96.541	°

（十）海王星

参数		数值	单位
物理参数	质量	$1.024\,3 \times 10^{26}$	kg
	体积	6.254×10^{13}	km^3
	平均半径	$2.476\,4 \times 10^{4}$	km
	平均密度	1.638×10^{3}	kg/m^3
	表面重力加速度	11.15	m/s^2
	卫星数量	14	—
	表面逃逸速度	23.5	km/s
	大气主要成分	氢、氮、甲烷	—
轨道参数	轨道半长轴	$4.503\,44 \times 10^{9}$	km
	轨道偏心率	0.011 2	—
	轨道倾角	1.167	°
	近日点距离	$4.452\,94 \times 10^{9}$	km
	远日点距离	$4.553\,94 \times 10^{9}$	km
	自转周期	0.658	地球日
	公转周期	60 327.624	地球日
	升交点黄经	131.794	°
	近日点角距	265.646	°

郑重声明

高等教育出版社依法对本书享有专有出版权。任何未经许可的复制、销售行为均违反《中华人民共和国著作权法》，其行为人将承担相应的民事责任和行政责任；构成犯罪的，将被依法追究刑事责任。为了维护市场秩序，保护读者的合法权益，避免读者误用盗版书造成不良后果，我社将配合行政执法部门和司法机关对违法犯罪的单位和个人进行严厉打击。社会各界人士如发现上述侵权行为，希望及时举报，本社将奖励举报有功人员。

反盗版举报电话　（010）58581999　58582371　58582488

反盗版举报传真　（010）82086060

反盗版举报邮箱　dd@hep.com.cn

通信地址　北京市西城区德外大街4号

　　　　　高等教育出版社法律事务与版权管理部

邮政编码　100120